科学出版社"十四五"普通高等教育本科规划教材

光电子技术及应用

(第三版)

周自刚　杨永佳　陈　浩　编著

科学出版社

北　京

内 容 简 介

本书以激光的产生、传输、调制、探测、成像和显示为主线，较系统地介绍了光电子技术及器件的基本概念、基本原理、性能参数、器件特点和工程应用. 全书共六章，第 1 章介绍辐射度学和光度学、激光产生的物理基础和工程应用，第 2 章介绍光束在大气、电光晶体、声光晶体、磁光介质、光纤、非线性介质中的传播规律和特性，以及相关技术与器件应用，第 3 章介绍电光调制、声光调制、磁光调制、内调制和偏转的原理、结构、参数、器件和工程应用，第 4 章介绍光电探测器件的物理效应、工作原理、结构参数、技术手段、主要器件和工程案例，第 5 章介绍光电成像的机制原理、结构特征、典型器件和工程实例，第 6 章介绍光电显示的物理原理、性能参数、器件特征和应用案例.

本书可作为普通高等理工科院校光电信息科学与工程专业的专业基础课教材，也可作为光学工程等专业研究生和光电子技术人员的参考资料.

图书在版编目(CIP)数据

光电子技术及应用 / 周自刚，杨永佳，陈浩编著. —3 版. —北京：科学出版社，2023.8

科学出版社“十四五”普通高等教育本科规划教材

ISBN 978-7-03-074109-7

Ⅰ. ①光… Ⅱ. ①周… ②杨… ③陈… Ⅲ. ①光电子技术－高等学校－教材 Ⅳ. ①TN2

中国版本图书馆 CIP 数据核字(2022)第 231165 号

责任编辑：罗 吉 郭学雯/ 责任校对：杨聪敏

责任印制：赵 博/ 封面设计：蓝正设计

科 学 出 版 社 出版

北京东黄城根北街 16 号

邮政编码：100717

http://www.sciencep.com

北京中石油彩色印刷有限责任公司印刷

科学出版社发行 各地新华书店经销

*

2015 年 1 月电子工业出版社第一版 开本：787×1092 1/16

2023 年 8 月第 三 版 印张：15 1/4

2025 年 1 月第三次印刷 字数：362 000

定价：59.00 元

（如有印装质量问题，我社负责调换）

前　言

随着信息化、网络化、自动化、数字化和智能化的更新迭代与彼此强化，光电子技术作为电子技术与光子技术相结合而形成的一门新兴综合性的交叉学科，已成为信息化、智能化的核心技术，也是创新强国、网络强国、海洋强国、空间强国建设中的科技基础. 目前光电子技术正在迅速发展并涌现出许多新的前沿方向，如光量子技术、先进光电成像、微纳光子芯片、智能传感等，为“军民融合”、“互联网+”、“人工智能”和“智慧城市”等国家发展战略，以及推行的产业结构调整和转型升级的客观需要做出了突出贡献.

本书力求全面地介绍光电子技术的基本理论、基本原理、基本概念和基础应用，内容架构上紧扣光电产业发展趋势，以激光光源、光传输、光调制、光电探测、光电成像和光电显示为主线，结合新材料、新工艺、新器件、新机理和新方法，突出光源的激光化、传输的波导化、手段的电子化和处理的光学化等基本特征. 从知识层次讲述的角度，本书较全面地介绍了光辐射度学和光度学，激光原理，光的传播、调制、探测、成像和显示等方面的基本规律、基本结构和性能参数. 从内容编排的角度，本书按照“原理—结构—参数—工艺—特点—器件—案例”的顺序来编写，以体现知识为基础，原理为起点，样品为载体，产品为案例，商品为引领. 从学习递进的角度，以“科学—工程—技术”为主线，展现科学前沿、国之重器和现代光电技术. 此外，本书将重难知识点的讲解视频、动画演示等数字化资源以二维码链接的形式融入纸质教材，使得教材“动起来”，以增强教学互动性，提高学习效果.

本书主要对应国家级线上线下混合式一流本科课程“光电子技术”（中国大学 MOOC 网站），配套有相应的教学大纲、教学计划、考试大纲、教案课件、微课视频、课外实践、章节训练等内容，便于时时学、处处学.

本书由西南科技大学周自刚、杨永佳、陈浩编著，其中杨永佳负责第 1、2 章编撰工作，陈浩负责第 3、4 章编撰工作，周自刚负责第 5、6 章编撰和整个审稿工作，陈泓廷、徐江山、程星鑫负责各章节习题和答案编写、科学家和工程案例求证等工作. 本书参考了国内外近年公开出版的学术专著、科技论文、质量报告、教材课件等. 在此，一并向前辈和同行们表示衷心的感谢.

因编著者水平有限，不妥之处，恳请读者指正.

作　者

2023 年 7 月

目　录

第 1 章　光辐射与激光器

世界上第一台激光器诞生于 1960 年，我国于 1961 年研制出第一台激光器. 近年来，激光——这把“最快的刀、最准的尺”，这束最亮的光用它那神奇的能量以“光”速一路驰骋，已与多个学科相结合形成多个应用技术领域，比如光电技术、激光医疗与光子生物学、激光加工技术、激光检测与计量技术、激光全息技术、激光光谱分析技术、非线性光学、超快激光学、激光化学、量子光学、激光雷达、激光制导、激光分离同位素、激光可控核聚变、激光武器等. 这些交叉技术与新的学科的出现，使包括汽车、工程机械、轨道交通、船舶、航空航天、新基建在内许多的行业重新焕发出生机和活力. 本章主要介绍辐射的基本定律，以及辐射度学和光度学的一些基本知识，最后介绍激光的基本原理、典型的激光器及其应用.

1.1　光　辐　射

1.1.1　电磁波谱

光的电磁理论认为，光波是一种电磁波. 由麦克斯韦电磁场理论，若在空间某区域有变化电场 $\boldsymbol{E}$（或变化磁场 $\boldsymbol{H}$），在邻近区域将产生变化磁场 $\boldsymbol{H}$（或变化电场 $\boldsymbol{E}$），这种变化的电场和变化的磁场不断地交替产生，如图 1.1 所示，由近及远以有限的速度在空间传播，形成电磁波. 电磁波具有以下性质.

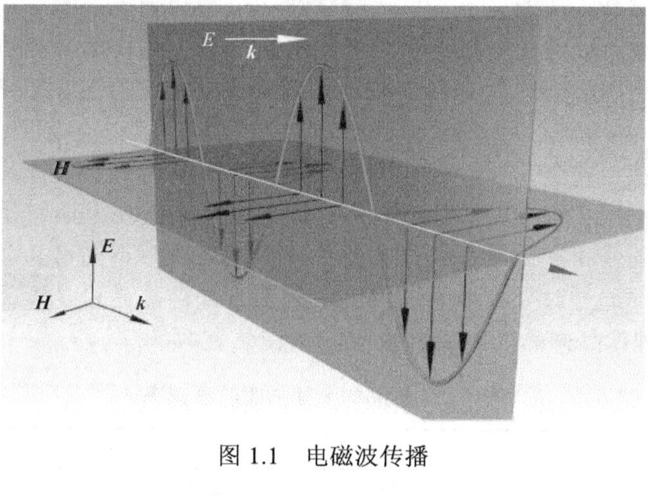

图 1.1　电磁波传播

(1) 电场 $\boldsymbol{E}$ 、磁场 $\boldsymbol{H}$ 和波的传播方向 $\boldsymbol{k}$ 两两相互垂直，并满足右手螺旋定则.

(2) 沿给定方向传播的电磁波具有偏振.

(3)空间各点电场 $\boldsymbol{E}$、磁场 $\boldsymbol{H}$ 都做周期性变化，而且相位相同.

(4)空间各点上的电场 $\boldsymbol{E}$、磁场 $\boldsymbol{H}$ 在量值上满足关系式 $\sqrt{\varepsilon}E=\sqrt{\mu}H$.

(5)电磁波在介质中的传播速度为 $v=\dfrac{1}{\sqrt{\varepsilon\mu}}$，在真空中的传播速度为 $c=\dfrac{1}{\sqrt{\varepsilon_0\mu_0}}$.

从无线电波到光波，从 X 射线到γ射线，都属于电磁波的范畴. 按照频率或波长的顺序把这些电磁波排列成图表，称为电磁波谱，如图 1.2 所示，光辐射仅占电磁波谱的一极小波段. 图中还给出了各种波长范围(波段).

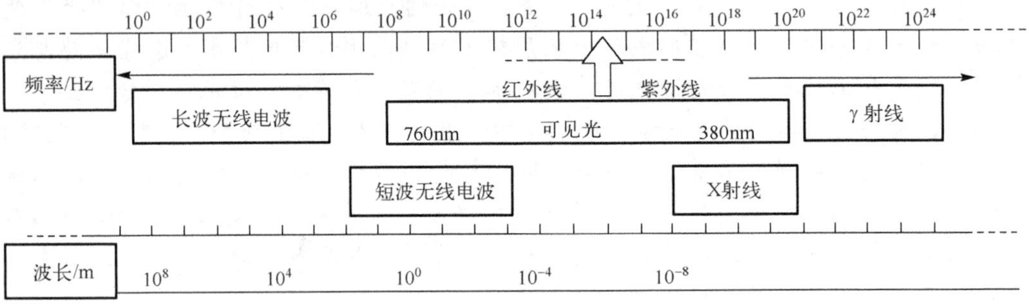

图 1.2　电磁波谱

光具有电磁波的一切特性. 一般光波的形式有：平面波、球面波和柱面波. 平面波波动的复数表达式为

$$\boldsymbol{E}(r,t)=E_0\mathrm{e}^{-\mathrm{i}(\omega t-\boldsymbol{k}\cdot\boldsymbol{r})},\quad \boldsymbol{H}(r,t)=H_0\mathrm{e}^{-\mathrm{i}(\omega t-\boldsymbol{k}\cdot\boldsymbol{r})}$$

式中，E_0 和 H_0 分别为光波的电场强度复振幅和磁场强度复振幅；$\boldsymbol{k}$ 为光波的波矢量，其大小(也称为波数)为 $k=\dfrac{2\pi}{\lambda}$，方向为光波的传播方向.

其中，太赫兹是指频率在 0.1～10THz($1\text{THz}=10^{12}\text{Hz}$)范围的电磁波，波长范围为 3μm～3mm. 从频率上看，太赫兹波在微波与红外线之间，其长波段与亚毫米波相重合，短波段与红外线相重合；从能量上看，太赫兹波在电子和光子之间.

首先，太赫兹波可以透过可见光和红外线所无法穿透的物质或材料，如塑料、陶瓷、绝热泡沫等，所以利用不同的太赫兹成像方式可以与可见光和 X 射线等成像技术互补. 基于太赫兹的高透性和安全性，太赫兹波可透过包装材料进行安检成像. 另外，太赫兹成像的高分辨率、大景深、安全和无接触性等优点使其在材料研究、安检、医学成像和军事成像等领域具有广泛的应用前景. 以毒品检查为例，毒品在微观上通常是有机大分子，毒品的有机分子间存在的弱相互作用及大分子的骨架振动等导致不同毒品对应在太赫兹波段将出现不同的吸收谱，通过对吸收峰的识别可以判别未知样品是否是毒品以及是何种毒品，如表 1.1 所示为 9 种毒品样品的太赫兹吸收峰所在位置频率.

表 1.1　毒品的太赫兹吸收峰频率

物质	特征吸收峰频率/THz			
二乙酰吗啡	1.89	2.42		
甲基苯丙胺(右旋)	1.23	1.64	1.84	
氯胺酮盐酸盐	1.16	1.31	1.52	1.94

续表

物质	特征吸收峰频率/THz		
甲卡西酮	1.05	1.73	2.30
盐酸麻黄碱	1.26	1.96	
可卡因碱	1.48	2.10	
MDPV	1.99		
合成大麻素	1.27	2.20	
2C-B	1.71	2.03	2.64

其次，太赫兹光谱中含有丰富的物理和化学信息，大多物质在太赫兹波段都有指纹谱，利用不同的太赫兹光谱技术可以研究物质在太赫兹波段的性质. 主要应用领域有基础科学研究、空间观测、质量检测、军事安全等. 例如，根据不同爆炸物的折射率、吸收系数等丰富的光谱和结构等信息，太赫兹技术也可以被用来探测和鉴别爆炸物. 表 1.2 为不同种类炸药在 0～2.5THz 内的特征吸收峰频率.

表 1.2　几种炸药特征吸收峰频率

炸药种类	特征吸收峰频率/THz			
TNT	0.69	1.82	2.20	
RDX	0.82	1.06	1.45	1.97
DNT	1.08			
HMX	1.80			
TNPG	1.06	1.41		
PETN	1.98	2.12		

最后，太赫兹波段成为无线通信发展的重要频段，是通信发展的必然趋势. 太赫兹通信是继微波和光通信之后的又一重要频段，被誉为新一代的无线革命. 理论上来讲，在通信领域里，频率越高，通信容量就越大. 太赫兹波的频率比目前使用的微波要高 1～4 个数量级，它能提供 10Gbit/s 以上的无线传输速率，这是微波无法达到的速度.

【例 1.1】

计算由 $\boldsymbol{E}=(-2\boldsymbol{i}+2\sqrt{3}\boldsymbol{j})\mathrm{e}^{\mathrm{i}(\sqrt{3}x+y+6\times10^{8}t)}$ 表示的平面光波电矢量的振动方向、传播方向、相位速度、振幅、频率和波长.

解　振动方向：$\tan\theta=\dfrac{2\sqrt{3}}{-2}=-\sqrt{3}$，故沿 $\boldsymbol{j}$ 轴偏离 $-\boldsymbol{i}$ 轴 30°方向；

传播方向：波矢 $\boldsymbol{k}=\boldsymbol{k}_x+\boldsymbol{k}_y=\sqrt{3}\boldsymbol{e}_x+\boldsymbol{e}_y$，故沿 $-y$ 轴偏离 $-x$ 轴 30°方向；

相位速度：$v=\dfrac{\omega}{k}=\dfrac{6\times10^{8}}{\sqrt{1+(\sqrt{3})^{2}}}=3\times10^{8}(\mathrm{m/s})$；

振幅：$A=\sqrt{(-2)^{2}+(2\sqrt{3})^{2}}=4(\mathrm{m})$；

频率：$f=\dfrac{\omega}{2\pi}=\dfrac{3\times10^8}{\pi}(\text{Hz})$；

波长：$\lambda=\dfrac{2\pi}{k}=\pi(\text{m})$.

1.1.2 光辐射基础

光辐射是以电磁波形式或粒子(光子)形式传播的能量，这种传播的能量可以被光学元件反射、吸收、透射、成像或色散. 光辐射的波长在10nm～1mm，或频率在3×10^{16}～3×10^{11}Hz范围内. 按辐射波长及人眼的生理视觉效应，光辐射可分为紫外辐射、可见光和红外辐射. 通常在可见到紫外光波段波长用 nm 表示、在红外光波段波长用 μm 表示，波数的单位用 cm^{-1} 表示.

紫外辐射波长范围在 1～380nm，是人视觉不能感受到的电磁波. 紫外辐射又细分为近紫外、远紫外和极远紫外. 由于极远紫外在空气中几乎被完全吸收，只能在真空中传播，所以又称为真空紫外辐射.

可见光波长范围在 380～760nm，是人视觉能感受到“光亮”的电磁波. 在可见光范围内，人眼的主观感觉依波长从长到短表现为红色、橙色、黄色、绿色、青色、蓝色和紫色.

红外辐射波长范围在 0.76～1000μm. 通常分为近红外、中红外和远红外.

1.1.3 热辐射的基本定律

任何 0K 以上温度的物体都会发射各种波长的电磁波，这种由于物体中的分子、原子受到热激发而发射电磁波的现象称为热辐射. 热辐射具有连续的辐射谱，波长自远红外区到紫外区，并且辐射能按波长的分布主要取决于物体的温度. 本节介绍热辐射的一些基本定律.

1. 单色吸收比和单色反射比

描述物体辐射规律的物理量是辐射出射度和单色辐射出射度，它们之间的关系为

$$M_\gamma(T)=\int_0^\infty M_{\gamma\lambda}(T)\mathrm{d}\lambda$$

任何物体向周围发射电磁波的同时，也吸收周围物体发射的辐射能. 当辐射从外界入射到不透明的物体表面上时，一部分能量被吸收，另一部分能量从表面反射(如果物体是透明的，则还有一部分能量透射).

被物体吸收的能量与入射的能量之比称为该物体的吸收比. 在波长λ到$\lambda+\mathrm{d}\lambda$范围内的吸收比称为单色吸收比，用$\alpha_\lambda(T)$表示.

反射的能量与入射的能量之比称为该物体的反射比. 在波长λ到$\lambda+\mathrm{d}\lambda$范围内相应的反射比称为单色反射比，用$\rho_\lambda(T)$表示. 对于不透明的物体，单色吸收比和单色反射比之和等于 1，即

$$\alpha_\lambda(T)+\rho_\lambda(T)=1 \tag{1.1}$$

若物体在任何温度下，对任何波长的辐射能的吸收比都等于 1，即$\alpha_\lambda(T)\equiv1$，则称该物体为绝对黑体(简称黑体).

2. 基尔霍夫辐射定律

1869 年，基尔霍夫从理论上提出了关于物体辐射出射度与吸收比内在联系的重要定律：在同样的温度下，各种不同物体对相同波长的单色辐射出射度与单色吸收比之比值都相等，并等于该温度下黑体对同一波长的单色辐射出射度. 即

$$\frac{M_{\nu\lambda 1}(T)}{\alpha_{\nu\lambda 1}(T)}=\cdots=M_{\nu\lambda b}(T) \tag{1.2}$$

式中，$M_{\nu\lambda b}$ 为黑体的单色辐射出射度.

3. 普朗克公式

黑体处于温度 T 时，在波长 λ 处的单色辐射出射度由普朗克公式给出

$$M_{\nu\lambda b}(T)=\frac{2\pi hc^2}{\lambda^5(e^{hc/\lambda k_B T}-1)} \tag{1.3}$$

式中，h 为普朗克常量；c 为真空中的光速；k_B 为玻尔兹曼常量.

令 $C_1=2\pi hc^2$，$C_2=hc/k_B$，式(1.3)则写为

$$M_{\nu\lambda b}(T)=\frac{C_1}{\lambda^5}\frac{1}{e^{C_2/\lambda T}-1} \tag{1.4}$$

其中，C_1、C_2 分别为第一辐射常数、第二辐射常数

$$C_1=(3.741832\pm 0.000020)\times 10^{-12}\,\mathrm{W\cdot cm^2}$$

$$C_2=(1.438786\pm 0.000045)\times 10^{4}\,\mathrm{\mu m\cdot K}$$

图 1.3 为不同温度条件下黑体的单色辐射出射度(辐射亮度)随波长的变化曲线. 对应任一温度，单色辐射出射度随波长连续变化，且只有一个峰值，对应不同温度的曲线不相交. 因而温度能唯一确定单色辐射出射度的光谱分布和辐射出射度(即曲线下的面积). 单色辐射出射度的峰值随温度的升高向短波方向移动. 单色辐射出射度和辐射出射度均随温度的升高而增大.

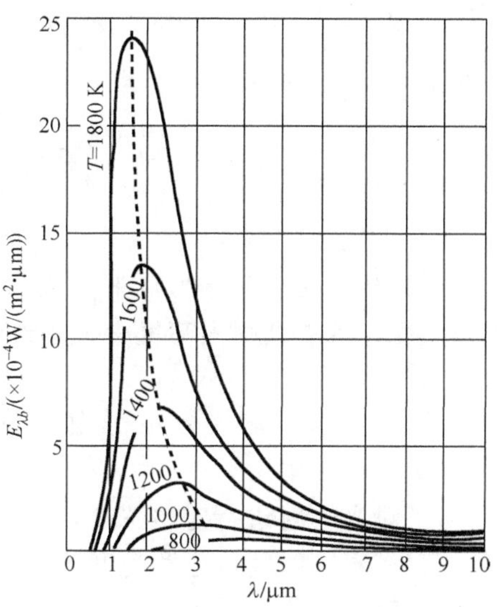

图 1.3 黑体辐射单色辐射出射度的波长分布

4. 瑞利-金斯公式

当 λT 很大时，$e^{C_2/\lambda T}\approx 1+\dfrac{C_2}{\lambda T}$，可得到适合于长波长区的瑞利-金斯公式

$$M_{\nu\lambda b}(T)=\frac{C_1}{C_2}T\lambda^{-4} \tag{1.5}$$

在 $\lambda T>7.7\times 10^5\,\mathrm{\mu m\cdot K}$ 时，瑞利-金斯公式与普朗克公式的误差小于 1%.

5. 维恩位移律

当 λT 很小时，$e^{C_2/\lambda T}-1\approx e^{C_2/\lambda T}$，可得到适合于短波长区的维恩公式

$$M_{\nu\lambda b}(T)=C_1\lambda^{-5}e^{-C_2/\lambda T} \tag{1.6}$$

在 $\lambda T<2698\mu m\cdot K$ 区域内，维恩公式与普朗克公式的误差小于 1%.

单色辐射出射度最大值对应的波长 λ_m 满足

$$\lambda_m T=2897.9\mu m\cdot K \tag{1.7}$$

这就是著名的维恩位移律.

6. 斯特藩-玻尔兹曼定律

$$M_{\gamma b}(T)=\int_0^{\infty}M_{\gamma\lambda b}(T)d\lambda=\int_0^{\infty}\frac{2\pi hc^2}{\lambda^5(e^{hc/k_BT}-1)}d\lambda=\sigma T^4 \tag{1.8}$$

式中，$\sigma=5.670\times10^{-8}J/(m^2\cdot s\cdot K^4)$ 为斯特藩-玻尔兹曼常量. 斯特藩-玻尔兹曼定律表明黑体的辐射出射度只与黑体的温度有关，而与黑体的其他性质无关.

【例 1.2】

设钨丝灯的灯丝温度为 2800K，试求可见光波段内灯丝辐射能占其总辐射能的百分比(视灯丝为黑体).

解 可见光波段为 0.38 ~ 0.76μm，取 $\lambda_1=0.38\mu m$, $\lambda_2=0.76\mu m$，对黑体辐射公式在整个波长范围内积分，便得到该钨丝灯在温度 T 时总的辐射出射度(即斯特藩-玻尔兹曼定律：$M_{\gamma b}=\int_0^{\infty}M_{\gamma\lambda b}(T)d\lambda=\sigma T^4$)，同理在可见光范围内积分，便得到可见光的辐射出射度 $M_{e(\lambda_1-\lambda_2)b}$. 所求百分比为

$$\eta=\frac{M_{e(\lambda_1-\lambda_2)b}}{M_{eb}}=\frac{\sigma T^4}{\int_{\lambda_1}^{\lambda_2}M_{e\lambda b}(T)d\lambda}\times100\%=8.81\%$$

在钨丝灯发出的辐射能中，可见光只占 8.81%，其余属于不可见的红外辐射，并转化为热能，散失到周围环境中，钨丝灯作为光源其利用效率是很低的.

1.2 辐射度量与光度量

为了对光辐射进行定量描述，需要引入计量光辐射的物理量. 而对于光辐射的探测和计量，存在着辐射度单位和光度单位两套不同的体系.

在辐射度单位体系中，辐通量(又称为辐射功率)或者辐射能是基本量，是只与辐射客体有关的量. 其基本单位是瓦特(W)或者焦耳(J). 辐射度学适用于整个电磁波段.

光度单位体系是一套反映视觉亮暗特性的光辐射计量单位，被选作基本量的不是光通量而是发光强度，其基本单位是坎德拉. 光度学只适用于可见光波段. 在光度学研究中有

两个基本假设：一是光沿光线方向进行的能量流，遵守能量守恒定律，即光束在单位时间内通过任一截面的能量为常数；二是光源，既可以是一个实际的发光体，也可以是光源自身的像或者是一个自身并不发光，但被另一光源照射的物体表面. 光度量是光辐射能为平均人眼接收所引起的视觉刺激大小的度量.

以上两类单位体系中的物理量在物理概念上是不同的，但所用的物理符号是一一对应的. 为了区别起见，在对应的物理量符号标记中，角标 e 表示辐射度物理量，角标 ν 表示光度物理量. 下面重点介绍辐射度单位体系中的物理量. 光度单位体系中的物理量可对比理解.

1.2.1 辐射度量

1. 辐射能(量)

辐射能是以辐射形式发射或传输的电磁波(主要指紫外、可见光和红外辐射)能量. 辐射能一般用符号 Q_e 表示，其单位为焦耳(J).

2. 辐射通量

辐射通量(Φ_e)定义为单位时间内流过的辐射能量，又称为辐射功率，表示为

$$\Phi_e = \frac{\mathrm{d}Q_e}{\mathrm{d}t} \tag{1.9}$$

单位为 W 或 J/s.

3. 辐射出射度

辐射出射度(M_e)定义为辐射体单位面积向半空间发射的辐射通量，是用来反映物体辐射能力的物理量，表示为

$$M_e = \frac{\mathrm{d}\Phi_e}{\mathrm{d}S} \tag{1.10}$$

单位为 $\mathrm{W/m^2}$.

4. 辐射强度

辐射强度(I_e)定义为点辐射源在给定方向上发射的在单位立体角内的辐射通量，如图 1.4 所示，即

$$I_e = \frac{\mathrm{d}\Phi_e}{\mathrm{d}\Omega} \tag{1.11}$$

单位为 W/sr.

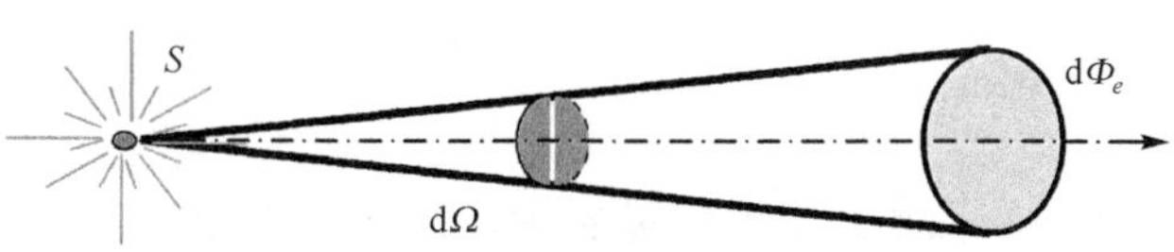

图 1.4 辐射强度示意图

由辐射强度的定义可知，如果一个置于各向同性均匀介质中的点辐射体向所有方向发射的总辐射通量是Φ_e，则该点辐射体在各个方向的辐射强度I_e是常量，有

$$I_e = \frac{\Phi_e}{4\pi} \tag{1.12}$$

5. 辐射亮度

辐射亮度(L_e)定义为面辐射源在某一给定方向上的辐射通量，如图1.5所示，表示为

$$L_e = \frac{\mathrm{d}I_e}{\mathrm{d}S\cos\theta} = \frac{\mathrm{d}^2\Phi_e}{\mathrm{d}\Omega\mathrm{d}S\cos\theta} \tag{1.13}$$

式中，θ 是给定方向和辐射源面元法线间的夹角，单位为瓦/(球面度·米^2)(W/(sr·m^2)).

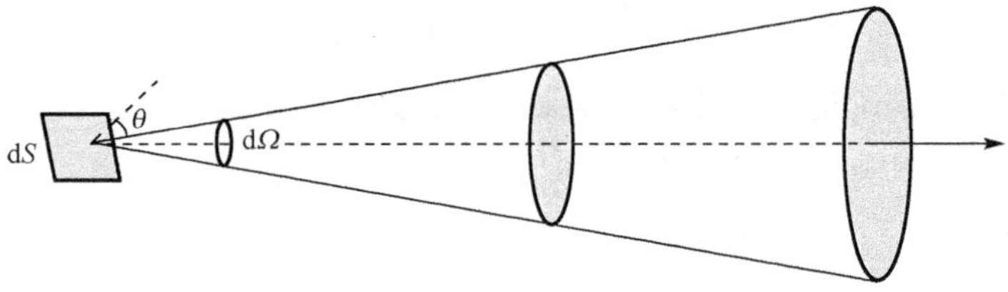

图1.5　辐射亮度示意图

显然，一般辐射体的辐射强度与空间方向有关. 但是有些辐射体的辐射强度在空间方向上的分布满足

$$\mathrm{d}I_e = \mathrm{d}I_{e0}\cos\theta \tag{1.14}$$

式中，I_{e0}是面元dS沿其法线方向的辐射强度. 符合上式规律的辐射体称为余弦辐射体或朗伯体. (1.14)式代入(1.13)式得到余弦辐射体的辐射亮度为

$$L_e = \frac{\mathrm{d}I_{e0}}{\mathrm{d}S} L_{e0} \tag{1.15}$$

可见，余弦辐射体的辐射亮度是均匀的，与方向角θ无关. 余弦辐射体的辐射出射度为

$$M_e = \frac{\mathrm{d}\Phi_e}{\mathrm{d}S} = L_{e0}\pi \tag{1.16}$$

6. 辐射照度

在辐射接收面上的辐射照度E_e定义为照射在面元dA上的辐射通量dΦ_e与该面元的面积dA之比. 即

$$E_e = \frac{\mathrm{d}\Phi_e}{\mathrm{d}A} \tag{1.17}$$

单位为瓦/米^2(W/m^2).

7. 单色辐射度量

对于单色光辐射，同样采用上述物理量表示，只不过均定义为单位波长间隔内对应的辐射度量，并且对所有辐射量X来说，单色辐射度量与辐射度量之间均满足

$$X_e = \int_0^{\infty} X_{e,\lambda} \mathrm{d}\lambda \tag{1.18}$$

1.2.2 光度量

人眼的视觉细胞对不同频率的辐射有不同响应，故用辐射度单位描述的光辐射不能正确反映人的亮暗感觉. 光度单位体系是反映视觉亮暗特性的光辐射计量单位，在光频区域，光度学的物理量可以用与辐射度学的基本物理量Q_e、Φ_e、I_e、M_e、L_e、E_e对应的Q_v、Φ_v、I_v、M_v、L_v、E_v来表示，其定义为一一对应.

1. 光视效能

光视效能描述了某一波长的单色光辐射通量产生多少相应的单色光通量. 即光视效能K_λ定义为同一波长下测得的光通量与辐射通量之比，即

$$K_\lambda = \frac{\Phi_{v\lambda}}{\Phi_{e\lambda}} \tag{1.19}$$

单位是流明/瓦(lm/W). 通过对标准光度观察者的实验测定，在辐射频率 540×10^{12}Hz(波长 555nm)处，K_λ有最大值，其数值为 $K_\mathrm{m}=683$lm/W. 单色光视效率是 K_λ 用 K_m 归一化的结果，其定义为

$$V_\lambda = \frac{K_\lambda}{K_\mathrm{m}} = \frac{1}{K_\mathrm{m}}\frac{\Phi_{v\lambda}}{\Phi_{e\lambda}} \tag{1.20}$$

图1.6为明视觉(日间视觉)和暗视觉(夜间视觉)条件下的视觉效率曲线，其中在两种视觉下，人眼分别由两类不同视觉细胞起作用.

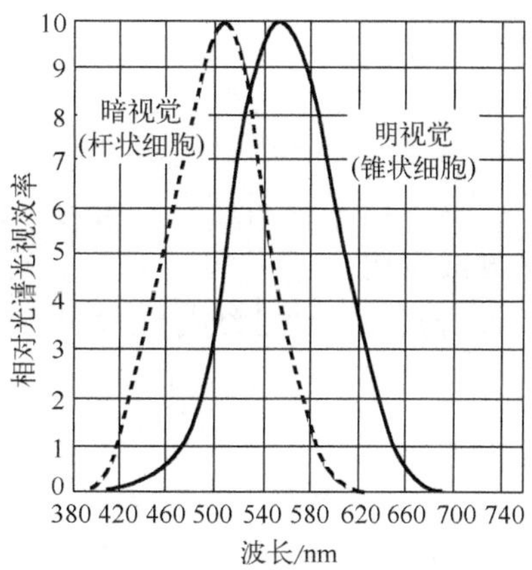

图 1.6 光谱光视效率曲线

2. 光通量

光通量表示光辐射通量对人眼引起的视觉强度

$$\Phi_v = K_\mathrm{m}\int \Phi_e(\lambda)V(\lambda)\mathrm{d}\lambda \tag{1.21}$$

单位为流明(lm)，指人眼所能感受到的辐射功率. 同一波长下辐射通量与光通量之间的换算关系是$\Phi_v = K_\mathrm{m}V(\lambda)\Phi_e(\lambda)$.

3. 发光强度

发光强度是在给定方向上的单位立体角内光源发出的光通量

$$I_v = \frac{\mathrm{d}\Phi_v}{\mathrm{d}\Omega} \tag{1.22}$$

单位为坎德拉(cd)，发光强度描述光源在某一方向发光的强弱程度.

考虑了光源发光的方向性，由(1.22)式可得光通量的另一积分式

$$\Phi_v = \int I_v \mathrm{d}\Omega \tag{1.23}$$

对各向同性光源，由上式可得

$$\Phi_v = 4\pi I \tag{1.24}$$

式中，I 为常数.

4. 光照度

光照度即投射到单位面积上的光通量

$$E_v = \frac{\mathrm{d}\Phi_v}{\mathrm{d}S} \tag{1.25}$$

单位为勒克斯(lx)，$1\text{lx} = 1\text{lm/m}^2$. 由此可以推出照度的距离平方反比定律.

由

$$I_v = \frac{\mathrm{d}\Phi_v}{\mathrm{d}\Omega} = \frac{\mathrm{d}\Phi_v}{\mathrm{d}S / R^2}$$

可得

$$E_v = \frac{\mathrm{d}\Phi_v}{\mathrm{d}S} = \frac{I_v}{R^2} \tag{1.26}$$

这一结果表明，一个均匀点光源在一点的光照度与该光源的发光强度成正比，与距离平方成反比.

若被照平面法线与光投射方向成 θ 角，则(1.26)式变为

$$E_v = \frac{I_v}{R^2}\cos\theta \tag{1.27}$$

5. 光亮度

光亮度是指光源单位面积上的发光强度(光源在指定方向单位面积上的发光能力)

$$L_v = \frac{\mathrm{d}I_v}{\mathrm{d}S} \tag{1.28}$$

单位为坎德拉/米^2(cd/m^2). 如图 1.7 所示，如果平面法线与观察方向呈 θ 角，(1.28)式为

$$L_v = \frac{\mathrm{d}I_v}{\mathrm{d}S\cos\theta}$$

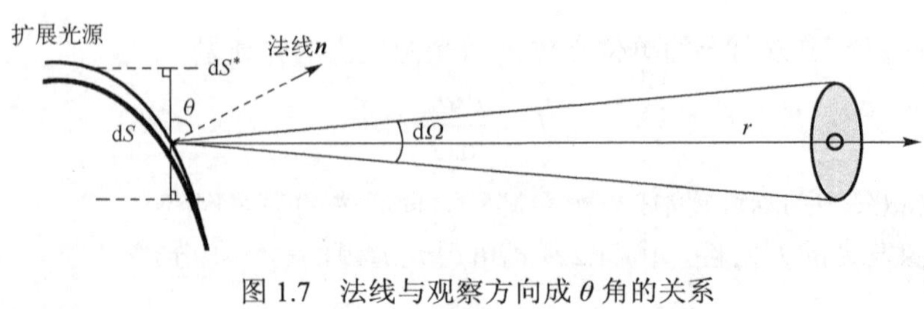

图 1.7 法线与观察方向成 θ 角的关系

由

$$I_v = \frac{\mathrm{d}\Phi_v}{\mathrm{d}\Omega}$$

进一步得到

$$L_v = \frac{\mathrm{d}^2\Phi_v}{\mathrm{d}\Omega \mathrm{d}S\cos\theta} \tag{1.29}$$

人眼睛感知的是光源的亮度大小，不是发光强度的强弱. 表 1.3 是常见物体的亮度.

表 1.3　常见物体的亮度

光源名称	亮度/nt①
地球上看到的太阳	1.5×10^9
地球大气层外看到的太阳	1.9×10^9
普通碳弧的喷头口	1.5×10^8
超高压球状水银灯	1.2×10^9
钨丝白炽灯	$(0.5\sim1.5)\times10^7$
乙炔焰	8×10^4
太阳照射下的洁净雪面	3×10^4

【例 1.3】

一氦氖激光器发出 10mW 的波长为 632.8nm 的激光束，发散角为 1mrad，发散角 θ 与立体角的关系为 $\Omega=\pi\theta^2$，若波长 632.8nm 光波的光谱光效率 $V_\lambda=0.24$，(1) 试求此激光束的光通量和发光强度；(2) 若此激光输出光束的截面的直径为 1mm，求其光亮度；(3) 以这样的激光束照射在 10m 处的白色屏幕上的光照度.

解　(1) 光通量 $\Phi_v(\lambda)=K_\mathrm{m}V_\lambda\Phi_e(\lambda)=683\times0.24\times0.01=1.64(\mathrm{lm})$，相应的立体角为

$$\Omega=\pi\theta^2=3.14\times0.001^2=3.14\times10^{-6}(\mathrm{sr})$$

发光强度

$$I_v=\frac{\Phi_v}{\Omega}=\frac{1.64}{3.14\times10^{-6}}=5.22\times10^5(\mathrm{cd})$$

(2) 由于激光束的方向与光束输出截面 dA 的法线相一致，故

$$L_v=\frac{\mathrm{d}I_v}{\mathrm{d}A\cos\theta}=\frac{I_v}{\pi r^2}=\frac{5.22\times10^5}{3.14\times(0.5\times10^{-3})^2}=6.65\times10^{11}(\mathrm{cd/m^2})$$

(3) 激光在屏幕上照射的面积为 $S=r^2\Omega=10^2\times3.14\times10^{-6}=3.14\times10^{-4}(\mathrm{m}^2)$，光照度为

$$E_v=\frac{\Phi_v}{A}=\frac{1.64}{3.14\times10^{-4}}=5.22\times10^3(\mathrm{lx})$$

① $1\mathrm{nt}=1\mathrm{cd/m^2}$.

1.2.3 光度量和辐射度量的关系

图 1.8 给出了光度量和辐射度量的关系，图中阴影部分为 $V(\lambda)\Phi_e(\lambda)$ 曲线，它是 $V(\lambda)$ 曲线和 $\Phi_e(\lambda)$ 曲线在同一波长处两值的乘积. 纵坐标比例尺为 $m_{\Phi_v}=K_\mathrm{m}m_{\Phi_e}$，式中 m_{Φ_v} 是光通量的比例尺，m_{Φ_e} 是辐通量的比例尺. 由此

$$\Phi_v=K_\mathrm{m}\int_0^\infty V(\lambda)\Phi_e(\lambda)\mathrm{d}\lambda=m_{\Phi_e}K_\mathrm{m}\int_0^\infty V(\lambda)\varphi_e(\lambda)\mathrm{d}\lambda=m_{\Phi_v}\int_0^\infty V(\lambda)\varphi_e(\lambda)\mathrm{d}\lambda=m_{\Phi_v}\varphi_v \tag{1.30}$$

式中，$\Phi_e(\lambda)=m_{\Phi_e}\varphi_e(\lambda)$，$\Phi_v=m_{\Phi_v}\varphi_v$.

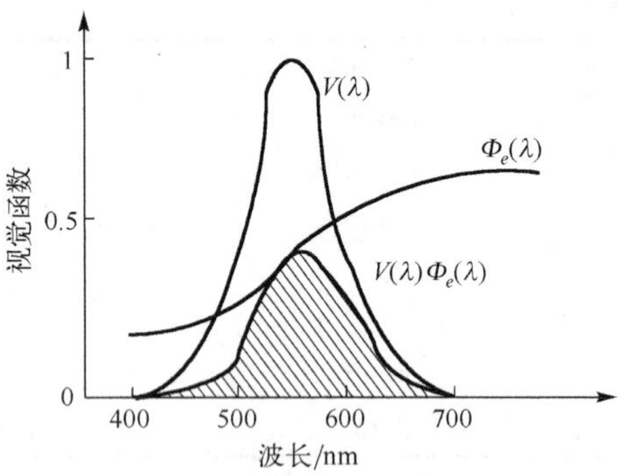

图 1.8 光度量和辐射度量的关系

图 1.8 中，$\Phi_e(\lambda)$ 曲线和 $V(\lambda)\Phi_e(\lambda)$ 曲线与横坐标轴所包容的面积比为

$$V=\frac{\int_0^\infty V(\lambda)\Phi_e(\lambda)\mathrm{d}\lambda}{\int_0^\infty \Phi_e(\lambda)\mathrm{d}\lambda} \tag{1.31}$$

则

$$K=\frac{\Phi_v}{\Phi_e}=\frac{K_\mathrm{m}\int_0^\infty V(\lambda)\Phi_e(\lambda)\mathrm{d}\lambda}{\int_0^\infty \Phi_e(\lambda)\mathrm{d}\lambda}$$

K 的意义是能引起目视刺激的光通量需要光源发出的辐通量的数值.

1.3 激光基本原理

激光是 20 世纪最主要的科学成就之一. 它的诞生是近代光学、光电子学及光子学诞生和发展的里程碑，它标志着人类对光子的掌握和利用进入了一个崭新的阶段. 本节着重介绍光子的基本性质及激光产生的物理基础.

1.3.1 光子的基本性质

光的光子说认为，光是一种以光速运动的光子流. 因此，光既是粒子又是波，具有波粒二象性. 光子具有以下基本性质.

(1) 光子与其他粒子一样具有能量、动量和质量，光子的这些粒子属性与光子的波动属性紧密相连，可以由下列公式反映出来：

$$E=h\nu,\quad \boldsymbol{P}=\frac{h}{2\pi}\boldsymbol{k},\quad m=\frac{h\nu}{c^2} \tag{1.32}$$

式中，ν 表示光频率；$\boldsymbol{k}$ 表示光波矢；h 表示普朗克常量，$h=6.626\times10^{-34}\mathrm{J\cdot s}$.

(2) 光子具有两个独立的偏振态，对应于光波场的两个独立偏振方向.

(3) 光子有自旋，且自旋量子数为整数，大量光子的集合服从玻色-爱因斯坦分布.

光的粒子性与波动性是统一的. 利用量子电动力学的理论，可以将光的电磁理论和光子理论在电磁场量子化的基础上统一起来. 任意电磁场可以看作一系列单色平面波的线性

叠加或一系列电磁波本征模式的叠加. 每个本征态所具有的能量是量子化的，具有基元能量和基元动量的物质单元即属于同一本征模式的光子. 具有相同动量和相同能量的光子彼此不可区分，应属于同一模式(或状态). 处于同一模式或同一状态的腔内的光子数目是没有限制的.

从波动性来讲，光波模式属于麦克斯韦方程组的解，其中特解就是单色平面波，通解就是一系列单色平面波的叠加. 自由空间中的电磁波就是任意波矢的平面波均可以存在. 受边界条件限制空间的电磁波是指一系列独立的具有特定波矢的平面单色驻波，即只允许驻波光模式存在. 而光波模式就是能存在于腔内的以波矢为标志的电磁波模式，不同模式以波矢区分，同一波矢又由于对应两个独立的偏振态，则同一波矢对应两个不同偏振方向的光波模式.

从粒子性来讲，光子态是经典力学中粒子运动状态的描述，用六维相空间的一个点，即广义笛卡儿坐标(x，y，z，p_x，p_y，p_z)来精确描述. 而光子运动状态的描述，受测不准关系(又称不确定关系)的限制，其坐标和动量不能同时准确测定，即

$$\Delta x\Delta p_x = h \tag{1.33}$$

$$\Delta x\Delta y\Delta z\Delta p_x\Delta p_y\Delta p_z = h^3 \tag{1.34}$$

光波模式与光子状态的关系是等效的，即一个光波模式是一个光子态，在波矢空间中占据一个体积，称之为相格. 相格占有的坐标空间体积为

$$\Delta x\Delta y\Delta z = h^3/(\Delta p_x\Delta p_y\Delta p_z) \tag{1.35}$$

一个光子态在六维相空间中占据一个相格，一个相格或一个光子态内的光子不可区分.

【例 1.4】

设光子能量和动量之间的关系为 $\varepsilon = cp$，试求平衡辐射时体积为 V 的空腔中，光子能量在 $\varepsilon \sim \varepsilon + \mathrm{d}\varepsilon$ 范围内的状态数.

解 根据量子统计的观点，可以把空腔内的辐射场看成是光子理想气体，光子的能量动量关系为 $\varepsilon = cp$.

在体积 V 内，动量大小在 $p \sim p + \mathrm{d}p$ 范围内的自由粒子的微观态数为

$$\frac{4\pi V}{h^3} p^2 \mathrm{d}p$$

考虑到光子的自旋量子数为 1，自旋在动量方向的投影可取 $\pm\hbar$ 两个可能值，相当于右旋和左旋的圆偏振光. 因此，在体积 V 内，动量大小在 $p \sim p + \mathrm{d}p$ 范围内的光子的量子态数为 $\dfrac{4\pi V}{h^3} p^2 \mathrm{d}p$.

最后，利用光子的能量动量关系 $\varepsilon = cp$ 可得，平衡辐射时体积为 V 的空腔中，光子能量在 $\varepsilon \sim \varepsilon + \mathrm{d}\varepsilon$ 范围内的状态数为

$$N(\varepsilon)\mathrm{d}\varepsilon = \frac{8\pi V}{h^3 c^3}\varepsilon^2 \mathrm{d}\varepsilon \tag{1.36}$$

1.3.2 激光产生的物理基础

1. 光子的相干性与简并度

光的相干性就是指在不同的空间点、不同的时刻光波场的某些特性之间的相关性，例如，光波场的相位，它们之间的相关性好即该光的相干性好. 基于光波场是时间和空间的函数，光的相干性有时间相干性和空间相干性之分. 我们这里介绍几个光相干的概念.

(1) 时间相干性就是波场中同一点不同时刻光波场特性的相关性，此相干性来源于原子发光的间断性.

(2) 空间相干性就是波场中不同点在同一时刻光波场特性的相关性，此相干性来源于光源中不同原子发光的独立性.

(3) 相干体积 V_c 就是若在空间体积 V_c 内各点的光波场都具有明显的相干性，则 V_c 称为相干体积.

(4) 相格空间体积就是一个光波模式或光子态占有的空间体积，也可以是光源的相干体积.

属于同一光子态的光子是相干的，应包含在相干体积内，相格空间体积等于光源的相干体积. 相同光子态或光波模式的光子是相干的，不同光子态或不同光波模式的光子是不相干的.

光子简并度就是处于同一光子状态的光子数目. 一般相干光强与光子简并度的关系是：相干光强的大小取决于光子简并度的大小，光子简并度越大，则相干光强越大. 光子简并度具有几个相同的含义：光子简并度可以认为是同态光子数，或者是同一光波模式内的光子数，或者是同一相干体积内的光子数，还可以是同一相格内的光子数.

2. 激光发射的基本过程

1) 辐射的吸收与发射

众所周知，物质是由原子构成的，原子是由带正电的核与绕核运动的电子所构成的. 在微观世界中，电子绕核运动能量不能是任意值，只能取某些固定值，为了表达电子的能量状态，通常用符号 E 来表示. 在一般条件下，电子都处于原子中最低态的能量值，称为基态 E_0，当电子离开基态至能量提升状态时称为激发态(E_e)，电子由基态至激发态，或由激发态返回基态时，一般伴随有电磁辐射过程，这些辐射可以是可见光、红外线或紫外线，依赖于两态之间的能量差. 与电磁波频率相应的光子能量值为

$$h\nu = E_2 - E_1 \tag{1.37}$$

式中，E_2、E_1 表示两能级的能量值；ν 为电磁辐射频率；h 为固定值，是普朗克常量.

光子是辐射能量的最小单位，一般讲来只有正好符合两能级差的光子才能引起光子与电子间的相互作用，产生电子在不同能级间的跃迁. 这些作用过程可分为三种，可用图 1.9 加以说明.

图 1.9 中 A_{21}、B_{12}、B_{21} 代表爱因斯坦系数，其中 A_{21} 为自发辐射爱因斯坦系数，B_{21} 为受激辐射爱因斯坦系数，B_{12} 为受激吸收爱因斯坦系数. 在外场作用下，若外场能量密度为

ρ，由于总的吸收光子数等于总的发射光子数，表达式可写为 $N_2B_{21}\rho + N_2A_{21} = N_1B_{12}\rho$，$n$ 为光子数密度，N_2、N_1 为上下能级的粒子数浓度. 在平衡条件下，N_2、N_1 的比例符合玻尔兹曼分布，即 $N_2/N_1 = \exp[-(E_2-E_1)/k_BT]$，其中 k_B 为玻尔兹曼常量，T 为绝对温度. 所以吸收总是大于发射，观察到的只是吸收过程和自发发射，光能只会减少.

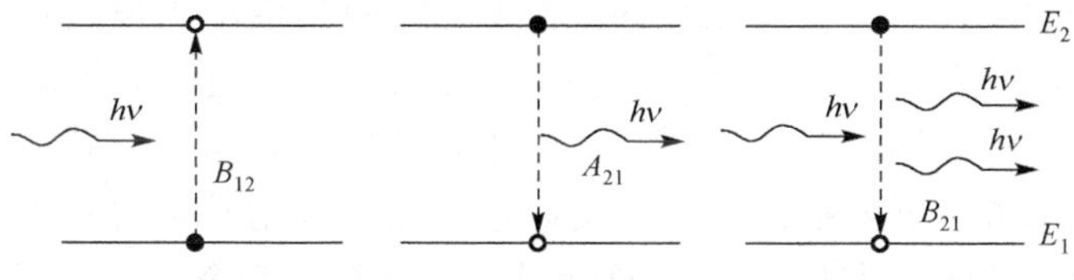

图 1.9　两能级间光的吸收与发射

2) 粒子数分布反转

为了获得通过介质的光，光场能量获得增加，一般要使相应于入射光子的能级的粒子数分布反转，即高能级的粒子数大于低能级上的粒子数，不符合正常温度的平衡统计分布，这从简单的两个系统中较难加以考虑. 如果考虑有三个或四个以上能级的系统，某些特定能级间粒子数分布反转是可以达到的. 为了说明形成分布反转的能级状态，这里只选用了一个具有四能级系统的例子，如图 1.10(b) 所示.

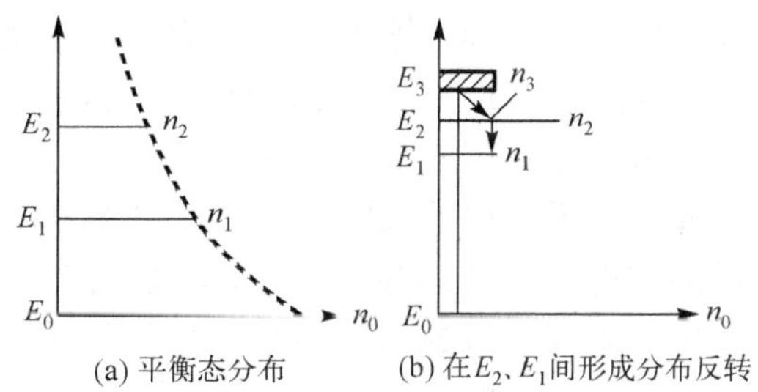

图 1.10　两能级上粒子分布

图 1.10(a) 所描述的是平衡态下粒子数的正常分布，其粒子数随能量增加呈指数减少. 图 1.10 (b) 中 E_0 的基态粒子数大于激发态的粒子数，当基态粒子吸收能量被激发至高激发态 E_3 时，由 E_3 很快弛豫至 E_2 态，粒子在 E_2 态积累，E_2 态粒子数可大于 E_1 态粒子数，即 $n_2 > n_1$，在 E_1、E_2 态之间形成粒子分布反转，当 $h\nu = E_2 - E_1$ 的光子，通过这样的介质时，由于 $n_2A_{21} + n_2B_{21} > n_1B_{12}\rho$ 表现出能量的增加，从而获得增益放大. 光通过该介质时如用指数函数描述，则 $I = I_{0e}^{kx}$，其中 I_0 为入射光强，I 为出射光强，k 为放大系数，当 k 为负值时，即通常介质表现为吸收，因此，具有光放大作用的介质，称为负吸收介质，光通过这种介质，光子强度获得增加. 只要泵的速率足够大，E_1 与 E_0 之间的弛豫足够快，该过程就可以持续不断地进行，以保持 E_2 与 E_1 间的持续反转分布. 以 Nd:YAG 激光介质为例，$\tau_{21} = 0.5\text{ms}$，$\tau_{10} \approx 30\text{ms}$，足够达到要求. 其中 τ_{21} 代表 E_2 至 E_1 态的寿命，τ_{10} 代表 E_1 至 E_0 态的寿命，是自发跃迁概率的倒数.

3) 光学谐振腔

光通过粒子数分布反转的介质获得了光增益或放大，通常有限长度的介质单程增益很低，为了获得足够的放大，需要依赖在介质的两端放置一对相互平行的反射镜，光在反射镜间可以来回多次通过，相当于无限制地延长了粒子数反转的介质，能够维持光线多次反射的平行反射镜组，称为光学谐振腔. 构成反射镜组的可以是一对平行平面，也可以是一对球面，两球面的焦距不一定相同，焦点不一定重合，图 1.11 是谐振腔的作用说明.

图 1.11 中 1 代表具有粒子分布反转的激活介质，2、2′ 代表平行平面反射镜组，通常其平行度要保持在几个弧度秒以内，3、3′ 代表不沿轴向传播的光线，很快成为散射光，4、4′ 代表沿介质轴向传输并垂直于光腔两端面反射镜，来回多次反射的光束，当反射镜之一的透过率不为零时会有光输出，通常即为激光.

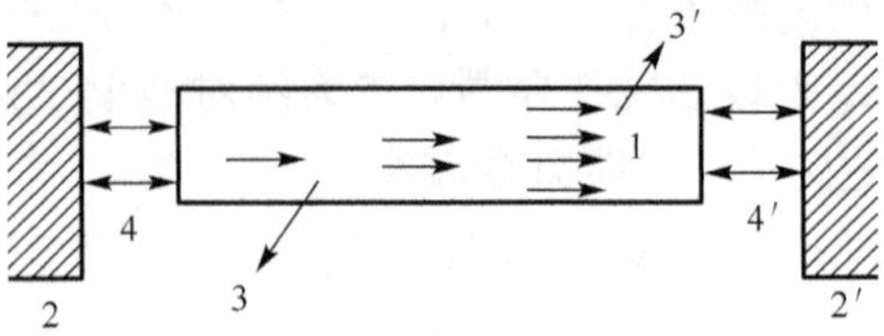

图 1.11 平行平面光学谐振腔

对反射镜组的相互配置有一定限制，依赖于两个镜面的曲率半径和间距大小，光线在反射镜间来回反射称为光振荡，可以是稳定的或不稳定的，一般设计的激光谐振腔，需要满足稳定条件. 若令两个镜面的曲率半径为 r_1 及 r_2，镜间距离为 e，光学谐振腔稳定的条件为

$$0 \leqslant \left(1-\frac{e}{r_1}\right)\left(1-\frac{e}{r_2}\right) \leqslant 1 \tag{1.38}$$

对平行平面腔，$r_1 = r_2 = \infty$ 是极限情况. 对低增益的激光介质，谐振腔镜面的反射率要求很高，通常反射镜面镀多层介质膜，其反射率可达 99.9%以上. 对红外及紫外器件，也可直接镀金属，如镀金、镀银；对高增益、大功率器件也有用非稳腔结构，反射镜的输出端不镀膜，甚至镀减反膜. 此外，行波腔等其他类型结构的应用，也在特定器件中使用.

4) 激光器振荡的阈值条件

通常由于介质的吸收、散射，晶体的不完整性，反射镜的透过率不为零等因素，激活介质的腔内损耗必然存在. 为了形成激光，光在粒子数反转介质中来回传播，其每次的行程的增益必须克服或大于损耗，才能使振荡持续. 当振荡中光放大的增益等于光损耗的条件时，称为振荡的阈值，一旦介质的增益超出阈值增益，光强的增长将非常激烈. 假定激光介质的增益与损耗的条件是均匀分布，则光在谐振腔中来回一次的增益 G 为

$$G = \frac{\text{终态的辐照度}}{\text{初态的辐照度}} = R_1 R_2 \mathrm{e}^{2(k-r)L} \tag{1.39}$$

式中，R_1、R_2 是两端镜面的反射率；L 为激活介质的长度；k 为增益系数；r 为损耗系数. 当 $G=1$ 时为振荡的阈值条件，对两能级间光束传输的小信号增益系数 k 为

$$k = \left(N_2 - \frac{g_2}{g_1}N_1\right)B_{21}\frac{h\nu_{21}n}{c} \tag{1.40}$$

式中，N_2、N_1 分别为 E_2 及 E_1 态的粒子数密度；g_2、g_1 是两能级态的简并度；n 为介质的折射率；c 为真空光速. 对应阈值 k_{th} 的粒子数密度差

$$N_{\text{th}} = N_2 - \frac{g_2}{g_1}N_1 \tag{1.41}$$

与此相应 $k_{\text{th}} = r + \dfrac{1}{2L}\ln\left(\dfrac{1}{R_1R_2}\right)$，当 $k \geqslant k_{\text{th}}$ 时，激光可持续产生振荡并产生输出，原则上已知 R_1、R_2、L 及损耗系数 r，可估算出所需粒子数密度的反转值.

5) 激励条件

为了使激光介质形成粒子数反转，必须有外加的激励手段，依赖于激光介质的类型，

其激励方式是很不相同的，通常对晶体激光介质，只能用光泵激励，要选择光泵辐射的光谱与介质相应的吸收光谱相匹配，为了光泵的激励效率，外加的聚光系统也是必不可少的．光泵的光源可选择高压氙灯、氟灯、汞灯，有连续与脉冲的工作方式，其形式有直管形、共轴式或螺旋形等，一般选用市售商品便于更换．近年来，更有用二极管激光器作为晶体的激励光源，因为二极管激光器体积小、效率高，发光效率常达 60%～70%，更能与上能级吸收能有效匹配，是较理想的全固化小型泵源．半导体激光器的连续输出功率可达千瓦级，其既是很好的激光器，又可作为很好的泵源．聚光系统，通常用椭圆聚光镜、圆柱聚光镜、漫反射聚光器等增加有效耦合入射泵的光能．为了供给光泵能量，尚需相应的电源，依赖于连续或脉冲输出，电源的电压、线路多有不同组合．对重复脉冲及连续激光器、介质、光泵及反射聚光系统，都要有效地冷却，以确保多余的热量可很快散发，否则激光介质的升温，不仅会影响激光输出的质量、稳定性，甚至会使激光器振荡停止．为了估算所需光泵的功率，可以解光泵粒子分布的速率方程组，对前述四能级系统，在阈值条件下，单位体积介质所需的光泵功率 P_{th}，会有

$$P_{\text{th}}=\frac{E_3 8\pi\nu_0^2 k_{\text{th}}\Delta\nu n^2}{c^2} \tag{1.42}$$

该方程中只考虑了均匀展宽线型对光泵功率的需要，其中 ν_0 是中心发射频率，$\Delta\nu$ 是线宽，n 为介质的折射率，该方程没有涉及装置的几何耦合效率、光源光谱效率、电光转换效率等因素．红宝石激光器是三能级系统，光泵需要激励至少 1/2 的基态粒子至激发态，因而泵的阈值功率是较高的．

【例 1.5】

设一对激光能级为 E_2 和 $E_1(g_2=g_1)$，相应的频率为 ν(波长为 λ)，各能级上的粒子数为 n_2 和 n_1．问：(1) 当 $\nu=3000\text{MHz}$，$T=300\text{K}$ 时，n_2/n_1 为多少？(2) 当 $\lambda=1\mu\text{m}$，$T=300\text{K}$ 时，n_2/n_1 为多少？(3) 当 $\lambda=1\mu\text{m}$，$n_2/n_1=0.1$ 时，温度为多少？

解 (1) 根据已知条件得到

$$\frac{n_2}{n_1}=\frac{g_2}{g_1}\exp\left(-\frac{E_2-E_1}{k_{\text{B}}T}\right)=\exp\left(-\frac{h\nu}{k_{\text{B}}T}\right)=\exp\left(-\frac{6.626\times10^{-34}\times3000\times10^6}{1.38\times10^{-23}\times300}\right)=0.999$$

(2) 根据频率与波长的关系，进一步得到

$$\frac{n_2}{n_1}=\exp\left(-\frac{h\nu}{k_{\text{B}}T}\right)=\exp\left(-\frac{hc}{k_{\text{B}}T\lambda}\right)=\exp\left(-\frac{6.626\times10^{-34}\times3\times10^8}{1.38\times10^{-23}\times300\times1\times10^{-6}}\right)=1.40\times10^{-21}$$

(3) 对 (2) 进行对数处理，得到

$$\ln\left(\frac{n_2}{n_1}\right)=-\frac{hc}{k_{\text{B}}T\lambda}=\ln0.1=-\frac{6.626\times10^{-34}\times3\times10^8}{1.38\times10^{-23}\times T\times1\times10^{-6}}$$

$$T=6255.7\text{K}$$

1.4 典型激光器及其特性

激光器的基本结构包括激光工作物质、泵浦和光学谐振腔. 其中激光工作物质提供形成激光的能级结构体系，是激光产生的内因；泵浦提供形成激光的能量激励，是激光形成的外因；光学谐振腔的主要作用是为光的放大提供正反馈，使受激发射的强度、方向性、单色性进一步提高.

自 1960 年第一台红宝石激光器问世以来，相继制造出了许多种激光器，下面简单地介绍几种典型的激光器，着重介绍其工作原理及应用.

啁啾脉冲放大技术

1.4.1 激光器的类别

1. 按工作物质分类

根据工作物质物态的不同可把所有的激光器分为以下几大类.

(1) 固体激光器：工作物质一般是掺入少量激活离子的晶体或玻璃. 固体激光器具有使用方便、输出功率大等特点.

(2) 气体激光器：根据气体中真正产生受激发射作用的工作粒子性质的不同，而进一步区分为原子气体激光器、离子气体激光器、分子气体激光器、准分子气体激光器等.

(3) 液体激光器：一类是有机荧光染料溶液，另一类是含有稀土金属离子的无机化合物溶液，其中金属离子(如 Nd^{3+})起工作粒子作用，而无机化合物液体(如 SeOCl)则起基质的作用.

(4) 半导体激光器：通过一定的激励方式(电注入、光泵或高能电子束注入)，在半导体物质的能带之间或能带与杂质能级之间，激发非平衡载流子而实现粒子数反转，从而产生光的受激发射作用.

(5) 自由电子激光器：工作物质为在空间周期变化磁场中高速运动的定向自由电子束，只要改变自由电子束速度就可产生可调谐的相干电磁辐射.

2. 按激励方式分类

(1) 光泵式激光器：以光泵方式激励的激光器，包括几乎全部的固体激光器和液体激光器，以及少数气体激光器和半导体激光器.

(2) 电激励式激光器：大部分气体激光器均是采用气体放电(直流放电、交流放电、脉冲放电、电子束注入)方式进行激励，而一般常见的半导体激光器多是采用结电流注入方式进行激励，某些半导体激光器亦可采用高能电子束注入方式激励.

(3) 化学激光器：利用化学反应释放的能量对工作物质进行激励的激光器，产生的激励方式可分别采用光照引发、放电引发、化学引发.

(4) 核泵浦激光器：指专门利用小型核裂变反应所释放出的能量来激励工作物质的一类特种激光器，如核泵浦氦氩激光器等.

3. 按运转方式分类

(1) 连续激光器：工作物质的激励和相应的激光显示，可以在一段较长的时间内以连续方式持续进行. 由于连续运转过程中往往不可避免地产生器件的过热效应，因此多数需采取适当的冷却措施.

(2) 单次脉冲激光器：工作物质的激励和相应的激光发射，从时间上来说均是一个单次脉冲过程，一般的固体激光器、液体激光器以及某些特殊的气体激光器，均采用此方式运转.

(3) 重复脉冲激光器：其显示为一系列的重复激光脉冲，器件可相应以重复脉冲的方式激励，或以连续方式进行激励但以一定方式调制激光振荡过程，以获得重复脉冲激光显示.

(4) 调 Q 激光器：采用一定的技术以获得较高显示功率的脉冲激光器，其工作原理是在工作物质的粒子数反转状态形成后并不使其产生激光振荡(开关处于关闭状态)，待粒子数积累到足够高的程度后，瞬间打开开关，从而可在较短的时间内形成十分强的激光振荡和高功率脉冲激光显示.

(5) 锁模激光器：采用锁模技术的特殊类型激光器，其工作特点是由共振腔内不同纵向模式之间有确定的相位关系，可获得一系列在时间上来看是等间隔的激光超短脉冲序列，若进一步采用特殊的快速光开关技术，还可以从上述脉冲序列中选择出单一的超短激光脉冲(见激光锁模技术).

(6) 单模和稳频激光器：单模激光器是指在采用一定的限模技术后处于单横模或单纵模状态运转的激光器；稳频激光器是指采用一定的自动控制措施使激光器显示波长或频率稳定在一定精度范围内的特殊激光器件. 在某些情况下，还可以制成既是单模运转又具有频率自动稳定控制能力的特种激光器件(见激光稳频技术).

(7) 可调谐激光器：激光器的显示波长是固定不变的，但采用特殊的调谐技术后，使得某些激光器的显示激光波长可在一定的范围内连续可控地发生变化，这一类激光器称为可调谐激光器.

4. 按显示波段范围分类

(1) 远红外激光器：显示波长范围处于 25～1000μm，某些分子气体激光器以及自由电子激光器的激光显示即落入这一区域.

(2) 中红外激光器：指显示激光波长处于中红外区(2.5～25μm)的激光器件，代表者为 CO_2 分子气体激光器(10.6μm)、CO 分子气体激光器(5～6μm).

(3) 近红外激光器：指显示激光波长处于近红外区(0.75～2.5μm)的激光器件，代表者为掺钕固体激光器(1.06μm)、CaAs 半导体二极管激光器(约 0.8μm)和某些气体激光器等.

(4) 可见光激光器：指显示激光波长处于可见光谱区(0.38～0.76μm)的一类激光器件，代表者为红宝石激光器(6943Å)、氦氖激光器(6328Å)、氩离子激光器(4880Å、5145Å)、氪离子激光器(4762Å、5208Å、5682Å、6471Å)以及一些可调谐染料激光器等.

(5) 近紫外激光器：其显示激光波长范围处于近紫外光谱区(2000～4000Å)，代表者为氮分子激光器(3371Å)、氟化氙(XeF)准分子激光器(3511Å、3531Å)、氟化氪(KrF)准分子激光器(2490Å)以及某些可调谐染料激光器等.

(6) 真空紫外激光器：其显示激光波长范围处于真空紫外光谱区(50～2000Å)，代表者为氢(H)分子激光器(1644～1098Å)、氙(Xe)准分子激光器(1730Å)等.

(7) X 射线激光器：指显示波长处于 X 射线谱区(0.01～50Å)的激光器系统，目前软 X 射线已研制成功，但仍处于探索阶段.

1.4.2 典型激光器

1. 固体激光器

固体激光器一般小而坚固，脉冲辐射功率较高，应用范围较广泛. 固体激光器是以掺杂离子的绝缘晶体或玻璃作为工作物质的激光器. 目前已实现激光振荡的固体工作物质有百余种，这里我们只介绍常见的红宝石和掺钕钇铝石榴石(Nd:YAG). 固体激光器的工作物质是激光器的核心.

1) 红宝石激光器

红宝石是在 Al_2O_3 中掺入少量的 Cr_2O_3 生长成的晶体. 红宝石激光器属于三能级系统. 它的荧光谱线有两条，在室温下对应的中心波长分别为 0.6943μm 和 0.6929μm. 由于 0.6943μm 的辐射强度比 0.6929μm 谱线大，在振荡过程中总是占优势，所以通常红宝石激光器产生的激光谱线均为 $\lambda = 0.6943\mu m$ 线.

红宝石中 Cr^{3+} 的吸收光谱曲线有两个强吸收带：峰值位于 0.41μm 处的紫外带(U 带)和峰值位于 0.55μm 处的黄绿带(Y 带). 由于红宝石晶体的各向异性，它的吸收特性与光的偏振状态有关，所以对于光电场 $\boldsymbol{E}$ 的振动方向与晶体光轴垂直和平行的两种分量，吸收曲线略有差别.

红宝石激光器的优点是机械强度高，容易获得大能量的单模输出，输出的红颜色激光适于高灵敏度探测. 红宝石激光器的突出缺点是阈值高，温度效应非常严重. 随着温度的升高，激光波长将向长波长方向移动，荧光谱线变宽，荧光量子效率下降，导致阈值升高，严重时会引起“温度猝灭”. 因此，在室温情况下，红宝石激光器不适于连续和高重复率工作，但在低温下可能连续运转.

2) Nd:YAG 激光器

Nd:YAG 是将一定比例的 Al_2O_3、Y_2O_3 和 Nd_2O_3 在单晶炉中进行熔化，并结晶而成的，呈淡紫色. 它的激活粒子是钕离子(Nd^{3+})，与激光产生有关的能级结构属于四能级系统. 其荧光谱线波长为 1.35μm 和 1.06μm，由于 1.06μm 谱线比 1.35μm 的荧光强约 4 倍，所以在激光振荡中，将只产生 1.06μm 的激光. Nd:YAG 中 Nd^{3+} 的吸收光谱中在紫外线、可见光和红外区内有几个强吸收带.

Nd:YAG 激光器的突出优点是阈值低和具有优良的热学性质，这就使得它适于连续和高重复率的工作. Nd:YAG 是目前能在室温下连续工作的唯一实用固体工作物质，在中小功率脉冲器件中，特别是在高重复率的脉冲器件中，目前应用 Nd:YAG 的量，远超过其他固体工作物质，所以 Nd:YAG 激光器至今仍然在被广泛使用.

固体激光器的发展较快，20 世纪 80 年代后出现了几种带有方向性的新型固体激光器，例如，半导体激光器泵浦的固体激光器、可调谐固体激光器、高功率固体激光器等.

2. 气体激光器

气体激光器是以气体或蒸汽作为工作物质的激光器. 由于气体原子、分子或离子的跃迁谱线及相应的激光波长范围较宽，遍及紫外到远红外整个谱区，与其他种类激光器相比，气体激光器突出的优点是输出光束质量好、单色性和相干性较好. 因此，在工农业、医学、精密测量、全息技术等方面应用广泛. 这里我们简略介绍常见的氦氖(He-Ne)激光器、二氧化碳(CO_2)激光器和氩离子(Ar^+)激光器.

1) He-Ne 激光器

He-Ne 激光器的工作物质是 Ne 原子，在 He-Ne 激光器放电管中充有一定比例的氦气，主要起着提高 Ne 原子泵浦速率的辅助作用. He-Ne 激光器是典型的四能级系统，其激光谱线主要有三条(0.6328μm、1.15μm 和 3.39μm).

现在的商用 He-Ne 激光器谱线主要是红光(0.6328μm)，目前已有黄光(0.514μm)、绿光(0.543μm)和橙光(0.606μm、0.612μm) He-Ne 激光器商品出售.

2) CO_2 激光器

CO_2 激光器是以 CO_2 气体分子作为工作物质的气体激光器，它的激光波长为 10.6μm 和 9.6μm. CO_2 激光器受到人们重视的主要原因是它具有很多优点，例如，它既能连续工作，又能脉冲工作，输出大、效率高. 它的能量转换效率高达 20%～25%，连续输出功率可达万瓦量级，脉冲输出能量可达万焦耳，脉冲宽度可压缩到纳秒. 特别是，CO_2 激光波长正好处于大气窗口，并且对人体的危害比可见光和 1.06μm 红外线要小得多. 因此，它被广泛用于材料加工、通信、雷达、诱发化学反应、外科手术等方面，还可用于激光引发热核反应、激光分离同位素以及激光武器等.

CO_2 激光器的激光工作物质是 CO_2 气体分子，工作气体除 CO_2 气体外，还有适量的辅助气体 N_2 和 He 等. 充入 He 的作用是可提高 CO_2 分子的热弛豫速率，有利于激光下能级上的粒子数抽空；同时可利用氦气导热系数大的特点，实现有效传热. 充入 N_2 的作用是提高 CO_2 分子的泵浦速率，为激光器高效运转提供可靠的保证.

一般 CO_2 激光器可能通过受激辐射产生 10.6μm 和 9.6μm 两种波长的激光，由于相应于 10.6μm 波长的跃迁概率比 9.6μm 大，所以通常 CO_2 激光器的输出激光波长为 10.6μm.

3) Ar^+激光器

Ar^+激光器是以气态离子的不同激发态之间的激发跃迁进行工作的气体激光器. Ar^+激光器是最常见的离子激光器. 它的激光谱线很丰富，主要分布在蓝绿光区，其中，以 0.4880μm 蓝光和 0.5145μm 绿光两条谱线最强. Ar^+激光器既可以连续工作，又可以脉冲状态运转，连续功率一般为几瓦到几十瓦，高者可达一百多瓦，是目前在可见光区连续输出功率最高的激光器. 它已广泛应用于激光电视、全息照相、信息处理、光谱分析及医疗和工业加工等许多领域.

Ar^+激光器的激活粒子是 Ar^+，因为 Ar^+是由 Ar 原子电离产生的，所以 Ar^+激光器的激发过程一般是两步过程，首先通过气体放电，将 Ar 原子电离，然后，再通过放电激励将 Ar^+激发到高能级. 此外，在低气压脉冲放电时，还有直接将 Ar 原子激发到 Ar^+激发态的一步过程和级联过程. 所以 Ar^+激光输出有丰富的谱线，常见的谱线波长有 0.4545μm、0.4579μm、0.4658μm、0.4727μm、0.4765μm、0.4880μm、0.4965μm、0.5145μm 和 0.5287μm. 其中，最强的谱线波长是 0.4880μm 和 0.5145μm.

常用的气体激光器还有氮分子激光器和准分子激光器，输出激光波长在紫外波段.

3. 半导体激光器

半导体激光器是以半导体材料作为激光工作物质的激光器. 它具有超小型、高效率、结构简单、价格便宜以及可以高速工作等一系列优点，自 1962 年问世以来，发展极为迅速. 它是光纤通信的基本光源，在激光电视、光盘、全息照相、数码显示、激光准直、测距、引信及医疗等许多方面都获得了广泛的应用，而且在光信息处理、光存储、光计算等新领域内，也将发挥重要的作用.

半导体材料是一种单晶体，其能带结构由价带、禁带和导带组成. 与其他激光工作物质相似，半导体材料中也有受激吸收、受激辐射和自发辐射过程. 在电流或光的激励下，半导体价带上的电子获得能量，跃迁到导带上，在价带中形成了一个空穴，这相当于受激吸收过程；导带中的电子可以自发或受激地跃迁到价带上，与价带中的空穴复合，同时把约等于 E_g(禁带宽度)的能量以光子形式辐射出来，这相当于自发辐射过程和受激辐射过程. 显然，当半导体材料中实现了粒子数反转，使得受激辐射过程为主，就可以实现光放大. 如果加上谐振腔，并使光增益大于光损耗，就可以产生激光.

PN 结的形成

半导体激光器的核心是 PN 结，它与一般的半导体 PN 结的主要差别是半导体激光器的 PN 结是高掺杂的，即 P 型半导体中的空穴极多，N 型半导体中的电子极多，因此，半导体激光器 PN 结中的自建场很强，结两边产生的电势差 V(势垒)很大.

当无外加电场时，PN 结的能级结构是 P 区的能级比 N 区高，并且导带底能级比价带顶能级还要低. 由于能级越低，电子占据的可能性越大，所以，N 区导带中与费米能级间的电子数比 P 区价带中与费米能级间的电子数多.

当外加正向电压时，势垒降低. 在电压较高，电流足够大时，P 区空穴和 N 区电子大量注入结区，在 PN 结的空间电荷层附近，导带与价带之间形成电子数反转分布区域，称为激活区(或有源区). 因为电子的扩散长度比空穴大，所以激活区偏向 P 区一边. 在激活区内，由于电子数反转，起始于自发辐射的受激辐射大于受激吸收，产生了光放大，进一步，由于 PN 结的两解理面可以构成谐振腔，所以光强不断增强，最终形成激光. 由上述分析可见，只有外加足够强的正电压，注入足够的电流，才能产生激光. 否则，只能产生荧光.

4. 光纤激光器

光纤激光器(fiber laser)是指用掺稀土元素玻璃光纤作为增益介质的激光器，可在光纤放大器的基础上开发出来. 在泵浦光的作用下光纤内极易形成高功率密度，造成激光工作物质的激光能级“粒子数反转”，当适当加入正反馈回路(构成谐振腔)便可形成激光振荡输出.

以稀土掺杂光纤激光器为例，掺有稀土离子的光纤芯作为增益介质，掺杂光纤固定在两个反射镜间构成谐振腔，泵浦光从左边入射到光纤中，从右边输出激光(图 1.12).

当泵浦光通过光纤时，光纤中的稀土离子吸收泵浦光，其电子被激励到较高的激发能级上，实现了粒子数反转. 反转后的粒子以辐射形式从高能级转移到基态，输出激光. 图 1.12 的反射镜谐振腔主要用以说明光纤激光器的原理. 实际的光纤激光器可采用多种全光纤谐振腔.

图 1.13 为采用 2×2 光纤耦合器构成的光纤环路反射器及由此种反射器构成的全光纤激光器，(a)表示将光纤耦合器两输出端口联结成环，(b)表示与此光纤环等效的用分立光学元件构成的光学系统，(c)表示两只光纤环反射器串接一段掺稀土离子光纤，构成全光纤型激光器. 以掺 Nd^{3+}石英光纤激光器为例，应用 806nm 波长的 AlGaAs(铝镓砷)半导体激光器为泵浦光，光纤激光器的激光发射波长为 1064nm，泵浦阈值约 470μW.

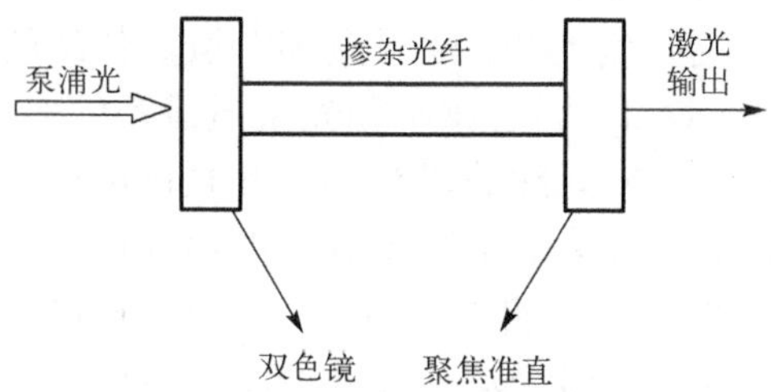

图 1.12 光纤激光器结构图

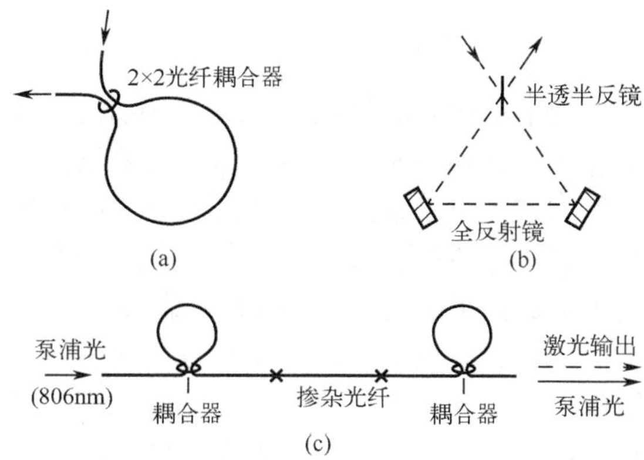

图 1.13 全光纤激光腔的构成示意图

利用 2×2 光纤耦合器可以构成光纤环形激光器. 如图 1.14(a)所示，将光纤耦合器输入端 2 联结一段稀土掺杂光纤，再将掺杂光纤联结耦合器输出端 4 而成环. 泵浦光由耦合器端 1 注入，经耦合器进入光纤环而泵浦其中的稀土离子，激光在光纤环中形成并由耦合器端口 3 输出. 这是一种行波型激光器，光纤耦合器的耦合比越小，表示储存在光纤环内的能量越大，激光器的阈值也越低. 典型的掺 Nd^{3+}光纤环形激光器，耦合比≤10%，利用染料激光器 595nm 波长的输出进行泵浦，产生 1078nm 的激光，阈值为几毫瓦. 上述光纤环形激光腔的等效分立光学元件的光路安排如图 1.14(b)所示.

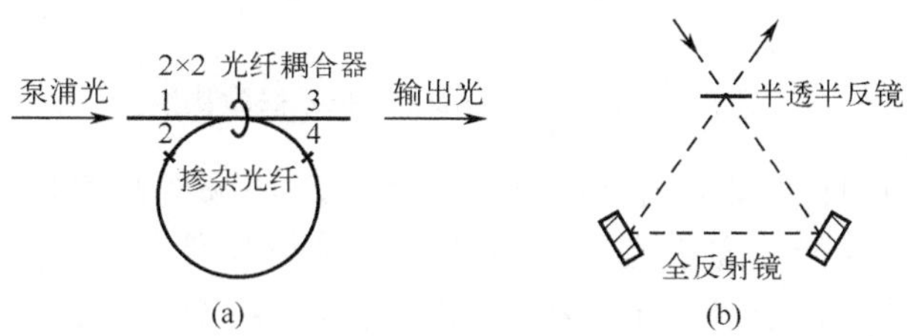

图 1.14 光纤环形激光器示意图

利用光纤中稀土离子荧光谱带宽的特点，在上述各种激光腔内加入波长选择性光学元件，如光栅等，可构成可调谐光纤激光器，典型的掺 Er^{3+}光纤激光器在 1536nm 和 1550nm 处可调谐 14nm 和 11nm.

如果采用特别的光纤激光腔设计，可实现单纵模运转，激光线宽可小至数十纳米. 光纤激光器在腔内加入声光调制器，可实现调 Q 或锁模运转. 调 Q 掺 Er^{3+}石英光纤激光器，脉冲宽度 32ns，重复频率 800Hz，峰值功率可达 120W. 锁模实验，得到光脉冲宽度 2.8ps 和重复频率 810MHz 的结果，可望用作孤子激光源.

稀土掺杂石英光纤激光器以成熟的石英光纤工艺为基础，因而低损耗和精确的参数控制均得到保证. 适当加以选择可使光纤在泵浦波长和激射波长均工作于单模状态，可达到高的泵浦效率，光纤的表面积与体积之比很大，散热效果很好，因此，光纤激光器一般仅需低功率的泵浦即可实现连续波运转. 光纤激光器易于与各种光纤系统的普通光纤实现高效率的接续，且柔软、细小，因此不但在光纤通信和传感方面，而且在医疗、计量测试以及仪器制造等方面都有极大的应用价值.

5. 自由电子激光器

自由电子激光器(free-electron laser，FEL)是一类不同于传统激光器的新型高功率相干辐射光源，其相干光的产生过程中没有增益介质，也不需要粒子数反转. 而是通过将加速至接近光速的电子束的动能转换为光子能量来产生高亮度的相干激光脉冲. 虽然传统的激光器具有极好的单色性和相干性，但它的低功率、低效率、固定频率和光束质量差的弱点，使它大大逊色于 FEL. FEL 的波长能够覆盖从远红外到 X 射线波段范围，并且可以通过改变电子能量、磁场周期和强度来改变输出激光的波长. 自由电子激光器不需要气体、液体或固体作为工作物质，而是将高能电子束的动能直接转换成相干辐射能. 因此，也可以认为自由电子激光器的工作物质就是自由电子. FEL 特点是激光波长和脉冲结构可以根据需要进行设计,并可在大范围内连续调节. 按照放大增益,可将 FEL 分为低增益和高增益 FEL 装置. 振荡器型 FEL 是典型的低增益 FEL 装置，由于缺乏适用于真空紫外及更短的波长的反射材料，振荡器型 FEL 多用于太赫兹和远红外波段. 如图 1.15 所示，高增益 FEL 一般包含电子枪、直线加速器及振荡器等组成部分.

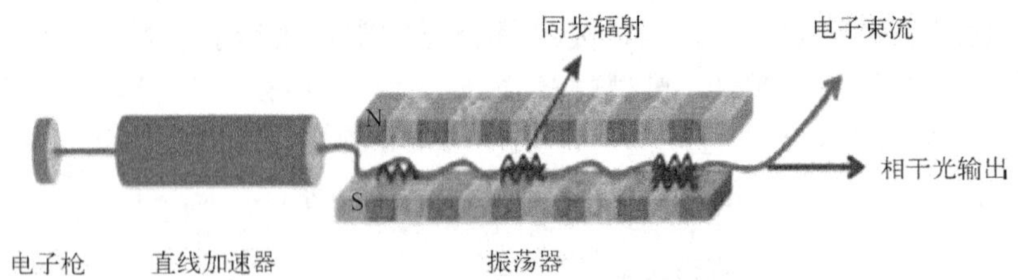

图 1.15　高增益自由电子激光器结构图

自由电子激光的物理原理是利用通过周期性摆动磁场的高速电子束和光辐射场之间的相互作用,使电子的动能传递给光辐射而使其辐射强度增大. 利用这一基本思想而设计的激光器称为 FEL. 如图 1.16 所示，磁铁极性可以不断变化. 由加速器提供的高速电子束直接进入磁场. 由于安培力的作用，电子的轨迹将发生偏转而沿着正弦曲线运动，其运动周期与摆动磁场的相同. 这些电子在 xOz 面内摇摆前进. 沿 x 方向有一加速度. 因而将在前进的方向上自发地发射电磁波. 辐射的方向在以电子运动方向为中心的一个角度范围内.

工作原理可简述如下：由加速器产生的高能电子经偏转磁铁注入极性交替变换的扭摆磁铁中. 电子因做扭摆运动而产生电磁辐射(光脉冲)，光脉冲经下游及上游两反射镜反射而与以后的电子束团反复发生作用. 结果是电子沿运动方向群聚成尺寸小于光波波长的微小的束团. 这些微束团将它们的动能转换为光场的能量，使光场振幅增大. 这个过程重复多次,直到光强达到饱和. 作用后的电子则经下游的偏转磁铁偏转到系统之外. 以上是 FEL 产生过程的比较形象的描述. 从物理学角度看，这个过程就是电子对辐射的受激康普顿散射的结果. 这里一个最为关键的环节是电子要聚集成许多短于光波波长的束团. 因为，只有这样它的辐射才是相干的，而 FEL 的技术难度，恰恰也正在于此. 电子束性能必须十分优越(能量分散小、方向分散小、时间稳定度高……)，同时电子流强度尽可能大，才能达到要求，显然，FEL 工作波长越短，技术难度也就越大.

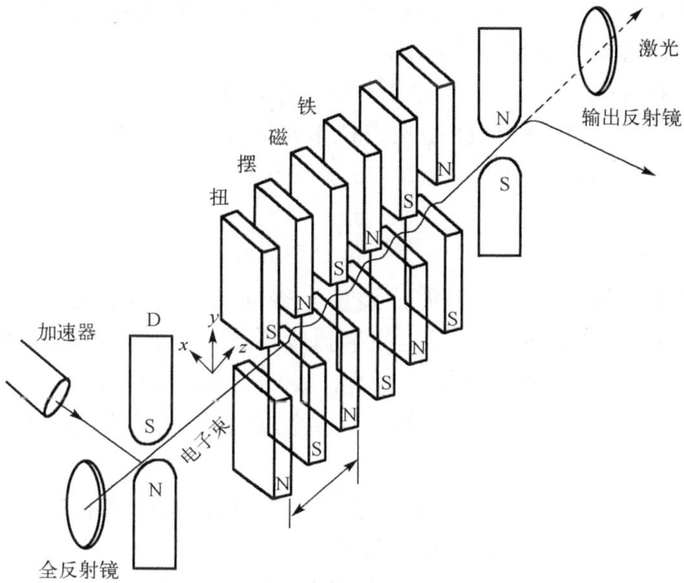

图 1.16 FEL 原理图

由于 FEL 具有许多一般激光器望尘莫及的优点，所以 FEL 问世后不久，科学家们就开始着手研究它的应用问题. 自由电子激光特别适宜于研究光与原子、分子和凝固态物质的相互作用，这类研究涉及固体表面物理、半导体物理、超导体、凝聚态物理、化学、光谱学、非线性光学、生物学、医学、材料、能源、通信、国防和技术科学等多个方面. 原子核工程是 FEL 应用最有前途的领域之一，FEL 在此应用上的最大优点是高功率、宽可调光谱范围，以及准连续运转. 因此，可应用于物质提纯，受控核聚变，铀、钆、硼、锶和钛等元素的同位素分离和等离子体加热等.

由于 FEL 的高效率、短脉冲及波长可调的优点，其在工业上也有广阔的应用前景，例如，在半导体工艺中的薄膜沉积、平板印刷术、蚀刻、掺杂质等. FEL 特别适合大批量材料处理，因为它的波长可调谐，输出功率高. 当 FEL 用于材料处理时，要求其功率为 1～5kW、波长为 8～20μm. FEL 还可进行各种化学分析与测量，可以生产高纯硅晶体、满足计算机芯片生产的需要. 集成电路装配，包括量子处理和光刻可更多地借助短波 FEL. 另外，FEL 还用在激光加工、X 射线激光器、激光加速器的制作中.

1.4.3 激光特性

激光具有与普通光源不同的特性，一般称为激光的四性(三好一高)：单色性好、方向性好、相干性好及亮度高. 这些特性是相互联系的，正是由于激光的受激辐射本质决定了它是一个相干光源，因此其单色性和方向性好，能量集中.

1. 单色性好

光谱知识告诉我们，光的波长分布范围越小，在谱线上的宽度越窄，就说明光的单色性越好. He-Ne 激光器所输出的红光，没有丝毫的杂色，没有其相邻谱线中的橙色. 在现有的单色光源中，氪 86 灯的红光是单色性最好的，但它的波长分布范围却是 He-Ne 激光器红光的 5 万倍，而普通光更不能与之相比.

由于光的生物效应强烈地依赖于光的波长，所以激光的单色性在临床选择性治疗上获得重要应用. 此外，激光的单色特性在光谱技术及光学测量中也得到广泛应用，已成为基础医学研究与临床诊断的重要手段.

2. 方向性好

普通光源的光是向四面八方散射的，要使光聚向某一方向，必须加上辅助装置. 激光沿直线传播，方向性强，发散角度的单位在毫弧度量级，比普通光的发散角度小 2～3 个数量级，因此激光器发出的光是绝对的平行光. 我们设想，用探照灯和激光同时向距地球 384000km 的月球发射一束光，探照灯的光斑直径要超过几千公里，而激光的光斑直径可以控制在 2km 以内.

激光束的方向性好这一特性在医学上的应用主要是激光能量能在空间高度集中，另外，平行性越好的光束经聚焦得到的焦斑尺寸越小，再加之激光单色性好，光束经透镜聚焦后无色散像差，使得激光光斑尺寸进一步缩小，可达微米级以下，因此激光可用作切割细胞或分子的精细的“手术刀”.

3. 相干性好

激光器可以把光的能量集中到非常短的时间内(一般是几飞秒，$1\text{fs} = 10^{-15}\text{s}$)完成，可以产生极高的瞬间峰值功率. 激光具有较好的相干性，也就是说光量子数高，具有单色性，在较长的时间保持恒定的相位差，干涉效应十分明显.

4. 亮度高

由于激光具有单色性，具有很高的光子简并度，因此，它的单色亮度非常高. He-Ne 激光器发射的激光束的亮度是太阳光的千亿倍，而焦点处的辐射亮度更是普通光的 10^8～10^{10} 倍，这也意味着激光在单位面积里具有很高的辐射能. 我们生活中的绝大多数光源的亮度都不及太阳. 因此，普通光源在太阳光下就显示不出亮度. 激光的亮度高，它可以照射到超远距离的物体上. 它甚至可以照亮月球的表面，在月球上形成的光斑，肉眼感觉比天上的星星还要明亮.

光电科学家

激光之父——汤斯

1951 年，汤斯(图 1.17)基于爱因斯坦的理论，正式展开有关激光的研究工作. 1953 年，汤斯在担任哥伦比亚大学教授时，致力于物理学研究，与他的学生阿瑟·肖洛制成了第一台微波量子放大器，获得了高度相干的微波束. 1954 年，汤斯与研究人员成功研制出第一台微波激射放大器，即是激光的前身. 1958 年，汤斯和肖洛发现了一种神奇的现象：当他们将氖光灯泡所发射的光照在一种稀土晶体上时，晶体的分子会发出鲜艳的、始终会聚在一起的强光.

图 1.17 被誉为“激光之父”的查尔斯·哈德·汤斯(1915—2015)，美国物理学家

根据这一现象，他们提出了“激光原理”，即物质在受到与其分子固有振荡频率相同的能量激发时，都会产生这种不发散的强光——激光. 他们为此发表了重要论文，是公认的激光发明者. 激光研究的成就使汤斯与另外两位苏联科学家于 1964 年共同获得诺贝尔物理学奖.

工程与技术案例

光纤鼻腔内窥镜的设计

【背景】

传统鼻腔内窥镜手术治疗鼻窦炎、鼻息肉都会破坏内黏膜正常组织，并且有些区域治疗不彻底，导致疾病容易复发；同时开刀手术还会造成面部的畸形和疤痕. 随着光电科学技术的不断发展，以及激光技术的广泛应用，研究人员利用光纤的传光、传像性好，能量损失少的性质，再结合激光的功率大(烧伤性强且能止血)和亮度高(集中)等特点，从而来改善医学内窥镜的设计.

光纤鼻腔内窥镜系统是把传光光纤、照明光纤和激光传输光纤装在一个针头里，同时实现传光、传像及病变处理. 光纤内窥镜在临床应用上操作简单、灵活、方便，能够降低患者痛苦，同时诊断能力也大幅提高.

光纤鼻腔内窥镜有 0°～120°不同的转动角度，加之针头本身比较细，可以很容易地通过狭窄的鼻腔和鼻道内的结构. 因此其治疗效果是传统内窥镜无法比拟的. 它不仅可对鼻腔内病变进行处理，减少患者二次痛苦，而且还避免了面部的畸形和疤痕.

光纤鼻腔内窥镜系统的设计包括传光系统的设计、传像系统的设计、操纵系统以及病变处理系统的设计. 传光系统的设计关系到黑腔是否能被很好地照亮；传像系统的设计完成图像的传输和信号的转换工作，这部分系统的精度则关系到图像是否能无失真地传输；操纵系统是整个系统的指挥中心，要完成系统的激光对病因的准确处理和数据保存，这关系到系统的准确性. 用传输型光纤传感器传输图像，只需将许多光纤组成光纤束，就可以做成有效的使图像空间量子化的传感器. 光纤在鼻腔内窥镜上能大大扩大应用范围，照明用的光通过光纤照射到被测体上，反射光通过接收光纤将信号输出.

图像光纤是由数目众多的光纤组成一个图像单元(或像素单元)，典型数目为 0.3 万～10 万股，每一股光纤的直径约为10μm，图像经光纤传感器传输的原理如图 1.18 所示. 在光纤的两端，所有的光纤都是按同一规律整齐排列的，投影在光纤束一端的图像被分解成许多像素. 然后，图像是作为一组强度与颜色不同的光点传送的，并在另一端通过 COMS 图像传感器重建原图像. 之后，将信号进行滤波、放大等操作，最终使用计算机显示出清晰的鼻腔内部图像.

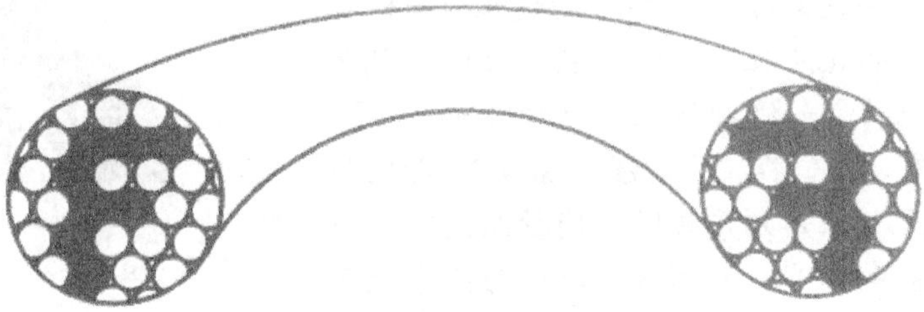

图 1.18　图像光纤传输原理图

为减少患者的痛苦，以及避免面部畸变的疤痕，光纤鼻腔内窥镜在传统鼻腔内窥镜的基础上增加了病变处理部分，和光纤一起通入大功率激光，利用激光的生物效应，同时杀死病变，但要注意根据患者情况选择功率大小适当的激光. 在使用激光进行治疗时，需要按照不同的部位选取不同类型的激光，即对症下药.

(1) 鼻前庭炎、鼻部疱疹、外鼻术后伤口延期愈合、鼻中隔黎氏区黏膜糜烂等，均可选用激光扩束后照射，也可选用 CO_2 激光扩束后照射.

(2) 鼻出血：找到出血部位，选用 Nd:YAG 激光器进行凝固止血，其能够产生 1.06μm 的近红外激光.

(3) 慢性鼻炎：选用有光导纤维装置的 CO_2 激光器.

(4) 过敏性鼻炎：选用 Nd:YAG 激光，照射后嗜酸减少，血清中 IgE 总量下降.

(5) 鼻息肉切除：选用 Nd:YAG 激光凝固态激光手术，出血少、复发率低，可在门诊进行.

(6) 鼻窦口通道手术：治疗方法是先用光纤鼻腔内窥镜切除钩突，再选用 Nd:YAG 激光凝固碳化.

【案例分析】

因为鼻腔疾病中发病率最高的是鼻窦炎和鼻息肉，而采用 Nd:YAG 激光治疗这两种疾病效果最好，并且 Nd:YAG 激光对于鼻出血等鼻腔疾病同样具有很好的治疗效果.

光纤鼻腔内窥镜技术具有独特的优势，它可以把人们的视距延长，并且能任意改变视线方向，准确地观察到鼻腔内部的真实状况，这是其他检测鼻腔内窥镜无法取代的. 光纤鼻腔内窥镜的系统框图和流程如图 1.19 和图 1.20 所示.

【应用延伸】

光纤鼻腔内窥镜技术是把光纤传像束传递的图像，通过光纤传感器转换成电信号，运用计算机图像处理技术、打印技术、网络技术，通过计算机完成内窥镜下图像的存储、处理分析，然后通过激光处理病变.

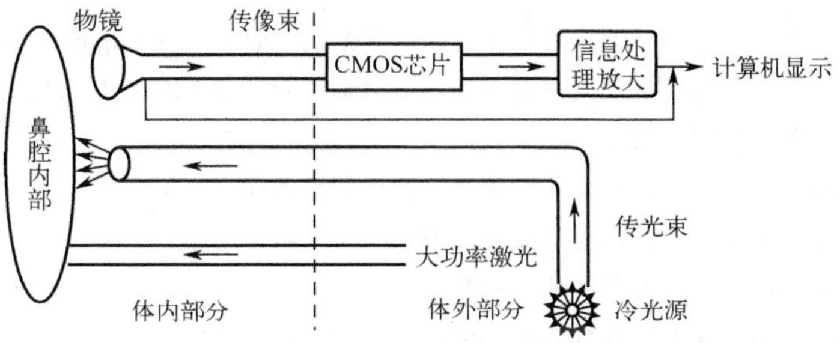

图 1.19　光纤鼻腔内窥镜框图

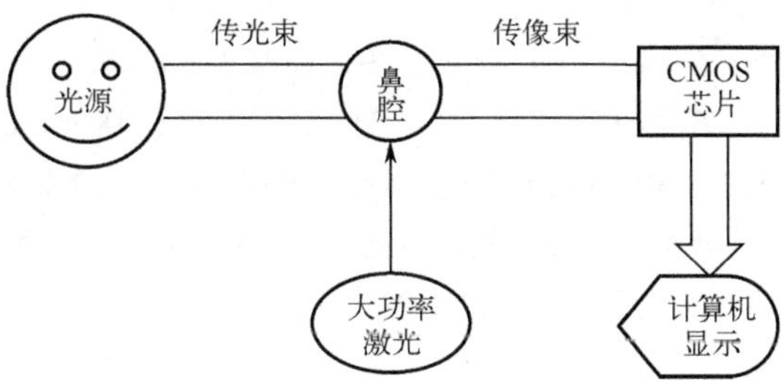

图 1.20　光纤鼻腔内窥镜流程图

练　习　题

一、选择题

1．电磁波具有的性质有(　　).

A．电场、磁场和波的传播方向满足右手定则　　B．具有偏振

C．电场和磁场相位同步　　D．电场与磁场存在相互依存关系

2．光辐射按照波长分为(　　).

A．紫外辐射　　B．可见光辐射

C．红外辐射　　D．X 射线辐射

3．下面有关辐射度学与光度学的说法正确的有(　　).

A．辐射通量是辐射度学中的基本量

B．发光强度是光度学中的基本量

C．光度学只适用于可见光波段

D．余弦辐射体的辐射出射度只与辐射亮度有关

4．一绝对黑体在温度 $T_1 = 1450\text{K}$ 时，辐射峰值所对应的波长为λ_1，当温度降为 725K 时，辐射峰值所对应的波长为λ_2，则λ_1/λ_2为(　　).

A．$\sqrt{2}$　　B．$1/\sqrt{2}$　　C．2　　D．1/2

5．原子可以通过自发辐射和受激辐射的方式发光，它们所产生的光的特点是(　　).

A．两原子自发辐射的同频率的光是相干的，受激辐射的光与入射光是不相干的

B．两原子自发辐射的同频率的光是不相干的，受激辐射的光与入射光是相干的

C．两原子自发辐射同频率的光是不相干的，受激辐射的光与入射光是不相干的

D．两原子自发辐射同频率的光是相干的，受激辐射的光与入射光是相干的

6．在激光器中利用光学谐振腔(　　).

A．可提高激光束的方向性，而不能提高激光束的单色性

B．可提高激光束的单色性，而不能提高激光束的方向性

C．可同时提高激光束的方向性和单色性

D．既不能提高激光束的方向性，也不能提高激光束的单色性

7．发生受激辐射时，产生激光的原子的总能量 E_n、电子的电势能 E_p、电子动能 E_k 的变化关系是(　　).

A．E_p 增大、E_k 减小、E_n 减小　　B．E_p 减小、E_k 增大、E_n 减小

C．E_p 增大、E_k 增大、E_n 增大　　D．E_p 减小、E_k 增大、E_n 不变

8. 处于基态的氢原子，能够从相互碰撞中或从入射光子中吸收一定的能量，由基态跃迁到激发态. 已知氢原子从基态跃迁到 $n=2$ 的激发态需要吸收的能量为 10.2eV，如果静止的氢原子受其他运动的氢原子的碰撞跃迁到该激发态，则运动的氢原子具有的动能(　　).

A．一定等于 10.2eV　　B．一定大于 10.2eV，且大得足够多

C．只要大于 10.2eV，就可以　　D．一定等于 10.2eV 的整数倍

9．2014 年诺贝尔物理学奖由赤崎勇、天野浩与中村修二获得，以表彰他们发明了(　　)LED.

A．蓝光　　B．红光　　C．绿光　　D．紫光

10．资源三号 02 星激光测距仪在 500km 轨道高度上可以实现 1m 的测量精度和 0.15m 的测量分辨率，用它从卫星上打出一束激光，通过测量激光折返跑的时间和角度，就能计算出地表某一点的相对高度，从而获得地表的特征信息. 这就好比从太空向地面用激光伸出一把无形的尺子，尺子的最小刻度只有(　　)cm.

A．15　　B．1.5　　C．10　　D.1

11．北京时间 2017 年 10 月 3 日 17 时 45 分许，瑞典皇家科学院在斯德哥尔摩宣布将 2017 年诺贝尔物理学奖授予美国麻省理工学院教授 Rainer Weiss、加州理工学院教授 Kip Stephen Thorne 和 Barry Clark Barish，以表彰他们在 LIGO 探测器和引力波观测方面的决定性贡献. LIGO 的全称是激光干涉引力波天文台，该装置主要利用(　　)干涉仪的基本原理.

A．杨氏双缝　　B．牛顿环　　C．迈克耳孙　　D．光栅

二、填空题

12．频率为 600kHz 到 1.5MHz 的电磁波其波长范围是________m 到________m.

13．按照波长分，电磁波主要有________.

14．红外辐射其波长范围在________，通常分为________、________、________三部分.

15．激光器的基本结构包括三部分，即________、________和________.

16．光和物质相互作用产生受激辐射时，辐射光和照射光具有完全相同的特性，这些特性是指________.

17．产生激光的必要条件是________，激光的四个主要特性是________、________、________、________.

18．人体的温度以 36.5℃计算，如把人体看作黑体，人体辐射峰值所对应的波长为________.

19. 已知氢原子基态的能量为−13.6eV，当基态氢原子被 12.09eV 的光子激发后，其电子的轨道半径将增加到玻尔半径的________倍.

20. 若电子被限制在边界 x 与 Δx 之间，$\Delta x = 0.5\text{Å}$，则其动量 x 分量的不确定量近似为________.

21. 普朗克公式为________.

三、计算题

22. 已知垂直射到地球表面每单位面积的日光功率(称太阳常数)等于 1.37×10^3W/m，地球与太阳的平均距离为 1.5×10^8km，太阳的半径为 6.76×10^5km. (1)求太阳辐射的总功率；(2)把太阳看作黑体，试计算太阳表面的温度.

23. 计算如图 1.21 所示的均匀余弦发射圆盘在轴上一点产生的垂直照度，设盘的半径为 R，亮度为 B.

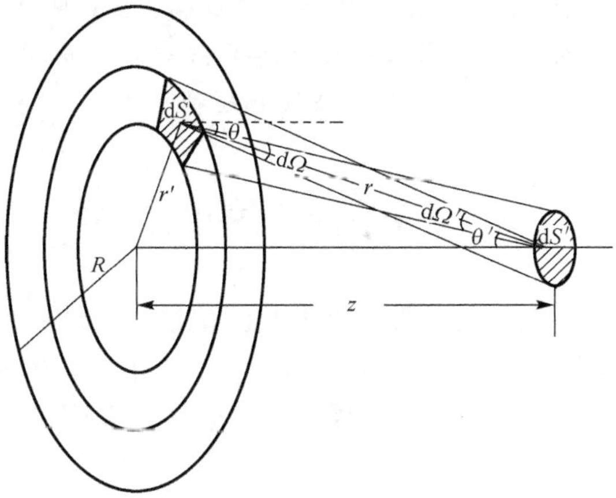

图 1.21 均匀余弦发射圆盘

24. 为使 He-Ne 激光的相干长度达到 1km，它的单色性 $\Delta\lambda/\lambda_0$ 应是多少？

25. 试证明：由于自发辐射，原子在 E_2 能级的平均寿命 $\tau_s = 1/A_{21}$.

26. 已知凸凹腔 $R_1 = 1\text{m}$ 、 $R_2 = 2\text{m}$ ，工作物质长 $L' = 0.5\text{m}$ 、 $n = 1.52$ ，求腔长 L 在什么范围内是稳定腔.

四、复杂工程与技术题

27. 飞秒激光具有非常高的瞬时功率，可达到百万亿瓦，它能聚焦到比头发的直径还要小的空间区域，使电磁场的强度比原子核对其周围电子的作用力还要高数倍. 请设计一种飞秒激光制作微光学器件的加工平台，编写相关刻写程序，利用高重复频率飞秒激光在铌酸锂内部刻写制作二维光栅.

第 2 章　光的传播

1966 年，华裔科学家高锟博士发表了具有划时代意义的经典论文《光频率介质纤维表面波导》，奠定了光纤通信的理论基础，也开启了伟大的光通信时代. 光通信以光波作为信息传输的载体，以光纤作为信息传输介质，具有高速率、大容量、长距离等技术优势，在移动通信、光纤宽带、数据中心、消费电子、汽车电子和工业制造等领域广泛应用. 5G 建设承载先行，光通信技术是网络连接的核心，5G 将催生光通信新一轮发展机遇. 本章从光在大气中传输通信技术入手，主要介绍光在电光晶体、声光晶体、磁光介质以及光纤和非线性介质中的传输原理、特性和规律.

2.1　光在大气中的传播

大气激光通信、探测等技术应用通常以大气为信道. 光波在大气中传播时，大气气体分子及气溶胶的吸收和散射会引起光束能量衰减，空气折射率不均匀会引起光波的振幅和相位起伏；当光波功率足够大、持续时间极短时，非线性效应也会影响光束的特性.

2.1.1　大气传输

大气衰减是指电磁波在大气中传播时发生的能量衰减现象. 各种波长的电磁波在大气中传播时，受大气中多种气体分子(水蒸气、二氧化碳、臭氧等)、悬浮微粒(尘埃、烟、盐粒、微生物等)和水汽凝结物(冰晶、雪、雾等)组成的混合体的吸收和散射作用，形成了电磁波辐射能量被衰减的吸收带.

大气对激光引起的衰减主要有大气分子吸收、大气分子散射. 吸收是把辐射能变成其他形式的能量，而散射则会使传输方向发生偏离，其衰减规律遵从朗伯-比尔定律. 当功率为 P_λ 的单色光在大气中传播时，因吸收和散射而衰减.

由于吸收和散射对辐射衰减的相对值都与传输距离成正比，其大气衰减系数可表示为

$$\mathrm{d}P_\lambda / P = -[\partial(\lambda) + \beta(\lambda)] / \mathrm{d}x = \chi(\lambda) \tag{2.1}$$

式中，$\partial(\lambda)$ 为吸收系数；$\beta(\lambda)$ 为散射系数；$\chi(\lambda)$ 为衰减系数.

当激光在大气中传输时，会因为吸收和散射使能量随着传输距离的增加而不断衰减. 由于激光有着良好的单色性，依据朗伯-比尔定律：透射比等于透射光强与入射光强之比. 可表示为

$$\Gamma(\lambda, L) = P(\lambda, L) / P(\lambda, 0) = \exp[-\chi(\lambda)L] \tag{2.2}$$

式中，L 为激光在大气中传输的距离；$P(\lambda,0)$ 为从激光器发出激光传输距离为 0 时的功率；

$P(\lambda,L)$ 为激光在大气中传输距离 L，经过衰减后的功率；$\chi(\lambda)$ 为波长为 λ 的激光衰减系数；$\Gamma(\lambda,L)$ 为激光在大气中传输 L 后的透过率. 进而有透过率为

$$\Gamma(\lambda,L)=\exp[-\chi(\lambda)L]=\exp[-\partial(\lambda)L]\times\exp[-\beta(\lambda)L]=\Gamma_{\partial}(\lambda)\times\Gamma_{\beta}(\lambda) \tag{2.3}$$

大气透过率(τ)与波长有着密切关系.

1. 大气分子的吸收

大气分子在光波电场的作用下产生极化，并以入射光的频率做受迫振动. 所以为了克服大气分子，内部阻力要消耗能量，表现为大气分子的吸收. 分子的固有吸收频率由分子内部的运动形态决定.

极性分子的内部运动一般由分子内电子运动、组成分子的原子振动以及分子绕其质量中心的转动组成. 相应的共振吸收频率分别与光波的紫外和可见光、近红外和中红外以及远红外区相对应. 因此，分子的吸收特性强烈地依赖于光波的频率.

大气中 N_2、O_2 分子虽然含量最多(约 90%)，但在可见光和红外区几乎不表现出吸收，对远红外和微波段才呈现出很大的吸收. 因此，在可见光和近红外区，一般不考虑其吸收作用.

大气中还包含有 He、Ar、Xe、O_3、Ne 等，这些分子在可见光和近红外有可观的吸收谱线，但因它们在大气中的含量甚微，一般也不考虑其吸收作用. 只是在高空处，其余衰减因素都已很弱，才考虑它们的吸收作用.

H_2O 和 CO_2 分子，特别是 H_2O 分子在近红外区有宽广的振动-转动及纯振动结构，因此是可见光和近红外区最重要的吸收分子，是晴天大气光学衰减的主要因素，它们的一些主要吸收谱线的中心波长如图 2.1 所示.

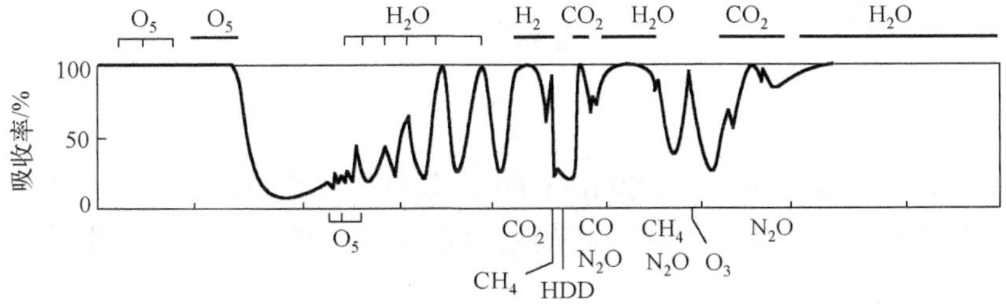

(a) 地表测量的太阳辐射吸收谱

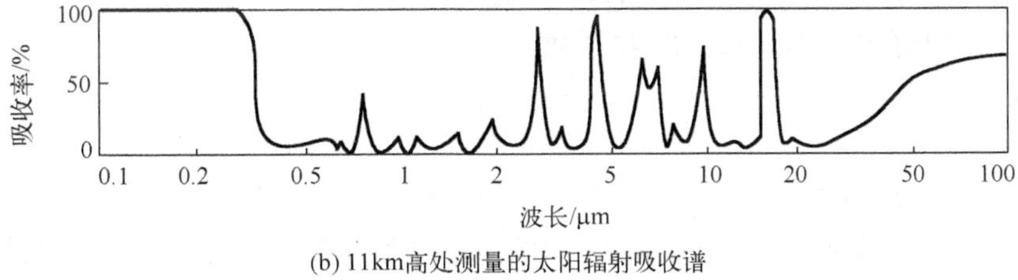

(b) 11km高处测量的太阳辐射吸收谱

图 2.1 大气吸收光谱图

对某些特定的波长而言，大气呈现出极为强烈的吸收，光波几乎无法通过. 根据大气的这种选择吸收特性，一般把近红外区分成八个区段，将透过率较高的波段称为“大气窗口”. 而对于近红外窗口(1.5～2.5μm)、中红外窗口(3～5μm)和远(热)红外窗口

(8～14μm)，在这些窗口之内，大气分子呈现弱吸收. 目前常用的激光波长都处于这些窗口之内.

大气中不同的气体分子对激光的吸收依据波长而定，当激光的波长处于大气窗口时，则吸收较小. 如图 2.1 中对 0.65μm 激光而言，大气中的水汽、二氧化碳、臭氧、氮气等主要的分子基本上无吸收作用，因而它处在大气传输的窗口区，可以作为脉冲激光波长选择的依据之一.

2. 大气分子散射

大气密度的不均匀破坏了大气的光学均匀性，当光波在大气中传输时，大气分子使光波的传播方向发生改变，致使光在各个方向散射. 大气散射分为瑞利散射和米氏散射. 在可见光和近红外波段，辐射波长总远大于分子的线度，这一条件下的散射为瑞利散射. 其体积散射系数表示为

$$\partial_r = (8\pi^3 / 3)\times[(n^2-1)^2 / (N^2\lambda^4)]\times[(6+3\delta)/(6-7\delta)] \tag{2.4}$$

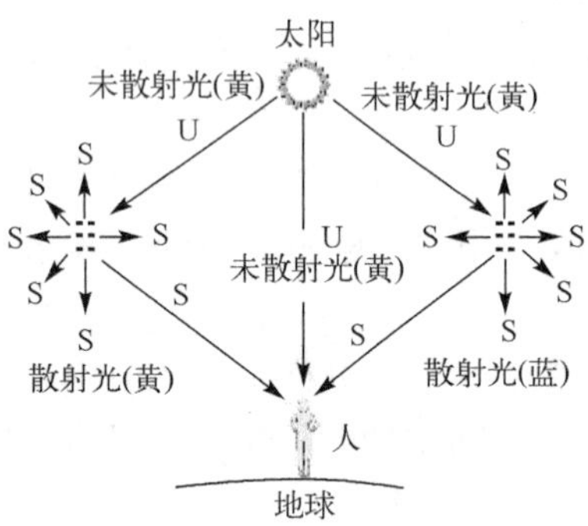

图 2.2 大气分子对太阳光的散射

式中，n 是粒子的折射率；N 为粒子密度；δ 为偏振因子，通常取 0.035. 根据一般经验，可简便地表示为

$$\partial_r = 2.677\times10^{-17} P\nu^4 / T \tag{2.5}$$

瑞利散射光的强度与频率的四次方成正比，波长越长，散射越弱. 相反，波长越短，散射越强烈.

如图 2.2 所示，可见光比红外线散射强烈，蓝光又比红光散射强烈. 在晴朗天空，其他微粒很少，因此瑞利散射是主要的，又因为蓝光散射最强烈，故明朗的天空呈现蓝色.

3. 大气气溶胶的衰减

大气中有大量的粒度在 0.03～2000μm 的固态和液态微粒，它们大致是尘埃、烟粒、微水滴、盐粒以及有机微生物等. 由于这些微粒在大气中的悬浮呈胶溶状态，所以通常又称为大气气溶胶.

当激光波长与粒子尺寸相差不多时，产生米氏散射. 因此，米氏散射理论实际是对气溶胶散射的一种较好的近似. 米氏散射系数

$$\partial_m = N_{(m)}\pi r^2 x \tag{2.6}$$

式中，$N_{(m)}$ 为单位体积的粒子数；r 为粒子半径；x 是散射效率，一般定义为粒子散射的能量与入射到粒子几何截面 πr^2 上的能量比. 由于散射系数都是根据分布经验得到的，比较难获得. 一般情况下，总衰减系数

$$\sigma_t = \partial_r \partial_m = (3.19 / V) / (0.55 / \lambda)^k \tag{2.7}$$

式中，V 是能见度；一般条件下，$k = 1.3$；当能见度良好时，$k = 1.6$；当能见度小于 6km 时，$k = 0.585V^{1/3}$；实际情况表明，在近地面和低空中主要是气溶胶散射(即米氏散射)起

作用. 米氏散射则主要依赖于散射粒子的尺寸、密度分布以及折射率特性，与波长的关系远不如瑞利散射强烈.

气溶胶微粒的尺寸分布极其复杂，受天气变化的影响也十分大，不同天气类型的气溶胶粒子的密度及线度的最大值列于表 2.1 中.

表 2.1　霾、云和降水天气的物理参数

天气类型	N	最大粒子直径	气溶胶类型
霾 M	100cm^{-3}	3μm	海上或岸边的气溶胶
霾 L	100cm^{-3}	2μm	大陆性气溶胶
霾 H	100cm^{-3}	0.6μm	高空或平流层的气溶胶
雨 M	100cm^{-3}	3000μm	小雨或中雨
雨 L	1000m^{-3}	2000μm	大雨
冰雹 H	10m^{-3}	6000μm	含有大量小颗粒的冰雹
积云 C.1	100cm^{-3}	15μm	积云或层云、雾
云 C.2	100cm^{-3}	7μm	有色环的云
云 C.3	100cm^{-3}	3.5μm	贝母云
云 C.4	100cm^{-3}	5.5μm	太阳周围的双层或三层环的云

2.1.2　湍流效应

流体的运动主要分为层流和湍流，层流属于规则运动，湍流则属于不规则运动. 从光传播的角度来看，大气是极其不稳定的，它的温度、压力、密度、水汽含量等都是在不停地变化和运动之中，包含在大气中的液态水、灰尘、气溶胶等都是处于不停的运动状态. 从而形成大气湍流运动. 大气湍流是大气中一种不规则的随机运动，湍流每一点上的压强、速度、温度等物理特性等随机涨落，最常发生的区域是大气底层的边界层内、对流云的云体内部和大气对流层上部的西风急流区内.

大气湍流的发生需具备一定的动力学和热力学条件. 其动力学条件是空气层中具有明显的风速切变；热力学条件是空气层必须具有一定的不稳定性，其中最有利的条件是上层空气温度低于下层的对流条件. 大气湍流运动是由各种尺度的旋涡连续分布叠加而成的，旋涡尺度大的可达数百米，最小尺度约为 1mm. 即使最小的旋涡尺度也比分子大得多，因此湍流运动与分子的无规则运动有很大区别.

激光的大气湍流效应是指激光辐射在折射率起伏场中传输时的效应. 大气速度、温度、折射率的统计特性服从“2/3 次方定律”

$$D_i(r)=\overline{(i_1-i_2)^2}=C_i^2 r^{2/3} \tag{2.8}$$

式中，i 分别代表速度(v)、温度(T)和折射率(n)；r 为考察点之间的距离；C_i 为相应场的结构常数，单位是 $\text{m}^{-1/3}$.

大气湍流折射率的统计特性直接影响激光束的传输特性，通常用折射率结构常数 C_i 的数值大小表征湍流强度，即弱湍流，$C_n=8\times10^{-9}\text{m}^{-1/3}$；中等湍流，$C_n=4\times10^{-8}\text{m}^{-1/3}$；强湍流，$C_n=5\times10^{-7}\text{m}^{-1/3}$.

1. 大气闪烁

光在大气中传输时，会受到大气中湍流的影响产生光强闪烁、光束扩展、光束漂移和光斑抖动等一系列的湍流效应，这些效应会影响光信号的传输. 光束强度在时间和空间上随机起伏，光强忽大忽小，即所谓光束强度闪烁，它是由于同一光源发出的通过略微不同的路径的光线之间随机干涉的结果. 这种现象称为大气闪烁. 大气闪烁效应除了与光束各参数、大气湍流的随机分布有关外，与传输光束的相干性也有密切的关系.

大气闪烁的幅度特性由接收平面上某点光强 I 的对数强度方差 σ_I^2 来表征

$$\sigma_I^2 = \overline{[\ln(I/I_0)]^2} = 4\overline{[\ln(A/A_0)]^2} = 4\overline{\chi^2} \tag{2.9}$$

式中，$\overline{\chi^2}$ 可通过理论计算求得，而 σ_I^2 则由实际测得. 在弱湍流且湍流强度均匀的条件下

$$\sigma_I^2 = 4\overline{\chi^2} = \begin{cases} \left.\begin{array}{ll} 1.23C_n^2(2\pi\lambda)^{6/7}L^{11/6} & (l_0 \ll \sqrt{\lambda L} \ll L_0) \\ 12.8C_n^2(2\pi\lambda)^{6/7}L^{11/6} & (\sqrt{\lambda L} \gg L_0) \end{array}\right\} & \text{对平面波} \\ \left.\begin{array}{ll} 0.496C_n^2(2\pi\lambda)^{6/7}L^{11/6} & (l_0 \ll \sqrt{\lambda L} \ll L_0) \\ 1.28C_n^2(2\pi\lambda)^{6/7}L^{11/6} & (\sqrt{\lambda L} \gg L_0) \end{array}\right\} & \text{对球面波} \end{cases} \tag{2.10}$$

可见，波长短，闪烁强；波长长，闪烁小. 当湍流强度增强到一定程度或传输距离增大到一定限度时，闪烁方差就不再按上述规律继续增大，略有减小而呈现饱和，故称为闪烁的饱和效应.

2. 光束的弯曲和漂移

接收平面上，光束中心的投射点(即光斑位置)以某个统计平均位置为中心，发生快速的随机性跳动(其频率可由数赫兹到数十赫兹)，此现象称为光束漂移. 若将光束视为一体，经若干分钟发现，其平均方向明显变化，这种慢漂移亦称为光束弯曲.

光束弯曲漂移现象亦称天文折射，主要受制于大气折射率的起伏. 弯曲表现为光束统计位置的慢变化，漂移则是光束围绕其平均位置的快速跳动. 如忽略湿度影响，在光频段大气折射率 n 可近似表示为

$$n-1 = 79\times10^{-6}\,p/T \qquad (\text{或 } N=(n-1)\times10^6 = 79p/T) \tag{2.11}$$

式中，p 为大气压强；T 为大气温度(K). 根据折射定律，在水平传输情况下不难证明，光束曲率为

$$c = \frac{\mathrm{d}N}{\mathrm{d}h} = -\frac{79}{T}\frac{\mathrm{d}p}{\mathrm{d}h} + \frac{79p}{T^2}\frac{\mathrm{d}T}{\mathrm{d}h} \tag{2.12}$$

式中，c 为正，光束向下弯曲；当$|\mathrm{d}T/\mathrm{d}h|<35$℃/km 时，$c$ 为负，光束向上弯曲. 实验发现，一般情况下白天光束向上弯曲；晚上光束向下弯曲.

对于光束漂移，理论分析表明，其漂移角与光束在发射望远镜出口处的束宽 W_0 关系密切；漂移角的均方值 $\sigma_a^2 = 1.75C_n^2LW_0^{-1/3}$. 由此可见，光束越细，漂移就越大. 采用宽的光束可减小光束漂移. 当 $C_n > 6.5\times10^{-7}\mathrm{m}^{-1/3}$/h 时，$c$ 值约为 40μrad，不再按 $\sigma_a^2 = 1.75C_n^2LW_0^{-1/3}$

变化，表明漂移亦有饱和效应；漂移的频谱一般不超过 20Hz，其峰值在 5Hz 以下；漂移的统计分布服从正态分布.

3. 空间相位起伏

如果不是用靶面接收，而是在透镜的焦平面上接收，就会发现像点抖动. 这可解释为在光束产生漂移的同时，光束在接收面上的到达角也因湍流影响而随机起伏，即与接收孔径相当的那一部分波前相对于接收面的倾斜产生随机起伏.

2022 年 4 月 16 日 2 时 16 分，我国在太原卫星发射中心成功将大气环境监测卫星发射升空. 该卫星将在国际上首次实现 CO_2 的主动激光探测和大气细颗粒物的主被动结合探测，能够对气态污染物、云和气溶胶以及水生态、自然生态等环境要素进行大范围、全天时综合监测，同时可支撑开展气象、农业农村等行业的遥感监测应用工作. 其上搭载大气探测激光雷达，并在国际上首次采用双体制激光技术探测气溶胶和 CO_2，通过主动方式对大气 CO_2 柱总量进行精细化探测，获取大范围、高精度的 CO_2 浓度变化信息.

激光大气探测基本原理为激光雷达经过调 Q 能得到宽度为 10～30ns 的脉冲光. 在这个脉冲宽度时间内，光能向前传播 3～9m. 因此，能把方向性强的脉冲激光送到大气中，并测量被散射、反射回来的时间，这样就能以 1.5～4.5m 的精度(因往返而减半)计算目标的距离，而且根据反射信号的光强度能知道目标(散射体)的浓度等信息. 在激光对准的方向上进行扫描就能得出空间分布图.

2.2 光在电光晶体中的传播

对于一些晶体材料，当施加上电场之后，将引起束缚电荷的重新分布，并可能导致离子晶格的微小形变，其结果将引起介电系数的变化，最终导致晶体折射率的变化，所以折射率成为外加电场 E 的函数，即

$$\Delta n = n - n_0 = c_1 E + c_2 E^2 + \cdots \tag{2.13}$$

式中，第一项对应线性电光效应或泡克耳斯(Pockels)效应；第二项对应二次电光效应或克尔(Kerr)效应. 对于大多数电光晶体材料，一次效应要比二次效应显著，故在此只讨论线性电光效应.

2.2.1 电光效应

电光效应的分析可用几何图形——折射率椭球体的方法，这种方法直观、方便. 未加外电场时，如图 2.3 所示，主轴坐标系中，晶体折射率椭球方程为

$$\frac{x^2}{n_x^2} + \frac{y^2}{n_y^2} + \frac{z^2}{n_z^2} = 1 \tag{2.14}$$

式中，n_x、n_y、n_z 为折射率椭球的主折射率.

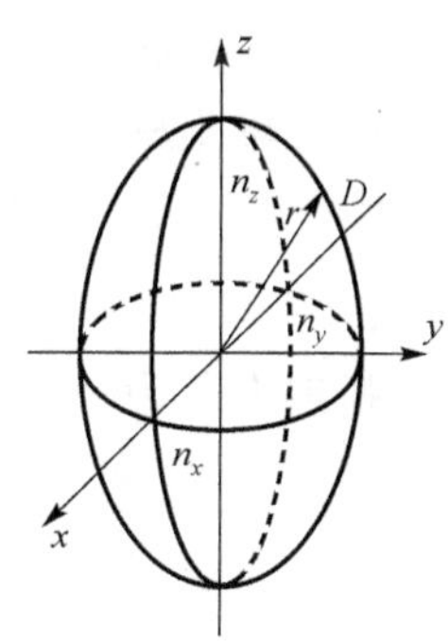

图 2.3 折射率椭球示意图

当晶体施加电场后，其折射率椭球就发生“变形”，椭球方程变为

$$\left(\frac{1}{n^2}\right)_1 x^2+\left(\frac{1}{n^2}\right)_2 y^2+\left(\frac{1}{n^2}\right)_3 z^2+2\left(\frac{1}{n^2}\right)_4 yz+2\left(\frac{1}{n^2}\right)_5 xz+2\left(\frac{1}{n^2}\right)_6 xy=1 \tag{2.15}$$

由于外电场，折射率椭球各系数$(1/n^2)$随之发生线性变化，其变化量可定义为

$$\Delta\left(\frac{1}{n^2}\right)_i=\sum_{j=1}^{3}\gamma_{ij}E_j \tag{2.16}$$

式中，γ_{ij}称为线性电光系数；i取值1，…，6；j取值1、2、3.

(2.16)式可以用张量的矩阵形式表示

$$\begin{bmatrix}\Delta\left(\frac{1}{n^2}\right)_1\\ \Delta\left(\frac{1}{n^2}\right)_2\\ \Delta\left(\frac{1}{n^2}\right)_3\\ \Delta\left(\frac{1}{n^2}\right)_4\\ \Delta\left(\frac{1}{n^2}\right)_5\\ \Delta\left(\frac{1}{n^2}\right)_6\end{bmatrix}=\begin{bmatrix}r_{11} & r_{12} & r_{13}\\ r_{21} & r_{22} & r_{23}\\ r_{31} & r_{32} & r_{33}\\ r_{41} & r_{42} & r_{43}\\ r_{51} & r_{52} & r_{53}\\ r_{61} & r_{62} & r_{63}\end{bmatrix}\begin{bmatrix}E_x\\ E_y\\ E_z\end{bmatrix} \tag{2.17}$$

1. KDP(KH_2PO_4)电光晶体

KDP晶体有$n_x=n_y=n_o$，$n_z=n_e$，$n_o>n_e$，只有$\gamma_{41},\gamma_{52},\gamma_{63}\neq 0$，而且$\gamma_{41}=\gamma_{52}$.

得到晶体加外电场E后新的折射率椭球方程式

$$\frac{x^2}{n_o^2}+\frac{y^2}{n_o^2}+\frac{z^2}{n_e^2}+2\gamma_{41}yzE_x+2\gamma_{41}xzE_y+2\gamma_{63}xyE_z=1 \tag{2.18}$$

令外加电场的方向平行于z轴，即$E_z=E$，$E_x=E_y=0$，于是有

$$\frac{x^2}{n_o^2}+\frac{y^2}{n_o^2}+\frac{z^2}{n_e^2}+2\gamma_{63}xyE_z=1 \tag{2.19}$$

将x坐标和y坐标绕z轴旋转α角得到感应主轴坐标系(x', y', z')，如图2.4所示，当$\alpha=45°$时，感应主轴坐标系中的椭球方程为

$$\left(\frac{1}{n_o^2}+\gamma_{63}E_z\right)x'^2+\left(\frac{1}{n_o^2}-\gamma_{63}E_z\right)y'^2+\frac{1}{n_e^2}z'^2=1 \tag{2.20}$$

主折射率变为

$$\begin{cases}n_{x'}=n_o-\frac{1}{2}n_o^3\gamma_{62}E_z\\ n_{y'}=n_o+\frac{1}{2}n_o^3\gamma_{62}E_z\\ n_{z'}=n_e\end{cases} \tag{2.21}$$

可见，KDP 晶体沿 z 轴加电场时，由单轴晶体变成了双轴晶体，折射率椭球的主轴绕 z 轴旋转了 45°，此转角与外加电场的大小无关，其折射率变化与电场成正比，这是利用电光效应实现光调制、调 Q、锁模等技术的物理基础.

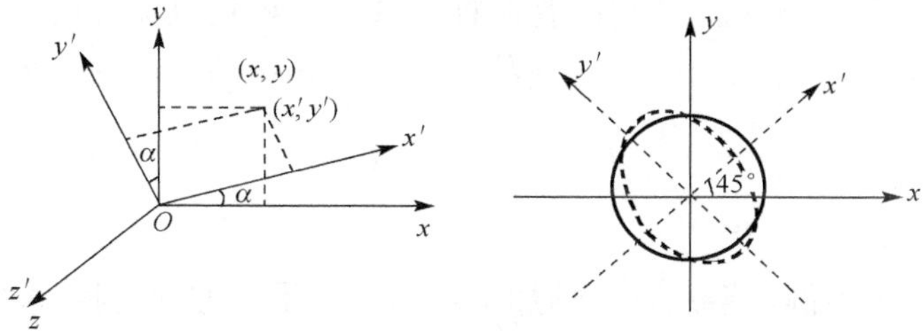

(a)　　(b)

图 2.4　加电场后的坐标变换(a)与晶体折射率椭球变换(b)

2. 铌酸锂($LiNbO_3$)晶体

铌酸锂晶体有 $n_x = n_y = n_o$，$n_z = n_e$，$n_o > n_e$，且

$$\gamma_{ij} = \begin{bmatrix} 0 & -\gamma_{22} & \gamma_{13} \\ 0 & \gamma_{22} & \gamma_{13} \\ 0 & 0 & \gamma_{33} \\ 0 & \gamma_{51} & 0 \\ \gamma_{51} & 0 & 0 \\ -\gamma_{22} & 0 & 0 \end{bmatrix} \tag{2.22}$$

可得出 $-\gamma_{22},\gamma_{13},\gamma_{33},\gamma_{51} \neq 0$. 在外加电场 $E(E_x, E_y, E_z)$ 作用下，新的折射率椭球方程

$$\begin{aligned} &\left(\frac{1}{n_o^2} - \gamma_{22}E_x + \gamma_{13}E_z\right)x^2 + \left(\frac{1}{n_o^2} + \gamma_{22}E_y + \gamma_{13}E_z\right)y^2 + \left(\frac{1}{n_e^2} + \gamma_{33}E_z\right)z^2 \\ &+ 2\gamma_{51}E_x yz + 2\gamma_{51}E_y xz - 2\gamma_{22}E_z xy = 1 \end{aligned} \tag{2.23}$$

令外加电场的方向平行于 z 轴，即 $E_z = E$，$E_x = E_y = 0$，于是有

$$\left(\frac{1}{n_o^2} + \gamma_{13}E_z\right)(x^2 + y^2) + \left(\frac{1}{n_e^2} + \gamma_{33}E_z\right)z^2 = 1 \tag{2.24}$$

由于此时没有交叉项出现，说明加电场后折射率椭球的主轴与原来的折射率椭球的主轴完全重合，折射率椭球仍为旋转椭球. 且一般 γ_{ij} 的量级为 10^{-10}cm/V，而 E 的量级通常为 10^4V/cm，所以有 $\gamma_{ij}E \ll 1$，此时，利用泰勒级数展开

$$\begin{aligned} n_1' &= n_o + \frac{1}{2}n_o^3\gamma_{22}E_2 \\ n_2' &\approx n_o - \frac{1}{2}n_o^3\gamma_{22}E_2 \\ n_3' &\approx n_e \end{aligned} \tag{2.25}$$

$LiNbO_3$ 晶体沿 z 轴方向加电场后，只产生横向电光效应，而不产生纵向电光效应.

2.2.2 相位延迟

实际应用中，电光晶体总是沿着相对光轴的某些特殊方向切割而成，而且外电场也是沿着某一主轴方向加到晶体上，常用的有两种方式：一种是电场方向与光束在晶体中的传播方向一致，称为纵向电光效应；另一种是电场与光束在晶体中的传播方向垂直，称为横向电光效应.

1. 纵向应用

仍以 KDP 类晶体为例，沿晶体 z 轴加电场，光波沿 z 方向传播. 如图 2.5 所示为纵向电光应用示意图. 其双折射特性取决于椭球与垂直于 z 轴的平面相交所形成的椭圆. 令(2.20)式中 $z'=0$，得到该椭圆的方程为

$$\left(\frac{1}{n_{\mathrm{o}}^2}+\gamma_{63}E_z\right)x'^2+\left(\frac{1}{n_{\mathrm{o}}^2}-\gamma_{63}E_z\right)y'^2=1 \tag{2.26}$$

长、短半轴分别与 x'和 y'重合，x'和 y'也就是两个分量的偏振方向，相应的折射率为 $n_{x'}$和 $n_{y'}$.

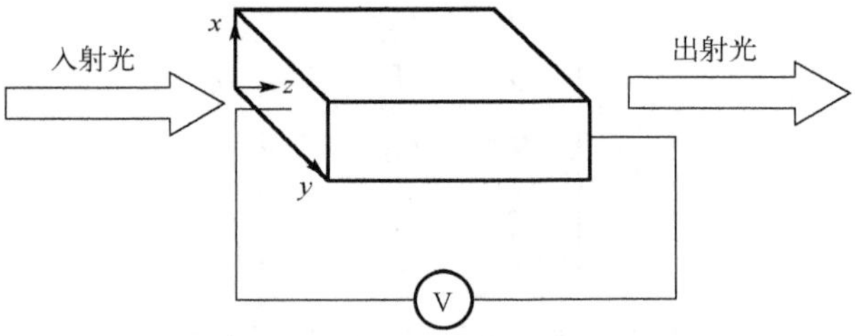

图 2.5 纵向电光应用示意图

当入射光沿 x 方向偏振，进入晶体($z=0$)后即分解为沿 x'和 y'方向的两个垂直偏振分量. 它们在晶体内传播 L 的光程分别为 $n_{x'}L$ 和 $n_{y'}L$，这样，两偏振分量的相位延迟分别为

$$\varphi_{x'}=\frac{2\pi}{\lambda}n_{x'}L=\frac{2\pi L}{\lambda}\left(n_{\mathrm{o}}+\frac{1}{2}n_{\mathrm{o}}^3\gamma_{63}E_z\right),\quad \varphi_{y'}=\frac{2\pi}{\lambda}n_{y'}L=\frac{2\pi L}{\lambda}\left(n_{\mathrm{o}}-\frac{1}{2}n_{\mathrm{o}}^3\gamma_{63}E_z\right) \tag{2.27}$$

当这两个光波穿过晶体后将产生一个相位差

$$\Delta\varphi=\varphi_{x'}-\varphi_{y'}=\frac{2\pi}{\lambda}Ln_{\mathrm{o}}^3\gamma_{63}E_z=\frac{2\pi}{\lambda}n_{\mathrm{o}}^3\gamma_{63}V \tag{2.28}$$

这个相位延迟完全是由电光效应造成的双折射引起的，所以称为电光相位延迟. 当电光晶体和传播的光波长确定后，相位差的变化仅取决于外加电压，即只要改变电压，就能使相位成比例地变化.

当光波的两个垂直分量 $E_{x'}$、$E_{y'}$的光程差为半个波长(相应的相位差为π)时所需要加的电压，称为“半波电压”，通常以 V_π或 $V_{\lambda/2}$表示. 由(2.28)式得到

$$V_\pi=\frac{\lambda}{2n_{\mathrm{o}}^3\gamma_{63}} \tag{2.29}$$

于是

$$\Delta\varphi = \pi \frac{V}{V_{\pi}} \tag{2.30}$$

半波电压是表征电光晶体性能的一个重要参数，这个电压越小越好，特别是在宽频带高频率情况下，半波电压越小，需要的调制功率就越小.

根据上述分析可知，一般情况下，出射的合成振动是椭圆偏振光

$$\frac{E_{x'}^2}{A_1^2} + \frac{E_{y'}^2}{A_2^2} - \frac{2E_{x'}E_{y'}}{A_1 A_2}\cos\Delta\varphi = \sin^2\Delta\varphi \tag{2.31}$$

当晶体上未加电压，则

$$\Delta\varphi = 2n\pi \quad (n = 0, 1, 2, \cdots), \qquad E_{y'} = (A_2 / A_1)E_{x'} \tag{2.32}$$

通过晶体后的合成光仍然是线偏振光，且与入射光的偏振方向一致，这种情况晶体相当于一个“全波片”的作用，如图 2.6 所示.

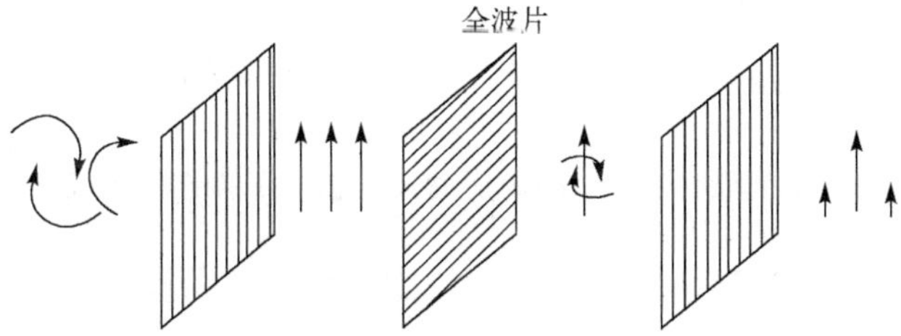

图 2.6 全波片示意图

当晶体上加电压 $V = V_{\pi/2}$，$\Delta\varphi = (n + 1/2)\pi$，则

$$\frac{E_{x'}^2}{A_1^2} + \frac{E_{y'}^2}{A_2^2} = 1 \tag{2.33}$$

这是一个正椭圆方程，说明通过晶体的合成光为椭圆偏振光. 当 $A_1 = A_2$ 时，其合成光就变成一个圆偏振光，相当于一个“1/4 波片”的作用，如图 2.7 所示.

当外加电压 $V = V_{\pi}$，$\Delta\varphi = (n+1)\pi$，则

$$E_{y'} = -(A_2 / A_1)E_{x'} = E_{x'}\tan(-\theta) \tag{2.34}$$

合成光为线偏振光，但偏振方向相对于入射光旋转了一个 2θ 角(若 $\theta = 45°$，即旋转了 90°，沿着 y 方向)，晶体起到一个“半波片”的作用，如图 2.8 所示.

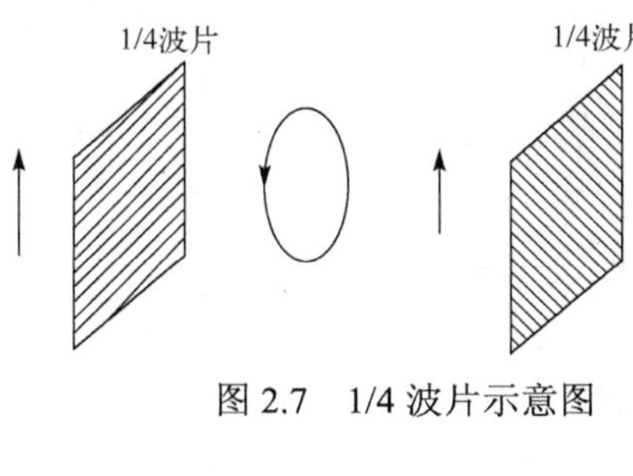

图 2.7 1/4 波片示意图

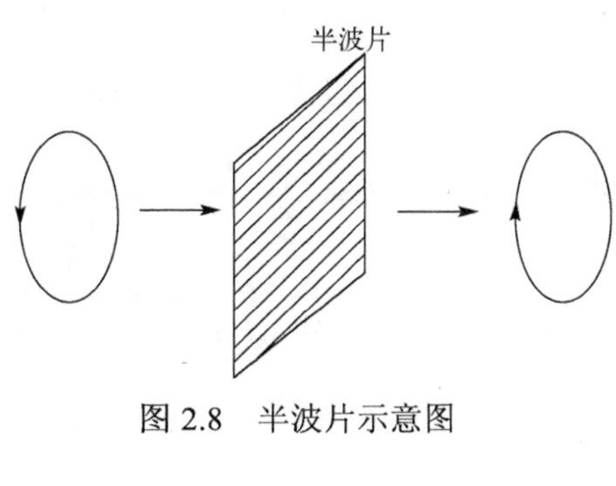

图 2.8 半波片示意图

综上所述，如图 2.9 所示，设一束线偏振光垂直于 $x'y'$面入射，且沿 x 轴方向振动，它刚进入晶体$(x=0)$即可分解为相互垂直的 x'、y'两个偏振分量，传播距离 L 后

$$x'\text{分量为}\qquad E_{x'}=A\exp\left\{\mathrm{i}\left[\omega t-\left(\frac{\omega}{c}\right)\left(n_o-\frac{1}{2}n_o^3\gamma_{63}E_z\right)L\right]\right\}$$

$$y'\text{分量为}\qquad E_{y'}=A\exp\left\{\mathrm{i}\left[\omega t-\left(\frac{\omega}{c}\right)\left(n_o+\frac{1}{2}n_o^3\gamma_{63}E_z\right)L\right]\right\}$$

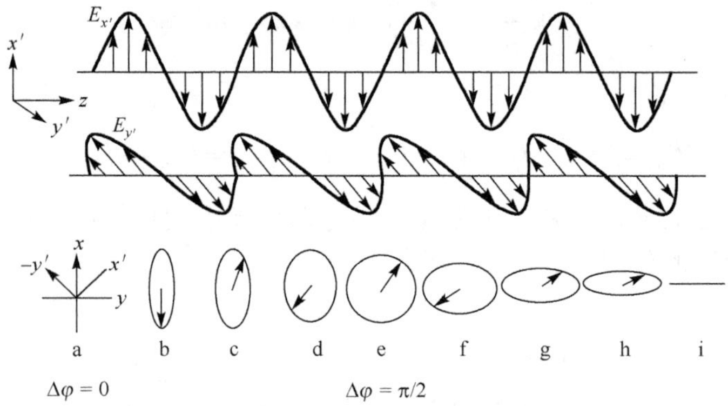

图 2.9 纵向运用 KDP 晶体中光波的偏振态的变化

【例 2.1】

一块沿$-z$ 方向 45°角切割的 GaAs 晶体，长度为 L，电场沿 z 方向，证明纵向运用时的相位延迟为 $\Delta\varphi=\dfrac{2\pi}{\lambda}n_o^3\gamma_{41}EL$.

解 GaAs 晶体为各向同性晶体，其电光张量为

$$\gamma_{ij}=\begin{bmatrix}0&0&0\\0&0&0\\0&0&0\\\gamma_{41}&0&0\\0&\gamma_{41}&0\\0&0&\gamma_{41}\end{bmatrix}$$

z 轴加电场时，$E_z=E$，$E_x=E_y=0$. 晶体折射率椭球方程为

$$\frac{x^2}{n_o^2}+\frac{y^2}{n_o^2}+\frac{z^2}{n_e^2}+2\gamma_{41}E_{xy}=1$$

经坐标变换，坐标轴绕 z 轴旋转 45°后得新坐标轴，方程变为

$$\left(\frac{1}{n_o^2}+\gamma_{41}E\right)x'^2+\left(\frac{1}{n_o^2}-\gamma_{41}E\right)y'^2+\frac{z'^2}{n_e^2}=1$$

可求出三个感应主轴 x'、y'、z'(仍在 z 方向上)上的主折射率变成

$$n_{x'} = n_o - \frac{1}{2} n_o^3 \gamma_{41} E$$

$$n_{y'} = n_o + \frac{1}{2} n_o^3 \gamma_{41} E$$

$$n_{z'} = n_e$$

纵向应用时，经过长度为 L 的晶体后，两个正交的偏振分量将产生相位差

$$\Delta\varphi = \frac{2\pi}{\lambda}(n_{x'} - n_{y'})L = \frac{2\pi}{\lambda} n_o^3 \gamma_{41} EL$$

2. 横向应用

如果沿 z 向加电场，光束传播方向垂直于 z 轴并与 y(或 x)轴成 45°，这种运用方式一般采用沿$-z$ 方向 45°角切割晶体，如图 2.10 所示. 设光波垂直于 x'-z 平面入射，E 矢量与 z 轴成 45°，进入晶体($y' = 0$)后即分解为沿 x'和 z 方向的两个垂直偏振分量. 相应的折射率分别为 $n_{x'} = n_o - \frac{1}{2} n_o^3 \gamma_{63} E_z$ 和 $n_z = n_e$. 传播距离 L 后，x'分量为

$$A_{x'} = A\exp\left\{ i\left[\omega t - \left(\frac{\omega}{c}\right)\left(n_o - \frac{1}{2} n_o^3 \gamma_{63} E_z\right) L \right]\right\} \tag{2.35}$$

z 分量为

$$A_z = A\exp\left\{ i\left[\omega t - \left(\frac{\omega}{c}\right) n_e L \right]\right\} \tag{2.36}$$

两偏振分量的相位延迟分别为

$$\begin{aligned} \varphi_{x'} &= \frac{2\pi}{\lambda} n_{x'} L = \frac{2\pi L}{\lambda}\left(n_o + \frac{1}{2} n_o^3 \gamma_{63} E_z\right) \\ \varphi_z &= \frac{2\pi}{\lambda} n_z L = \frac{2\pi L}{\lambda} n_e \end{aligned} \tag{2.37}$$

因此，当这两个光波穿过晶体后将产生一个相位差

$$\Delta\varphi = \varphi_{x'} - \varphi_z = \Delta\varphi_0 + \frac{\pi}{\lambda} n_o^3 \gamma_{63} \left(\frac{L}{d}\right) V \tag{2.38}$$

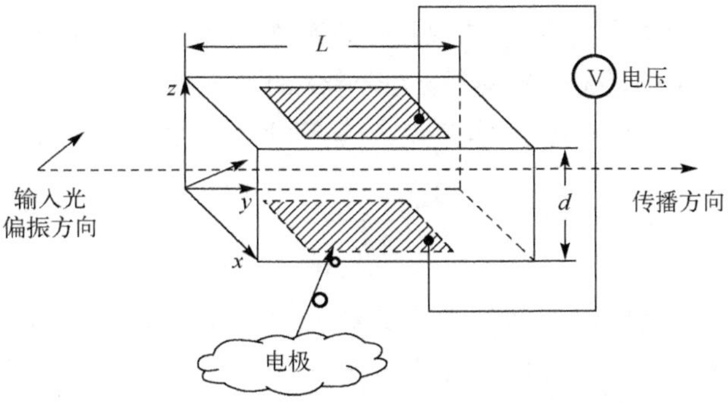

图 2.10　横向电光应用示意图

在横向应用条件下，光波通过晶体后的相位差包括两项：第一项与外加电场无关，是由晶体本身自然双折射引起的；第二项即为电光效应相位延迟.

KDP 晶体的横向运用也可以采用沿 x 或 y 方向加电场，光束在与之垂直的方向传播. 这里不再一一介绍，请感兴趣的同学们自行讨论.

比较 KDP 晶体的纵向应用和横向应用两种情况，可以得到如下两点结论：

第一，横向应用时，存在自然双折射产生的固有相位延迟，与外加电场无关. 在没有外加电场时，入射光的两个偏振分量通过晶体后其偏振面已转过了一个角度，这对光调制器等应用不利，应设法消除.

第二，横向应用时，总的相位延迟不仅与所加电压成正比，而且与晶体的长宽比 L/d 有关. 相位差只和 $V=E_zL$ 有关. 因此，增大 L 或减小 d 就可大大降低半波电压.

在 z 向加电场的横向运用中，略去自然双折射的影响，求得半波电压为

$$V_\pi=\frac{\lambda}{n_o^3\gamma_{63}}\cdot\frac{d}{L} \tag{2.39}$$

可见 L/d 越大，V_π 就越小，这是横向应用的优点.

较 KDP 晶体而言，在对铌酸锂 z 方向加电磁场时，折射率主轴 x 轴不转动；折射率椭球 z 轴长短不变，x 和 y 方向的主值发生变化，且适用于纵向及横向的应用.

【例 2.2】

对于长度为 l 的铌酸锂晶体，试求外场分别加在 x、y 和 z 轴方向的感应主折射率及相应的相位延迟(这里只求外场加在 x 方向上).

解 铌酸锂晶体是负单轴晶体，根据(2.25)式，可见，在 x 方向电场作用下，铌酸锂晶体变为双轴晶体，其折射率椭球 z 轴的方向和长度基本保持不变，而 x、y 截面由半径为 n_0 的圆变为椭圆，椭圆的长短轴方向 x' 、y' 相对原来的 x、y 轴旋转了 45°，转角的大小与外加电场的大小无关，而椭圆的长度 n_x、n_y 的大小与外加电场 E_x 呈线性关系.

当光沿晶体光轴 z 方向传播时，经过长度为 l 的晶体后，由于晶体的横向电光效应(x-z)，两个正交的偏振分量将产生相位差

$$\Delta\varphi=\frac{2\pi}{\lambda}(n_{x'}-n_{y'})l=\frac{2\pi}{\lambda}n_0^3\gamma_{22}E_xl$$

若 d 为晶体在 x 方向的横向尺寸，$V_x=E_xd$ 为加在晶体 x 方向两端面间的电压. 通过晶体使光波两分量产生相位差 π（光程差 $\lambda/2$) 所需的电压 V_x，称为“半波电压”，以 V_π 表示. 由上式可得出铌酸锂晶体在以(x-z)方式运用时的半波电压表示式

$$V_\pi=\frac{\lambda}{2n_0^3\gamma_{22}}\cdot\frac{d}{l}$$

由上式可以看出，铌酸锂晶体横向电光效应产生的相位差不仅与外加电压成正比，还与晶体长宽比 l/d 有关系. 因此，实际运用中，为了减小外加电压，通常使 l/d 有较大值，即晶体通常被加工成细长的扁长方体.

2.3 光在声光晶体中的传播

2.3.1 声光效应

当超声波在介质中传播时，将引起介质的弹性应变作时间上和空间上的周期性的变化，并且导致介质的折射率也发生相应的变化. 当光束通过有超声波的介质后就会产生衍射现象，这就是声光效应. 有超声波传播着的介质如同一个相位光栅，光栅常量等于声波长λ_s. 当光通过此介质时，会产生光的衍射. 衍射光的强度、频率、方向等都随超声场的变化而变化.

设声光介质中的超声行波是沿 y 方向传播的平面纵波，如图 2.11 所示，其角频率为ω_s，波长为λ_s，波矢为$\boldsymbol{k}_s$. 入射光为沿x方向传播的平面波，其角频率为ω，在介质中的波长为λ，波矢为$\boldsymbol{k}$. 介质内的弹性应变也以行波形式随声波一起传播. 由于光速大约是声波的 10^5 倍，在光波通过的时间内介质在空间上的周期变化可看成是固定的.

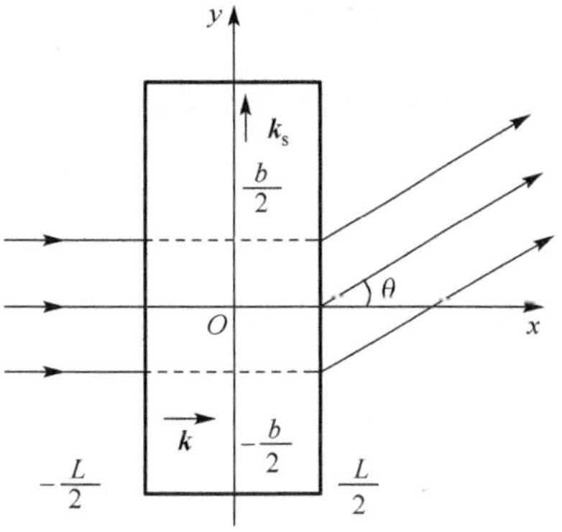

图 2.11 声光衍射

由于应变而引起的介质折射率的变化由$\Delta\left(\frac{1}{n^2}\right)=PS$决定，其中 n 为介质折射率，S 为应变系数，P 为应变弹光系数. 一般情况下，P 是四阶张量，而 S 是二阶张量. 当声波在各向同性介质中传播时，P 和 S 可作为标量处理，如前所述，应变也以行波形式传播，所以可写成

$$S=S_0\sin(\omega_s t-k_s y) \tag{2.40}$$

当应变较小时，折射率作为y和t的函数可写作

$$n(y,t)=n_0+\Delta n\sin(\omega_s t-k_s y) \tag{2.41}$$

式中，n_0为无超声波时的介质折射率；Δn 为声波折射率变化的幅值. 可求出

$$\Delta n=-\frac{1}{2}n^3PS \tag{2.42}$$

设光束垂直入射($\boldsymbol{k}\perp\boldsymbol{k}_s$)并通过厚度为 L 的介质，则前后两点的相位差为

$$\Delta\varphi=k_0 n(y,t)L=k_0n_0L+k_0\Delta nL\sin(\omega_s t-k_s y)=\Delta\Phi_0+\delta\Phi\sin(\omega_s t-k_s y) \tag{2.43}$$

式中，k_0为入射光在真空中的波矢的大小；右边第一项$\Delta\Phi_0$为不存在超声波时光波在介质前后两点的相位差；第二项为超声波引起的附加相位差(相位调制)，$\delta\Phi=k_0\Delta nL$. 可见，当平面光波入射在介质的前界面上时，超声波使出射光波的波阵面变为周期变化的褶皱波面，从而改变了出射光的传播特征，使光产生衍射.

设入射面上$x=\frac{L}{2}$的光振动为$E_i=Ae^{it}$，A 为一常数，也可以是复数. 考虑到在出射面$x=-\frac{L}{2}$上各点相位的改变和调制，在xy平面内离出射面很远一点处的衍射光叠加结果为

$$E \propto A\int_{-\frac{b}{2}}^{\frac{b}{2}} e^{i[(\omega t - k_0 n(y,t)L) - k_0 y\sin\theta]}dy$$

写成一等式时

$$E = Ce^{i\omega t}\int_{-\frac{b}{2}}^{\frac{b}{2}} e^{i\delta\Phi\sin(k_s y - \omega_s t)}e^{-ik_0 y\sin\theta}dy \tag{2.44}$$

式中，b 为光束宽度；θ 为衍射角；C 为与 A 有关的常数，为了简单，可取为实数. 利用一与贝塞尔函数有关的恒等式

$$e^{ia\sin\theta} = \sum_{m=-\infty}^{\infty} J_m(\alpha)e^{im\theta} \tag{2.45}$$

式中，$J_m(\alpha)$ 为(第一类)m 阶贝塞尔函数，将(2.41)式展开并积分得

$$E = Cb\sum_{m=-\infty}^{\infty} J_m(\delta\varphi)e^{i(\omega - m\omega_s)t}\frac{\sin[b(mk_s - k_0\sin B)/2]}{b(mk_s - k_0\sin\theta)/2} \tag{2.46}$$

上式中与第 m 级衍射有关的项为

$$E_m = E_0 e^{i(\omega - m\omega_s)t} \tag{2.47}$$

$$E_0 = CbJ_m(\delta\varphi)\frac{\sin[b(mk_s - k_0\sin\theta)/2]}{b(mk_s - k_0\sin\theta)/2} \tag{2.48}$$

因为函数 $\sin\chi/\chi$ 在 $\chi = 0$ 时取极大值，因此有衍射极大的方位角 θ_m 由下式决定：

$$\sin\theta_m = m\frac{k_s}{k_0} = m\frac{\lambda_0}{\lambda_s} \tag{2.49}$$

式中，λ_0 为真空中光的波长；λ_s 为介质中超声波的波长. 与一般的光栅方程相比可知，超声波引起的有应变的介质相当于一光栅常量为超声波长的光栅. 由(2.47)式可知，第 m 级衍射光的频率 ω_m 为

$$\omega_m = \omega - m\omega_s \tag{2.50}$$

可见，衍射光仍然是单色光，但发生了频移. 由于 $\omega \gg \omega_s$，这种频移是很小的. 第 m 级衍射极大的强度 I_m 可用(2.47)式模数平方表示

$$I_m = E_0 E_0^* = C^2 b^2 J_m^2(\delta\varphi) = I_0 J_m^2(\delta\varphi) \tag{2.51}$$

式中，E_0^* 为 E_0 的共轭复数，$I_0 = C^2b^2$. 第 m 级衍射极大的衍射效率 η_m 定义为第 m 级衍射光的强度与入射光强度之比. 由(2.51)式可知，η_m 正比于 $J_m^2(\delta\varphi)$. 当 m 为整数时，$J_{-m}(\alpha) = (-1)^m J_m(\alpha)$，因此各级衍射光相对于零级对称分布.

按照声波频率的高低以及声波和光波作用长度的不同，声光相互作用可以分为拉曼-奈斯衍射和布拉格衍射两种类型.

2.3.2 声光衍射

1. 拉曼-奈斯衍射

产生拉曼-奈斯衍射的条件：当超声波频率较低，光波平行于声波面入射，声光互

作用长度 L 较短时，在光波通过介质的时间内，折射率的变化可以忽略不计，则声光介质可近似看作相对静止的“平面相位栅”.

当光波平行通过介质时，几乎不通过声波面，因此只受到相位调制. 即通过光密部分的光波波阵面将延迟，而通过光疏部分的光波波阵面将超前，于是通过声光介质的平面波波阵面出现凸凹现象，变成一个褶皱曲面，如图 2.12 所示.

由出射波阵面上各子波源发出的次波将发生相干作用，形成与入射方向对称分布的多级衍射光，这就是拉曼-奈斯衍射的特点. 衍射光场强度各项取极大值的条件为

$$k_i \sin\theta \pm mk_s = 0 \qquad (m = 整数 > 0) \tag{2.52}$$

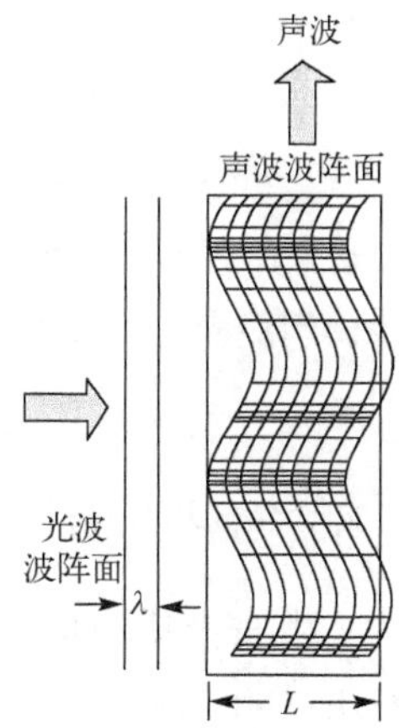

图 2.12 拉曼-奈斯衍射

各级衍射的方位角为

$$\sin\theta_m = \pm m\frac{k_s}{k_l} = \pm m\frac{\lambda}{\lambda_s} \qquad (m = 0, \pm 1, \pm 2, \cdots) \tag{2.53}$$

各级衍射光的强度为

$$I_m \propto J_m^2(v), \qquad v = (\Delta n)k_i L = \frac{2\pi}{\lambda}\Delta nL \tag{2.54}$$

由于 $J_m^2(v) = J_{-m}^2(v)$，故各级衍射光对称地分布在零级衍射光两侧，且同级次衍射光的强度相等.

由于 $J_0^2(v) + 2\sum_1^{\infty} J_m^2(v) = 1$，表明无吸收时衍射光各级极值光强之和应等于入射光强，即光功率是守恒的.

由于光波与声波场作用，各级衍射光波将产生多普勒频移，应有 $\omega = \omega_i \pm m\omega_s$.

考虑到声束的宽度，当光波传播方向上声束的宽度 L 满足条件 $L < L_0 \approx \dfrac{n\lambda_s^2}{4\lambda_0}$ 时，才会产生多级衍射，否则从多级衍射过渡到单级衍射.

【例 2.3】

若取 $v_s = 616\text{m/s}$，$n = 2.35$，$f_s = 10\text{MHz}$，$\lambda_0 = 0.6328\mu\text{m}$，试估算发生拉曼-奈斯衍射所允许的最大晶体长度 L_{max}.

解 考虑到声束的宽度，当光波传播方向上声束的宽度 L 满足条件

$$L < L_0 \approx \frac{n\lambda_s^2}{4\lambda_0}$$

才会产生拉曼-奈斯衍射，则

$$\lambda_s = \frac{v_s}{f_s}$$

从而

$$L < L_0 \approx \frac{n\lambda_s^2}{4\lambda_0} = \frac{n\left(\frac{v_s}{f_s}\right)^2}{4\lambda_0}$$

代入数据得

$$L_{max} = 0.003523\text{m}$$

2\. 布拉格衍射

产生布拉格衍射条件：声波频率较高，声光作用长度 L 较大，光束与声波波面间以一定的角度斜入射，介质具有“体光栅”的性质. 衍射光各高级次衍射光将互相抵消，只出现 0 级和+1 级(或–1 级)衍射光，这是布拉格衍射的特点，如图 2.13 所示. 若能合理选择参数，并使超声场足够强，可使入射光能量几乎全部转移到+1 级(或–1 级)衍射极值上. 因此，利用布拉格衍射效应制成的声光器件可以获得较高的效率.

如图 2.14 所示，入射光 1 和 2 在 B、C 点反射的 1′和 2′同相位，则光程差 $\overline{AC}-\overline{BD}$ 等于光波波长的整倍数

$$x(\cos\theta_i - \cos\theta_d) = m\frac{\lambda}{n} \qquad (m = 0, \pm 1) \tag{2.55}$$

要使声波面上所有点同时满足这一条件，只有使

$$\theta_i = \theta_d \tag{2.56}$$

由 C、E 点反射的 2′、3′同相位，则光程差 $\overline{FE}+\overline{EG}$ 必须等于光波波长的整数倍

$$\lambda_s(\cos\theta_i + \cos\theta_d)\frac{\lambda}{n} \tag{2.57}$$

如果 $\theta_i = \theta_d$，有

$$\sin\theta_B = \frac{\lambda}{2n\lambda_s} = \frac{\lambda}{2nv_s}f_s \tag{2.58}$$

θ_B 称为布拉格角. 只有入射角 θ_i 等于布拉格角 θ_B 时，在声波面上衍射的光波才具有同相位，满足相干加强的条件，得到衍射极值，上式称为布拉格方程.

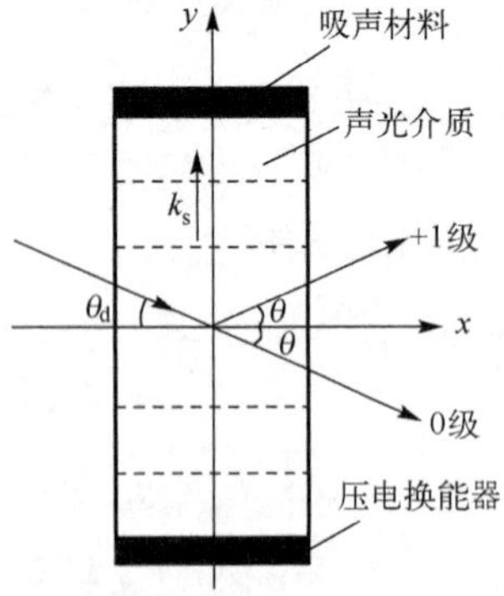

图 2.13　布拉格声光衍射

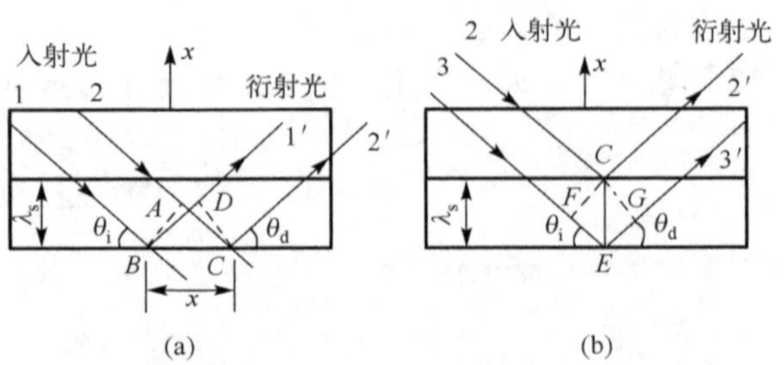

图 2.14　产生布拉格衍射条件的模型

当入射光强为 I_i 时，布拉格声光衍射的 0 级和 1 级衍射光强的表达式可分别写成

$$\begin{cases} I_0 = I_i \cos^2\left(\dfrac{v}{2}\right) \\ I_1 = I_i \sin^2\left(\dfrac{v}{2}\right) \end{cases} \tag{2.59}$$

其中 $v = \dfrac{2\pi}{\lambda}\Delta nL$．得衍射效率

$$\eta_s = \frac{I_1}{I_i} = \sin^2\left(\frac{\pi L}{\sqrt{2}\lambda}\sqrt{\frac{L}{H}M_2 P_s}\right) \tag{2.60}$$

$M_2 = n^6 P^2 / \rho v_s^3$ 是声光介质的物理参数组合，是由介质本身性质决定的量，称为声光材料的品质因数(或声光优质指标)，它是选择声光介质的主要指标之一；P_s 为超声功率；H 为换能器的宽度，L 为换能器的长度.

若 P_s 确定，要使衍射光强尽量大，则要求选择 M_2 大的材料，并要把换能器做成长而窄(即 L 大 II 小)的形式；当 P_s 足够大，使 $\dfrac{\pi L}{\sqrt{2}\lambda}\sqrt{\dfrac{L}{H}M_2 P_s}$ 达到π/2 时，I_1/I_i=100%；当改变 P_s 时，I_1/I_i 也随之改变，因而通过控制 P_s(即控制加在电声换能器上的电功率)就可以达到控制衍射光强的目的，实现声光调制.

【例 2.4】

考虑熔石英中的声光布拉格衍射，若取 $\lambda = 0.6328\mu m$，$n = 1.46$，$v_s = 5.97\times10^3 m/s$，$f_s = 100MHz$，计算布拉格角 θ_B.

解　根据公式 $\sin\theta_B = \dfrac{\lambda}{2n\lambda_s}$ 得到

$$\lambda_s = \frac{v_s}{f_s}$$

进一步得到

$$\sin\theta_B = \frac{\lambda}{2n\lambda_s} = \frac{\lambda}{2nv_s}f_s$$

从而有

$$\sin\theta_B = 0.00363$$

由于 θ_B 很小，故可近似为

$$\theta_B = 0.00363$$

2.4　光在磁光介质中的传播

2.4.1　磁光效应

磁光效应是磁光调制的物理基础. 当光波通过这种磁化的物体(磁性物质)时，其传播

特性发生变化，这种现象称为磁光效应. 磁光效应包括法拉第旋转效应、克尔效应、磁双折射效应等，其中最主要的是法拉第旋转效应.

2.4.2 磁光偏振

1. *法拉第旋转效应*

如图 2.15 和图 2.16 所示，它使一束线偏振光在外加磁场作用下的介质中传播时，其偏振方向发生旋转，其旋转角度θ的大小与沿光束方向的磁场强度 H 和光在介质中传播的长度 L 之积成正比，即

$$\theta = VHL \tag{2.61}$$

式中，V 称为韦尔代(Verdet)常数，它表示在单位磁场强度下线偏振光通过单位长度的磁光介质后偏振方向旋转的角度. 表 2.2 列出了一些磁光材料的韦尔代常数.

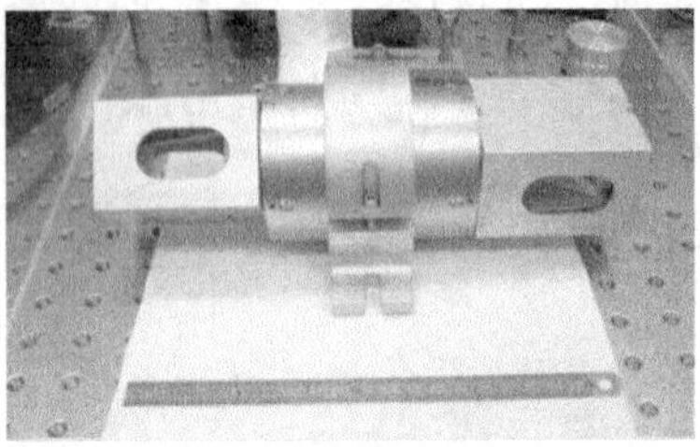

图 2.15　法拉第旋转实物图

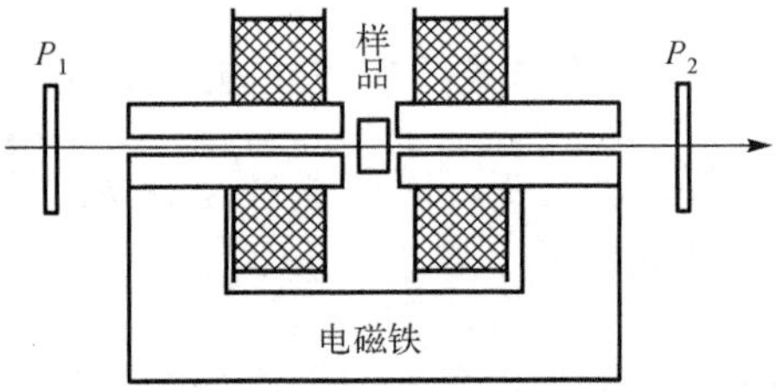

图 2.16　法拉第旋转原理图

表 2.2　不同材料的韦尔代常数

材料名称	冕玻璃	火石玻璃	氯化钠	金刚石	水
$V/(\times10^{-4}(')/(\text{cm}\cdot\text{T}))$	0.015～0.025	0.03～0.05	0.036	0.012	0.013

在光频波段内，令 $\hat{\mu} = \mu_0$，几乎所有的磁光现象都可得到解释. 引进等效介电系数张量 $\hat{\boldsymbol{\varepsilon}}_{\mathrm{r}}$

$$\hat{\boldsymbol{\varepsilon}}_{\mathrm{r}ij} = \begin{bmatrix} \varepsilon_{\mathrm{r}x} & -\mathrm{i}\delta & 0 \\ \mathrm{i}\delta & \varepsilon_{\mathrm{r}x} & 0 \\ 0 & 0 & \varepsilon_{\mathrm{r}z} \end{bmatrix} \tag{2.62}$$

当磁场反向时，δ 的符号也要反号，即

$$\delta(\boldsymbol{B}) = -\delta(-\boldsymbol{B}) \tag{2.63}$$

假设磁场沿 z 轴方向，取磁光介质中传播的平面波为

$$\boldsymbol{E}(\boldsymbol{r},t) = \boldsymbol{E}\exp[\mathrm{i}(\omega t - \boldsymbol{k}\cdot\boldsymbol{r})] = \boldsymbol{E}\{\mathrm{i}[\omega t - k_0 n(l_x x + l_y y + l_z z)]\} \tag{2.64}$$

式中，l_x、l_y、l_z 为光波矢的方向余弦. 代入菲涅耳方程

$$n^2[\boldsymbol{E} - \boldsymbol{l}(\boldsymbol{l}\cdot\boldsymbol{E}) - \boldsymbol{\varepsilon}_{\mathrm{r}}\cdot\boldsymbol{E}] = 0 \tag{2.65}$$

由系数行列式为零，得到折射率 n 所满足的方程

$$n^4[\varepsilon_{rx}l_x^2+\varepsilon_{ry}l_y^2+\varepsilon_{rz}l_z^2]-n^2[(\varepsilon_{rx}\varepsilon_{ry}-\delta^2)(l_x^2+l_y^2)+\varepsilon_{rz}(\varepsilon_{rx}l_x^2+\varepsilon_{ry}l_y^2)+\varepsilon_{rz}(\varepsilon_{rx}+\varepsilon_{ry})l_z^2]+\varepsilon_{rz}(\varepsilon_{rx}\varepsilon_{ry}-\delta^2)=0 \tag{2.66}$$

假设光波在立方晶体或各向同性介质中（$\varepsilon_{rx}=\varepsilon_{ry}=\varepsilon_{rz}=n_0^2$）平行于磁化强度$(z)$方向$(l_x=l_y=0，l_z=1)$传播，得

$$n_\pm^2=n_0^2\pm\delta \tag{2.67}$$

代入菲涅耳方程得

$$\begin{bmatrix}\pm\delta & -\mathrm{i}\delta & 0\\ -\mathrm{i}\delta & \mp\delta & 0\\ 0 & 0 & -n_0^2\end{bmatrix}\begin{bmatrix}E_x\\E_y\\E_z\end{bmatrix}=\begin{bmatrix}\pm\delta E_x-\mathrm{i}\delta E_y\\ -\mathrm{i}\delta E_x\pm\delta E_y\\ -n_0^2E_z\end{bmatrix}=0 \tag{2.68}$$

可见$E_z=0$，即介质中传播的光波为横波，相应的传播模式为右旋和左旋的两个圆偏振光波

$$\begin{bmatrix}E_x\\E_y\end{bmatrix}=\begin{bmatrix}1\\ \pm\mathrm{i}\end{bmatrix}\exp\left(-\mathrm{i}\frac{2\pi}{\lambda_0}n\pm z\right) \tag{2.69}$$

由于外加磁场的作用，所以E_x、E_y二者之间产生了额外的相位差. E_y超前(或落后)E_x相位π/2，分别得到左旋光和右旋光.

左旋　$$E_x=\exp\left(-\mathrm{i}\frac{2\pi}{\lambda_0}nz\right);\quad E_y=\exp\left(-\mathrm{i}\frac{2\pi}{\lambda_0}nz+\frac{\pi}{2}\right) \tag{2.70}$$

右旋　$$E_x=\exp\left(-\mathrm{i}\frac{2\pi}{\lambda_0}nz\right);\quad E_y=\exp\left(-\mathrm{i}\frac{2\pi}{\lambda_0}nz-\frac{\pi}{2}\right) \tag{2.71}$$

因此，沿x方向偏振的入射光经过长度为L的磁光介质后将偏转一个角度

$$\varphi=\alpha L \tag{2.72}$$

其中$\alpha=\frac{\pi}{\lambda_0}(n_+-n_-)\approx\frac{\pi\delta}{n_0\lambda_0}$，这就是法拉第旋转现象，$\alpha$为磁致旋光率.

当磁化强度较弱时，B与H为线性关系，即$\mu=\mu_0$为常量. 因而磁致旋光率α与外加磁场强度成正比，可写成

$$\alpha=VH \tag{2.73}$$

式中，V称为韦尔代常数，它表示在单位磁场强度下线偏振光波通过单位长度磁光介质后偏振方向旋转的角度.

2. 法拉第旋转的特殊规律

(1) 自然旋光物质左右旋与光的传播方向有关，如图2.17所示.

(2) 如图2.18所示，光沿磁场方向通过时，振动面右旋；光逆磁场方向传播时，振动面左旋.

(3) 光束一正一反两次通过磁光介质时，振动面转过角度2ψ.

(4) 法拉第旋转的用途，若$\psi=45°$，则$2\psi=90°$，线偏振光返回后无法通过第一个偏振片，成为光隔离器.

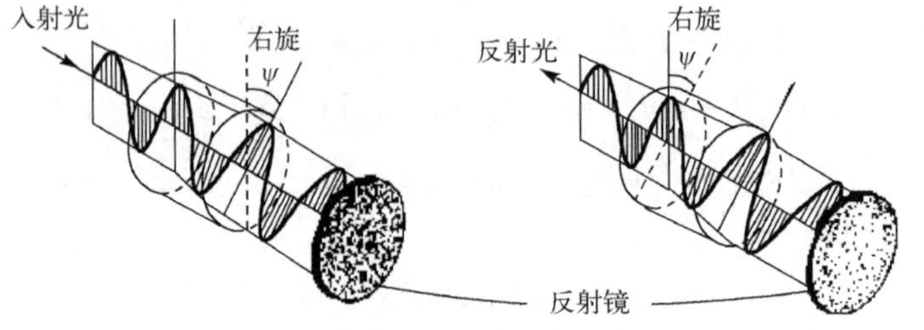

图 2.17　自然旋光示意图

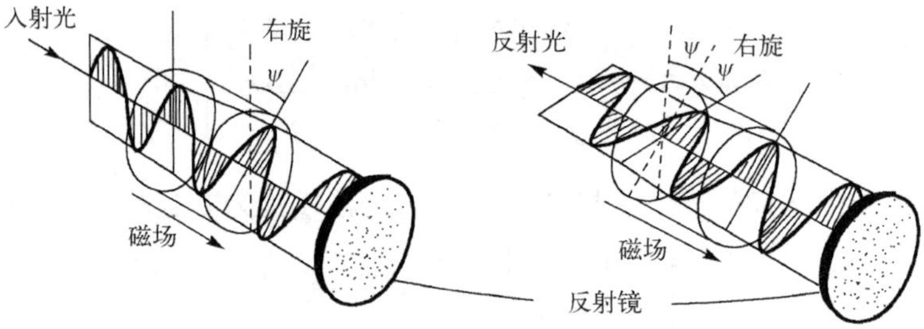

图 2.18　磁致旋光示意图

从光波在介质中传播的图像看，法拉第效应可以做如下理解：一束平行于磁场方向传播的线偏振光，可以看作两束等幅左旋和右旋圆偏振光的叠加. 这里左旋和右旋是相对于磁场方向而言的.

【例 2.5】

一束线偏振光经过长 $L = 25\text{cm}$，直径 $D = 1\text{cm}$ 的实心玻璃，玻璃外绕 $N = 250$ 匝导线，通有电流 $I = 5\text{A}$. 取韦尔代常数为 $V = 0.25 \times 10^{-5}(') / (\text{cm} \cdot \text{T})$，试计算光的旋转角 θ.

解　由于 $\theta = \alpha L$，而且 $\alpha = VH$，从而得到

$$\oint H\text{d}l = NI$$

进一步可以写成

$$H = \frac{NI}{2\pi R}$$

因此，光的旋转角 θ 为

$$\theta = V\frac{NI}{2\pi R}L = V\frac{NI}{\pi D}L = 0.0249'$$

2.5　光在光纤中的传播

2.5.1　弱导条件

纤芯材料的主体是二氧化硅，里面掺极微量的其他材料，例如，二氧化锗、五氧化二磷等. 掺杂的作用是提高材料的光折射率. 纤芯直径为 5～75μm. 光纤外面有包层，包层有

一层、二层(内包层、外包层)或多层(称为多层结构)，但是总直径在100～200μm. 包层的材料一般用纯二氧化硅，也有掺极微量的三氧化二硼，最新的方法是掺微量的氟，就是在纯二氧化硅里掺极少量的四氟化硅. 掺杂的作用是降低材料的光折射率. 这样，光纤纤芯的折射率略高于包层的折射率. 两者细微的区别，保证光主要限制在纤芯里进行传输. 包层外面还要涂一种涂料，可用硅铜或丙烯酸盐. 涂料的作用是保护光纤不受外来的损害，增加光纤的机械强度.

光纤的最外层是套层，它是一种塑料管，也是起保护作用的，不同颜色的塑料管还可以用来区别各条光纤. 光纤是一种能够传输光频电磁波的介质波导. 其典型结构如图2.19所示，由纤芯、包层和涂覆层三大部分组成. 波导的性质由纤芯和包层的折射率分布决定，工程上定义Δ为纤芯和包层间的相对折射率差

$$\Delta=\left[1-\left(\frac{n_2}{n_1}\right)^2\right]/2 \tag{2.74}$$

当$\Delta<0.01$时，上式简化为

$$\Delta\approx\frac{n_1-n_2}{n_1} \tag{2.75}$$

这即为光纤波导的弱导条件. 光纤的弱导特性是光纤与微波圆波导之间的重要差别之一. 弱导的基本含义是指很小的折射率差就能构成良好的光纤波导结构.

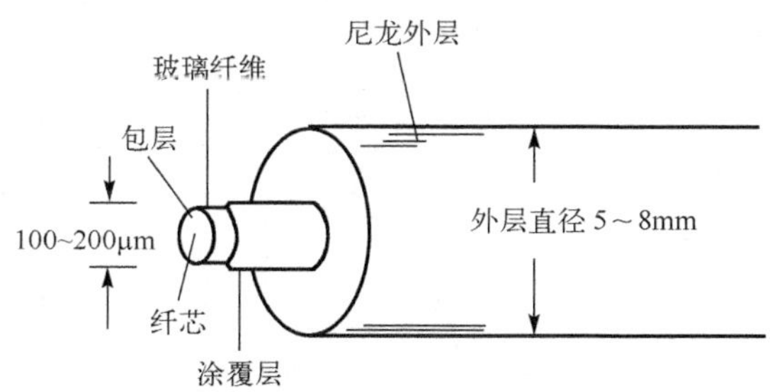

图2.19 典型光纤的结构、折射率分布和尺寸范围

为了讨论问题的方便，我们提出理想光纤的模型. 所谓的理想光纤是指光纤的折射率严格对称，没有任何能量损耗的理想状态下的光纤.

当纤维的直径远大于光的波长时，我们可以采用几何光学原理来讨论光纤的光学性质. 前面讨论的薄膜介质的传导理论具有相当重要的指导意义，如用波导理论来讨论光纤的传输特性时存在着一个光波的截止波长λ_c，对于在截止波长λ_c以下的给定频率的入射光，存在着一系列分立的入射角θ，入射光只有以这些θ角入射时方能在波导中传播. 我们把每一种可以传播的方式称为光在该波导中可以存在的传输模，简称“模”，因此光纤有“多模”和“单模”之分.

2.5.2 阶跃型光纤中光的传播

当入射光从某一特殊位置射入光纤时，发现其所有的反射都在同一平面内. 这束光被称为子午光，它们构成的平面称为子午面. 对于光纤而言，子午面是过光纤轴线的平面(图2.20).

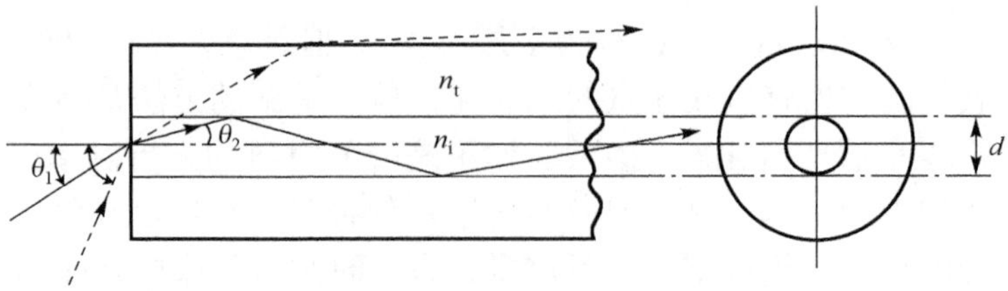

图 2.20　阶跃型光纤的子午面与子午光

当我们改变子午光纤端面的入射角时，我们会发现在光纤中的折射光线斜率会发生变化，利用折射定律和几何关系，可以得到

$$n_0 \sin\theta_M = \sqrt{n_i^2 - n_t^2} \tag{2.76}$$

式中，n_0 为空气折射率.

我们定义 $NA = \sqrt{n_i^2 - n_t^2}$，称为光学纤维的数值孔径(numerical aperture)，数值孔径决定了能被传播的光束的孔径角的最大值(图 2.21).

如果入射光线不是我们上述定义的子午光，我们称之为斜光线，斜光线与光纤中的入射面构成了一个多棱柱，由立体几何的三角关系可以知道，斜光线的最大入射角 Θ_M 满足 $\sin\Theta_M = \dfrac{\sin\theta_M}{\cos\beta}$，由图 2.22 可见，由于 $\cos\beta < 1$，所以 $\Theta_M > \theta_M$.

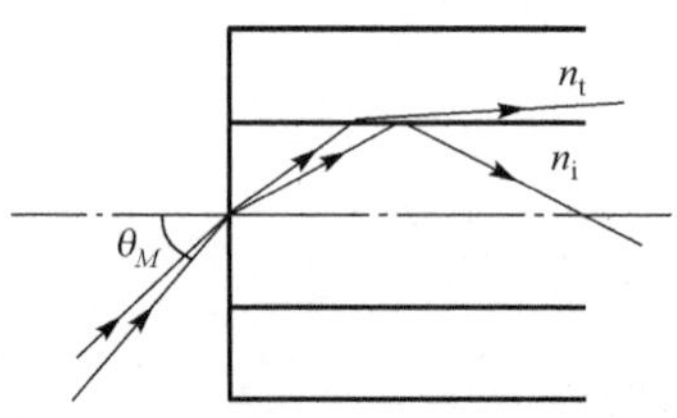

图 2.21　子午光的最大半孔径角

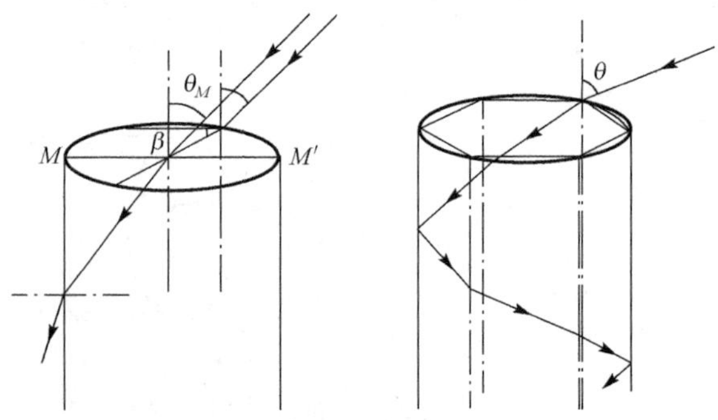

图 2.22　子午光与斜光线在光纤中的传递

从图中可以看出，当一束平行光线射到纤维端面，入射角同为 θ，但这一束光线中只有光纤直径 MM' 在入射面内的光线才构成子午光，其余都是斜光线. 在子午面内当 $\theta \geqslant \theta_M$ 时，不满足全反射条件，子午光不能在纤维内传播. 但斜光线还可以在纤维内发生全反射，它仍可在光学纤维中传播. 当 $\beta_1 = 90°$ 时，光线在端面上的入射光线与圆柱表面相切，这时在圆柱体内的折射光线就成为一条与圆柱表面相切的螺线了. 当光纤发生弯曲时，光纤中所有的入射光的传播轨迹都将发生变化，为了方便，我们仅观察子午光在弯曲光纤中的传播.

如图 2.23 所示，R 为弯曲光线的曲率半径，当 R 变小时，子午线在弯曲光纤外侧的入射角小于内侧的入射角；当 R 小到使外侧的入射角不能满足全反射条件时，便有一部分光从芯线弯曲部分的外侧面逸出，形成损耗. 但是利用这一点可以制作四端单向耦合器. 当继续减小 R，还可能发生另一种情况，子午光只在外侧面发生反射，而接触不到内侧面.

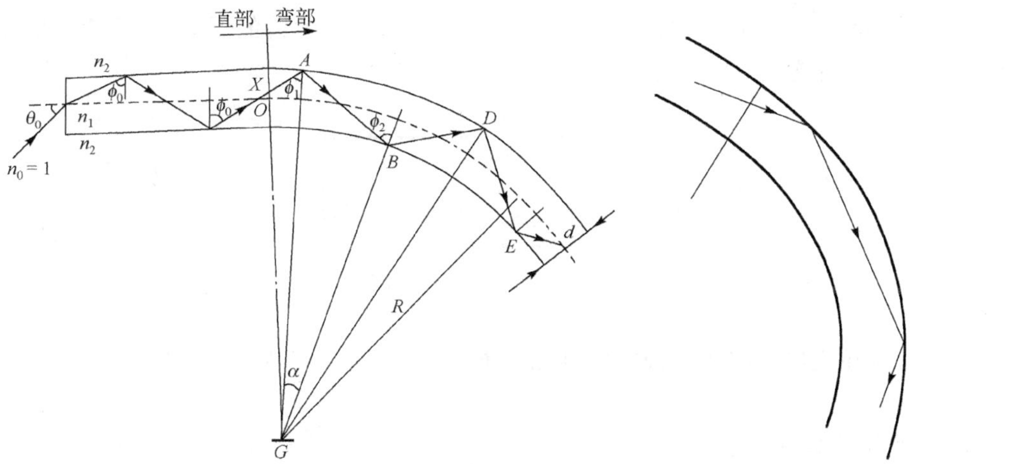

图 2.23 弯曲光纤对光传递的影响

可见纤维弯曲以后，使数值孔径变小，因而削弱了可以通过的子午线的光流，弯曲的曲率半径越小削弱得越多. 但与直光纤比较，弯曲的子午面只有一个，这部分损失的光流只占整个光流的一部分，对某些短光纤，如果弯曲的曲率半径不是太小，弯曲的地方不是太多，那么可以忽略弯曲对光流的影响. 但对于长距离使用的通信传输光纤，应尽量避免不必要的弯曲.

2.5.3 梯度型光纤中子午光线的传播

梯度型光纤的折射率从中心到边缘是递减的，根据折射定律，子午光将沿着弯曲的路径传播，其曲率中心位于折射率大的一方，在整个子午面内，光线的轨迹便是某种周期性曲线，如图 2.24 所示.

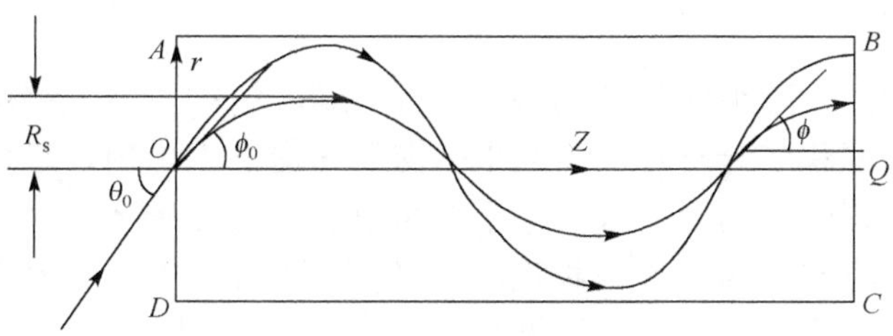

图 2.24 梯度型光纤中光的传播轨迹

如果光纤的折射率呈抛物线分布，即满足

$$n(r)=n(0)\left(1-\frac{1}{2}k^2r^2\right) \qquad (k\text{为很小的常数}) \tag{2.77}$$

光纤中传输光的轨迹似为正弦曲线. 以不同的入射角入射的光线，满足等光程的条件，形成一种自聚焦现象. 这种光纤又称自聚焦光纤. 在自聚焦光纤中，不仅对轴上的光点，子午光线有自聚焦作用. 对于轴外的光点，子午光线也同样有自聚焦作用. 因此，它可以使一个紧贴在纤维端面上的物体成像. 当自聚焦光纤用来成像时，又称它为自聚焦透镜，因为它具有一般透镜的成像规则(图 2.25)，它不同于一般透镜的地方是它的焦距特小，称为“超短焦距”，而且还可以随光纤弯曲传像，因而具有独特的用途. 在医疗领域内使用的各种窥镜，多由这类光纤制作而成.

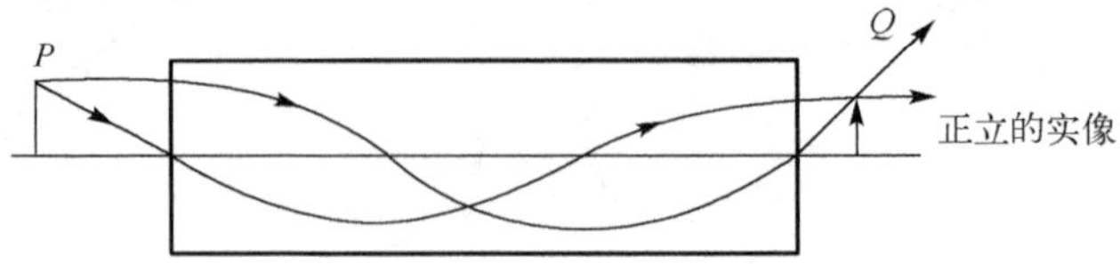

图 2.25　自聚焦透镜

2.5.4　光束在光纤波导中的衰减和色散特性

1. 光纤的衰减

若 P_i、P_o 分别为光纤的输入、输出光功率，L 是光纤长度. 衰减系数α定义为单位长度光纤光功率衰减的分贝数，即

$$\alpha = \frac{10}{L}\log_{10}\frac{P_i}{P_o} \qquad (\mathrm{dB/km}) \tag{2.78}$$

光纤衰减有下列两种主要来源：吸收损耗和散射损耗.

1) 吸收损耗

吸收损耗是光纤材料和杂质对光能的吸收而引起的，把光能以热能的形式消耗于光纤中，是光纤损耗中重要的损耗. 包括本征吸收损耗、杂质离子引起的损耗、原子缺陷吸收损耗. 材料吸收损耗是一种固有损耗，不可避免. 只能选择固有损耗较小的材料来做光纤. 石英在红外波段内吸收较小，是优良的光纤材料. 有害杂质吸收主要由光纤材料中含有 Fe、Co、Ni、Mn、Cu、Pt、OH 等离子导致.

2) 散射损耗

光纤内部的散射，会减小传输的功率，产生损耗. 散射中最重要的是瑞利散射，它是由光纤材料内部的密度和成分变化而引起的. 物质的密度不均匀，进而使折射率不均匀，这种不均匀在冷却过程中被固定下来，它的尺寸比光波波长要小. 光在传输时遇到这些比光波波长小、带有随机起伏的不均匀物质时，改变了传输方向，产生散射，引起损耗. 另外，光纤中含有的氧化物浓度不均匀以及掺杂不均匀也会引起散射，产生损耗. 由于光纤制作工艺不完善，例如，有微气泡或折射率不均匀以及有内应力，光能在这些地方发生散射，使光纤损耗增大. 另一种散射损耗的根源是所谓瑞利散射. 光纤中尚存在所谓布里渊和拉曼散射损耗.

3) 波导散射损耗

交界面随机的畸变或粗糙引起的模式转换或模式耦合所产生的散射. 在光纤中传输的各种模式衰减不同，长距离的模式变换过程中，衰减小的模式变成衰减大的模式，连续的变换和反变换后，虽然各模式的损失会平衡起来，但模式总体产生额外的损耗，即由于模式的转换产生了附加损耗，这种附加的损耗就是波导散射损耗. 要降低这种损耗，就要提高光纤制造工艺. 对于拉得好或质量高的光纤，基本上可以忽略这种损耗.

4) 光纤弯曲产生的辐射损耗

光纤是柔软的、可以弯曲的，可是弯曲到一定程度后，光纤虽然可以导光，但会使光的传输途径改变. 由传输模转换为辐射模，使一部分光能渗透到包层或穿过包层成为辐射模向外泄漏损失掉，从而产生损耗. 当弯曲半径大于 5～10cm 时，由弯曲造成的损耗可以忽略.

另外还可以按以下损耗机理分类，如表 2.3 所示.

表 2.3 损耗的分类与区别

分类		引起原因	影响
本征损耗（光纤固有的损耗，无法避免决定光纤的损耗极限）	本征吸收	红外吸收（分子振动引起）	8～12μm，对光纤通信影响不大
		紫外吸收（电子跃迁引起）	0.7～1.1μm，对光纤通信有一定影响
	本征散射	瑞利散射（材料折射率的不均匀性引起）	长波长瑞利散射减小
非固有损耗（由材料和工艺引起）	杂质吸收	过渡金属离子和离子影响较大	离子的振动吸收造成 0.95μm、1.24μm、1.39μm 处出现损耗峰

2. 光纤色散、带宽和脉冲展宽参量间的关系

1) 光纤的色散

光纤的色散会使脉冲信号展宽，即限制了光纤的带宽或传输容量. 单模光纤的脉冲展宽与色散有下列关系：

$$\Delta\tau = d\cdot L\cdot\delta\lambda \tag{2.79}$$

即由于各传输模经历的光程不同而引起的脉冲展宽.

单模光纤色散的起因有下列三种：材料色散、波导色散和折射率分布色散.

2) 光纤的带宽

光脉冲展宽与光纤带宽有一定关系. 实验表明光纤的频率响应特性 $H(f)$ 近似为高斯型

$$H(f)=\frac{P(f)}{P(0)}=\mathrm{e}^{-(f/f_c)^2\ln 2} \tag{2.80}$$

f_c 是半功率点频率. 显然有

$$10\log H(f_c)=10\log\frac{P(f_c)}{P(0)}=-3\mathrm{dB} \tag{2.81}$$

因此，f_c 称为光纤的 3dB 光带宽.

【例 2.6】

从光线方程式出发，证明均匀介质中光线的轨迹为直线，非均匀介质中光线一定向折射率高的地方偏斜.

解 根据光线方程 $\frac{\mathrm{d}}{\mathrm{d}s}\left[n(\boldsymbol{r})\frac{\mathrm{d}\boldsymbol{r}}{\mathrm{d}s}\right]=\nabla n(\boldsymbol{r})$，如果在均匀介质中，折射率 $n(\boldsymbol{r})$ 为常数，

那么 $\nabla n(\boldsymbol{r})=0$，从而认为 $n(\boldsymbol{r})\frac{\mathrm{d}\boldsymbol{r}}{\mathrm{d}s}$ 为常数. 所以，$\boldsymbol{r}$ 端点的轨迹为直线，即光线直线传播.

如果在非均匀介质中，折射率 $n(\boldsymbol{r})$ 不是常数，光纤将发生弯曲，并指向折射率大的方向，从而有

$$\frac{\mathrm{d}}{\mathrm{d}s}\left[n(\boldsymbol{r})\frac{\mathrm{d}\boldsymbol{r}}{\mathrm{d}s}\right]=\nabla n(\boldsymbol{r})\Rightarrow\frac{\mathrm{d}n(\boldsymbol{r})}{\mathrm{d}s}\frac{\mathrm{d}(\boldsymbol{r})}{\mathrm{d}s}+n(\boldsymbol{r})\frac{\mathrm{d}^2(\boldsymbol{r})}{\mathrm{d}s^2}=\nabla n(\boldsymbol{r})$$

又根据

$$\frac{\mathrm{d}\boldsymbol{r}}{\mathrm{d}s}=\boldsymbol{S},\qquad \frac{\mathrm{d}\boldsymbol{S}}{\mathrm{d}s}=\frac{\boldsymbol{N}}{R}$$

所以

$$\nabla n(\boldsymbol{r})-\frac{\mathrm{d}n(\boldsymbol{r})}{\mathrm{d}s}\boldsymbol{S}=n(\boldsymbol{r})=\nabla n(\boldsymbol{r})\frac{\boldsymbol{N}}{R}$$

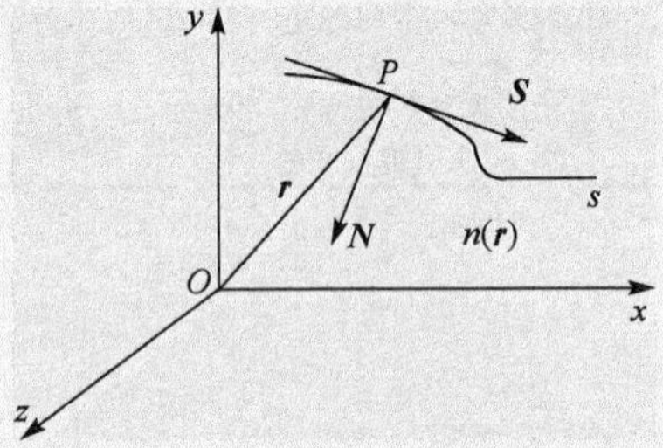

图 2.26　光线轨迹图

如图 2.26 所示，s 为光线实际路径，$\boldsymbol{S}$ 是 P 点切线方向上的单位矢量，$\boldsymbol{N}$ 为 P 点指向曲率中心的单位矢量. 两边点乘 $\boldsymbol{N}$，得到 $\frac{1}{R}=\frac{1}{n(\boldsymbol{r})}\nabla n(\boldsymbol{r})\boldsymbol{N}$，因为半径 R 为正，所以等式左边恒为正，说明 $\nabla n(\boldsymbol{r})$ 与 $\boldsymbol{N}$ 夹角小于 90°，光线弯向 ∇n 为正处，即弯向折射率大的方向.

2.6　光在非线性介质中的传播

20 世纪 60 年代初大量非线性光学效应被发现，例如，光学谐波、光学和频与差频、光学参量振荡与放大、多光子吸收、光学自聚焦以及受激光散射等都是这个时期发现的；20 世纪 60 年代后期，发现一些新的非线性光学效应，以及发展非线性光学器件；20 世纪 70 年代至今，被应用到各个技术领域和渗透到其他有关学科(如凝聚态物理、无线电物理、声学、有机化学和生物物理学)的研究中.

2.6.1　介质的非线性电极化

在入射光场作用下，组成介质的原子、分子或离子的运动状态和电荷分布都要发生一定形式的变化，形成电偶极子，从而引起光场感应的电偶极矩，进而辐射出新的光波. 在此过程中，介质的电极化强度矢量 $\boldsymbol{P}$ 是一个重要的物理量，它被定义为介质单位体积内感应电偶极矩的矢量和

$$\boldsymbol{P}=\lim_{\Delta V\to 0}\frac{\sum_i \boldsymbol{P}_i}{\Delta V} \tag{2.82}$$

式中，$\boldsymbol{P}_i$ 是第 i 个原子或分子的电偶极矩.

在弱光场的作用下电极化强度 $\boldsymbol{P}$ 与入射光矢量 $\boldsymbol{E}$ 呈简单的线性关系，满足

$$\boldsymbol{P}=\varepsilon_0\chi_1\boldsymbol{E} \tag{2.83}$$

式中，ε_0 称为真空介电常量；χ_1 是介质的线性电极化率. 根据这一假设，可以解释介质对入射光波的反射、折射、散射及色散等现象，并可得到单一频率的光入射到不同介质中，其频率不发生变化以及光的独立传播原理等为普通光学实验所证实的结论.

假设介质的电极化强度 $\boldsymbol{P}$ 与入射光矢量 $\boldsymbol{E}$ 呈更一般的非线性关系，即

$$\boldsymbol{P}=\varepsilon_0(\chi_1\boldsymbol{E}+\chi_2\boldsymbol{EE}+\chi_3\boldsymbol{EEE}+\cdots) \tag{2.84}$$

式中，χ_1、χ_2、χ_3 分别称为介质的一阶(线性)、二阶(非线性)、三阶(非线性)极化率. 研究表明 χ_1，χ_2，χ_3，…依次减弱，相邻电极化率的数量级之比近似为

$$\frac{|\chi_n|}{|\chi_{n-1}|}\approx\frac{1}{|\boldsymbol{E}_0|} \tag{2.85}$$

式中，$|\boldsymbol{E}_0|$ 为原子内的平均电场强度的大小(其数量级约为 10^{11}V/m). 可见，在普通弱光入射情况下，$|\boldsymbol{E}|\ll|\boldsymbol{E}_0|$，二阶以上的电极化强度均可忽略，介质只表现出线性光学性质. 而用单色强激光入射，光场强度 $|\boldsymbol{E}|$ 的数量级可与 $|\boldsymbol{E}_0|$ 相比拟，因此二阶或三阶电极化强度的贡献不可忽略，这就是许多非线性光学现象的物理根源.

2.6.2　光学变频效应

光学变频效应包括由介质的二阶非线性电极化所引起的光学倍频、光学和频与差频效应以及光学参量放大与振荡效应，还包括由介质的三阶非线性电极化所引起的四波混频效应. 需要注意的是，二阶非线性效应只能发生于不具有对称中心的各向异性的介质，而三阶非线性效应则没有该限制. 这是因为对于具有对称中心结构的介质，当入射光场 $\boldsymbol{E}$ 相对于对称中心反向时，介质的电极化强度 $\boldsymbol{P}$ 也应相应地反向，这时两者之间只可能呈奇函数关系，即 $P=\varepsilon_0(\chi_1E+\chi_3E^3+\chi_5E^5+\cdots)$，二阶非线性项不存在.

1. 光学倍频效应

光的倍频效应又称二次谐波，是指由于光与非线性介质(一般是晶体)相互作用，频率为 ω 的基频光转变为 2ω 的倍频光的现象. 这是一种常见的二阶非线性光学效应，也是激光问世后不久首次在实验上观察到的非线性光学效应. 其实验现象已在前面做了简单介绍，实验装置如图 2.27 所示.

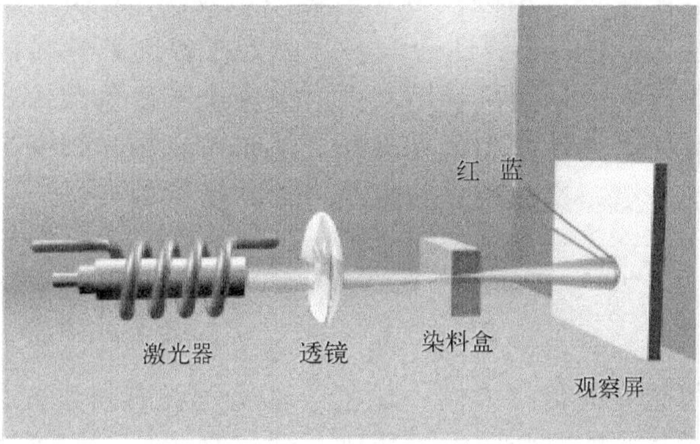

图 2.27　光的倍频效应实验装置

我们假设入射光的光场为 $E = E_0 \cos\omega t$，若晶体的二阶非线性极化率 χ_2 不为零，则取前两项电极化强度为

$$\begin{aligned} P &= \varepsilon_0(\chi_1 E + \chi_2 E^2) \\ &= \chi_1\varepsilon_0 E_0 \cos\omega t + \chi_2\varepsilon_0 {E_0}^2 \cos^2\omega t \\ &= \chi_1\varepsilon_0 E_0 \cos\omega t + \frac{1}{2}\chi_2\varepsilon_0 {E_0}^2 + \frac{1}{2}\chi_2\varepsilon_0 {E_0}^2 \cos 2\omega t \end{aligned} \tag{2.86}$$

式中，第一项激发出频率不变的出射光波；第二项导致光学整流；第三项则导致二次谐波，即产生了倍频光.

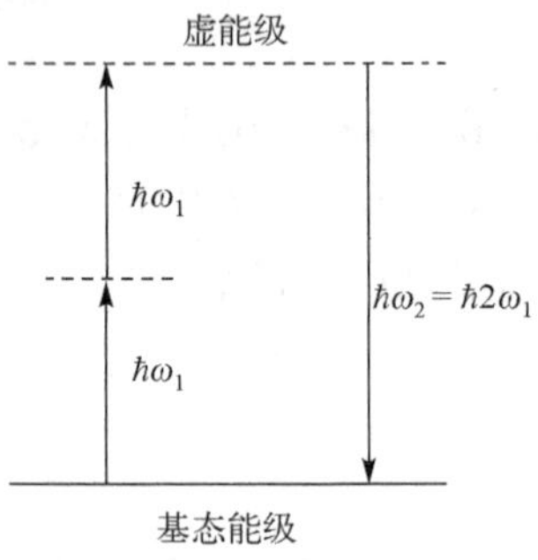

图 2.28　光倍频的量子跃迁

光学倍频现象的量子图像是在非线性介质内两个基频入射光子的湮灭和一个倍频光子的产生，如图 2.28 所示. 整个过程由两个阶段组成. 第一阶段，两个基频入射光子湮灭，同时组成介质的一个分子(或原子)离开所处能级(通常为基态能级)而与光场共处于某种中间状态(用虚能级表示)；第二阶段，介质的分子重新跃迁回到其初始能级并同时发射出一个倍频光子. 由于分子在中间状态停留的时间为无穷小，因此上述两个阶段实际上是几乎同时发生的，介质分子的状态并未发生变化，即分子的动量和能量守恒.

设基频入射光子的能量为 $\hbar\omega_1$，动量为 $\hbar\boldsymbol{k}_1$（$\boldsymbol{k}_1$ 为波矢，$k_1 = 1/\lambda_1$）；倍频光子的能量为 $\hbar\omega_2$，动量为 $\hbar\boldsymbol{k}_2$，则能量和动量守恒表现为

$$\begin{cases} \omega_2 = 2\omega_1 \\ k_2 = 2k_1 \end{cases} \tag{2.87}$$

按照波矢的定义，把式(2.87)的第二个条件转换为对介质折射率的要求，写成

$$\frac{2\pi}{\lambda_2} n_2(\omega_2) = \frac{2\pi}{\lambda_1} 2n_1(\omega_1) \tag{2.88}$$

考虑到 $\lambda_1 = 2\lambda_2$，则折射率匹配条件可最后表示为

$$n_2(\omega_2) = n_1(\omega_1) \tag{2.89}$$

只有满足折射率匹配条件，倍频效应才能有效地发生. 对于一般透明介质，正常色散使得 $n_2 > n_1$. 倍频过程所选用的非线性介质多数为光子各向异性晶体，不同线偏振光沿晶体传播时具有不同的折射率，从而可利用双折射效应来补偿色散效应.

光学倍频可以将红外激光转变为可见激光，或将可见激光转变为波长更短的激光，从而扩展激光谱线覆盖的范围，这在激光技术中已被广泛采用.

2. *光学和频与差频效应*

在普通光学中有一条很著名的原理，叫光的独立传播原理. 即不同的光束相互穿过，不妨碍彼此的行动，每束光的传播方向、颜色、能量都没有发生变化. 但当用不同频率的强光束照射非线性介质时，情况却发生了变化，通过光谱仪不仅可以观察到入射光波以及它们的倍频光波，还可以看到它们的和频光波和差频光波.

设入射光波中包含两种频率成分，即

$$E = E_{01}\cos\omega_1 t + E_{02}\cos\omega_2 t \tag{2.90}$$

则电极化强度为

$$\begin{aligned} P &= \chi_1\varepsilon_0(E_{01}\cos\omega_1 t + E_{02}\cos\omega_2 t) + \chi_2\varepsilon_0(E_{01}\cos\omega_1 t + E_{02}\cos\omega_2 t)^2 \\ &= \chi_1\varepsilon_0(E_{01}\cos\omega_1 t + E_{02}\cos\omega_2 t) + \frac{1}{2}\chi_2\varepsilon_0(E_{01}^2 + E_{02}^2) + \frac{1}{2}\chi_2\varepsilon_0(E_{01}^2\cos 2\omega_1 t \\ &\quad + E_{02}^2\cos 2\omega_2 t) + \chi_2\varepsilon_0 E_{01}E_{02}[\cos(\omega_1+\omega_2)t + \cos(\omega_1-\omega_2)t] \end{aligned} \tag{2.91}$$

可见，式中除了基频项、直流项以及倍频项外，还有和频项$(\omega_1+\omega_2)$与差频项$(\omega_1-\omega_2)$，实验装置如图 2.29 所示.

光学和频的物理图像与光学倍频效应相似，可看成能量为$\hbar\omega_1$和$\hbar\omega_2$的两个入射光子湮灭，同时发射出一个能量为$\hbar\omega_3=\hbar(\omega_1+\omega_2)$的和频光子. 光学差频可以看成是光学和频的逆过程，它反映了一个高频光子$\hbar\omega_1$的湮灭以及两个低频光子$\hbar\omega_2$和$\hbar\omega_3'=\hbar(\omega_1-\omega_2)$的同时产生，如图 2.30 所示.

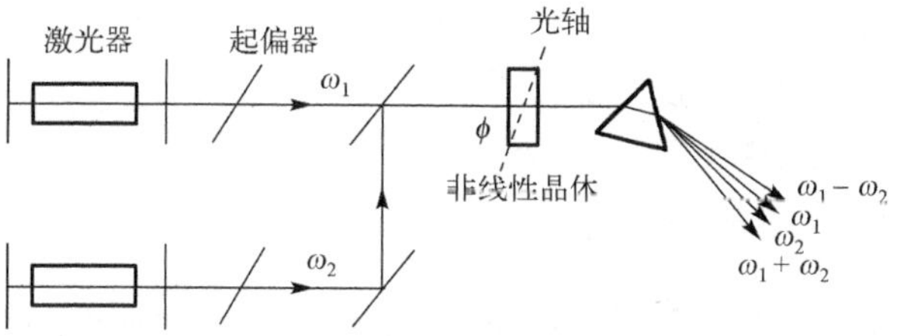

图 2.29　光学混频实验装置原理图

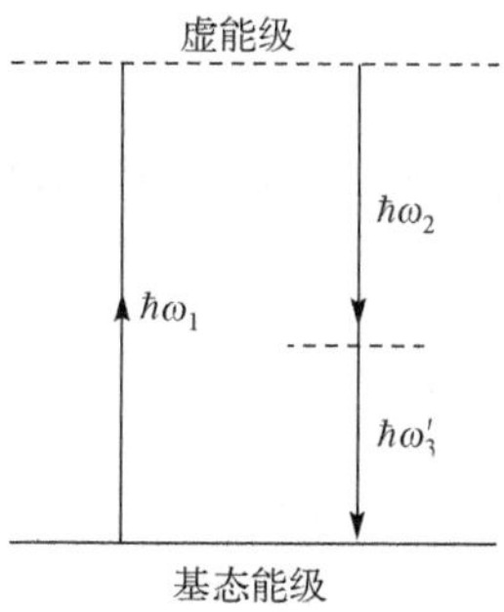

图 2.30　光学差频的量子跃迁图解

3. 光学参量放大(OPA)与光学参量振荡(OPO)

两者均是二阶非线性光学混频过程. 当一束频率较低的弱信号光束ω_s与另一束频率较高的强泵浦光ω_p同时入射到非线性介质内时，由于二阶非线性电极化强度分量$\boldsymbol{P}_2(\omega_i=\omega_p-\omega_s)$的作用，将在非线性介质内辐射出频率等于$\omega_i$的差频光(亦称作闲频光). 产生的闲频光进一步与泵浦光耦合，并通过二次非线性电极化强度分量$\boldsymbol{P}_2(\omega_s=\omega_p-\omega_i)$的作用进一步辐射出频率为$\omega_s$的信号光. 上述非线性混频过程持续进行的结果，使得泵浦光的能量不断耦合到信号光和闲频光上，从而形成了光学参量放大效应，光学参量放大的量子跃迁图像与光学差频相同.

在光学参量放大器的基础上，如果进一步采用光学反馈装置(如法布里-珀罗共振腔)，则在参量放大作用大于腔内各种损耗时，便可同时在ω_s和ω_i频率处产生相干光振荡，这便形成光学参量振荡效应.

当入射激光满足相位匹配条件(即动量守恒条件)且其中一种为可调谐时，可通过这些效应获得高频率可调谐变频相干光输出. 另外，相干光混频效应也为人们提供了一条研究物态结构、分子跃迁和凝聚态物理过程的新途径.

2.6.3 强光引起介质折射率变化

当用强光照射光学介质时，由于三阶非线性电极化系数的作用，介质的折射率将发生感应变化，这种效应叫光学克尔效应. 如果入射光束截面内的横向光强分布不均匀，则光学介质通过其折射率的变化就会对入射光束产生反作用，产生自聚焦效应、自散焦效应.

1. 光学克尔效应

普通克尔效应是指介质在电场作用下，沿平行和沿垂直于电场方向偏振的光波的折射率 $n_{//}$ 和 $n_{\perp}$ 发生不同的变化，且它们的差值 Δn 正比于电场的二次方，从而出现感应双折射现象. 当加光场时，如果光足够强，也会发生同样的现象，这就是光学克尔效应. 因为 χ_3 比 χ_2 小好几个数量级，三阶非线性效应比二阶非线性效应微弱，一般难以观察. 为此，我们选择具有中心对称结构的光学介质($\chi_2=0$ ，无二阶非线性效应)加以分析.

设入射光波矢量为 $\boldsymbol{E}=\boldsymbol{E}_0\cos\omega t$ ，它在介质中引起的极化强度为

$$P=\varepsilon_0\chi_1 E+\varepsilon_0\chi_3 E^3 \tag{2.92}$$

则介质中的电位移矢量大小为

$$\begin{aligned} D&=\varepsilon_0 E+P=\varepsilon_0(1+\chi_1)E+\varepsilon_0\chi_3 E^3\\ &=\varepsilon_0(1+\chi_1+\chi_3 E^2)E\\ &=\varepsilon_0\varepsilon_{\mathrm{r}}(I)E \end{aligned} \tag{2.93}$$

式中，相对介电常量 $\varepsilon_{\mathrm{r}}(I)$ 是光强的函数. 在弱光作用下， $\chi_3 E^2$ 可以忽略，介质的折射率 $n_{\mathrm{L}}=\sqrt{\varepsilon_{\mathrm{r}}}$ 是一个与光强无关的常数；当用强光照射介质时， $\chi_3 E^2$ 不能忽略，折射率与光强的关系为

$$n=\sqrt{\varepsilon_{\mathrm{r}}(I)}=\sqrt{\varepsilon_{\mathrm{r}}}\left(1+\frac{\chi_3}{\varepsilon_{\mathrm{r}}}E^2\right)^{1/2}=\sqrt{\varepsilon_{\mathrm{r}}}\left(1+\frac{1}{2}\frac{\chi_3}{\varepsilon_{\mathrm{r}}}E^2+\cdots\right)=n_{\mathrm{L}}+n_{\mathrm{NL}}I \tag{2.94}$$

式中， n_{NL} 称为非线性折射系数； I 是入射光强； $n_{\mathrm{NL}}I$ 表示三阶非线性效应引起的折射率随光强的变化.

通过对来自光学克尔效应的双折射的测量，能够有效地测得各种介质的三阶非线性极化系数. 由于不同介质的光学克尔效应有着不同的物理机制，通过对光学克尔效应的研究还可以研究不同物质的物性，测量不同的微观参量，如分子取向的弛豫时间等.

2. 强光自聚焦效应和自散焦效应

光波在介质中传播时，会引起介质折射率的改变，而折射率的改变反过来又会影响入射波. 如果入射光束横截面上光强的分布是不均匀的，则在光通过的介质中，折射率的横向分布也是不均匀的. 对光强分布呈高斯型分布的光束， $I(r)$ - r 函数曲线如图 2.31(a)所示. 当 $n_{\mathrm{NL}}>0$ 时，高斯光束横截面中心附近介质的折射率大于边缘部分的折射率，介质相当于一个凸透镜，对在其中传播的高斯光束有会聚作用(图 2.31(b))，这就是光的自

聚焦效应. 而当 $n_{NL}<0$ 时，高斯光束横截面中心附近介质的折射率小于边缘部分的折射率，介质相当于一个凹透镜，对在其中传播的高斯光束有发散作用(图 2.31(c))，这就是光的自散焦效应.

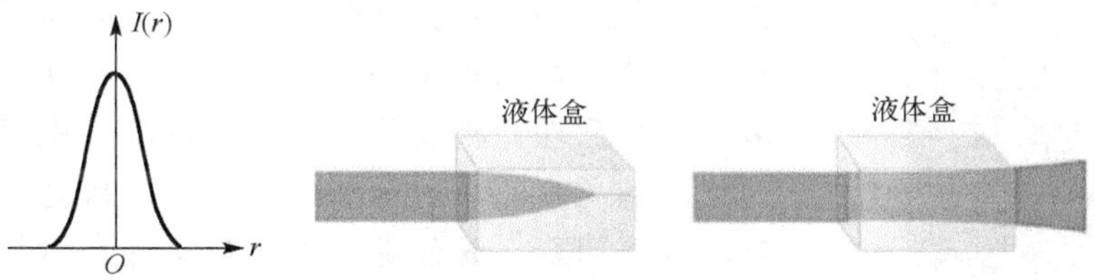

(a) 光强的径向分布　(b) 自聚集　(c) 自散焦

图 2.31　高斯型光强分布的光束

对自聚焦现象的研究始于 1964 年，早期由伽密尔等将一束调 Q 的红宝石激光入射到盛满 CS_2 液体的容器中，发现当入射光功率超过某一临界值后，光束在一定距离处很快收缩成直径为 100μm 的一根“细光丝”. 在许多场合下，自聚焦是一种不受欢迎的现象，这是因为在自聚焦的“细丝”内的光功率密度非常高，它产生的强大电场会使介质内的原子、分子发生电离，造成电击穿，在介质内留下一条条“伤痕”，从而使介质的光学性能遭到破坏而失去使用价值. 同时对光束自聚焦机理的研究也为克服或避免材料受损提供了途径.

表 2.4 为光学非线性效应及其应用.

表 2.4　光学非线性效应及其应用

非线性阶数	光学非线性效应及其应用
n	n 次谐波产生，nth harmonic generation (NHG)
2	光学整流，optical rectification
2	和频与差频发生，sum frequency and difference frequency generation
2	拉曼散射，Raman scattering
2	布里渊散射，Brillouin scattering
n	n 光子吸收(多光子吸收)，n-photon absorption
2，3	强度相关折射(非线性折射)，intensity dependent refrection
2	光学参量振荡，optical parametric oscillation (OPO)
3	相位共轭，phase conjugation
2	诱导失透，induced devitrification
2	诱导反射，induced reflex
$n-1$	n 波混频(如四波混频 FWM)，n-wave mixing

光电科学家

光纤之父——高锟

光纤电缆是 20 世纪最重要的发明之一. 光纤电缆以玻璃作介质代替铜，一根头发般细小的光纤传输的信息量相当于一张饭桌般粗大的铜“线”. 它彻底改变了人类通信的模式，为目前的信息高速公路奠定了基础，使“用一条电话线传送一套电影”的幻想成为现实.

图 2.32　高锟，华裔物理学家、教育家，光纤通信、电机工程专家，2009 年诺贝尔物理学奖得主

他提出在电话网络中以光代替电流，以玻璃纤维代替导线. 1965 年，高锟(图 2.32)与霍克汉姆共同得出结论，玻璃中光的衰减基本限制在 20dB/km 以下，这是光通信的关键阈值. 1966 年，高锟发表了一篇题为《光频率介质纤维表面波导》的论文，开创性地提出光导纤维在通信上应用的基本原理，描述了长程及高信息量光通信所需绝缘性纤维的结构和材料特性. 简单地说，只要解决好玻璃纯度和成分等问题，就能够利用玻璃制作光学纤维，从而高效传输信息. 这一设想提出之后，有人感觉匪夷所思，也有人对此大加褒扬. 为此，他去了许多玻璃工厂，到过美国的贝尔实验室及日本、德国，跟人们讨论玻璃的制法. 那段时间，他遭受到许多人的嘲笑，说世界上并不存在没有杂质的玻璃. 但高锟的信心并没有丝毫的动摇. 在争论中，高锟的设想逐步变成现实：利用石英玻璃制成的光纤应用越来越广泛，全世界掀起了一场光纤通信的革命.

工程与技术案例

光纤传感技术助力绿色冬奥为电力输送保驾护航

【背景】

作为低碳奥运重要贡献者的张北 ±500kV 柔性直流输电示范工程是世界首个柔性直流电网工程，也是目前世界上电压等级最高、输送容量最大的柔性直流工程，是国家电网服务能源清洁低碳发展的重大工程. 曾经不稳定、利用不充分的风能，经张北柔性直流工程先进的柔性直流电网技术处理，即可转换为清洁电力，并入冀北电网，再输向北京赛区、延庆赛区、张家口赛区，这些电力不仅点亮了一座座奥运场馆，也点亮了北京的万家灯火. 而分布式光纤传感技术以普通光纤作为传感器和信号传输介质，具有距离长、抗电磁干扰能力强、灵敏度高、海量监测等特点，适合内置通信光纤的 OPGW 光缆的温度/应变、振动等参量的在线监测. 图 2.33 为分布式布里渊光纤传感用于基础设施监测示意图.

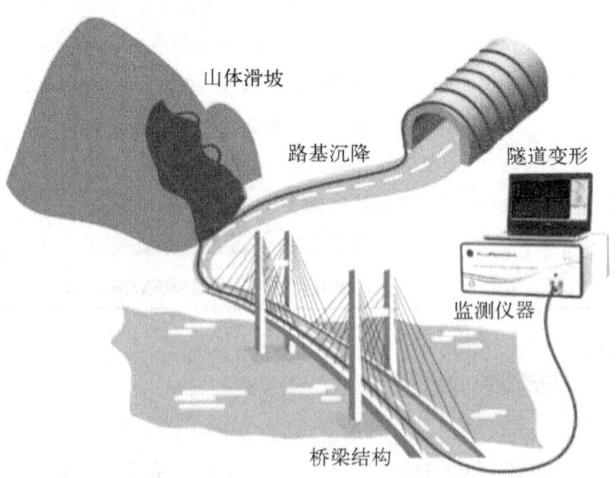

图 2.33　分布式布里渊光纤传感用于基础设施监测示意图[①]

① 图源：光学学报(2022). http://www.opticsjournal.net/Articles/FullText/gxxb/42/1/0100001.cshtml(Fig.7)

【案例分析】

分布式光纤传感技术是利用光波在光纤中传输的特性，可沿光纤长度方向连续地传感被测量(如温度、压力、应力和应变等)；传输过程中，光纤既是传感介质，又是被测量的传输介质，可以在整个光纤长度上对沿光纤分布的环境参数进行实时测量，同时获得被测量的空间分布状态和随时间变化的信息. 当激光脉冲在光纤中传输时，由于光纤中含有各种杂质分子，所以激光与杂质分子出现相互作用，从而产生瑞利、拉曼和布里渊三种散射光，依据所监测信号的不同，可以制作成基于瑞利散射、拉曼散射和布里渊散射的分布式光纤传感技术.

布里渊散射是由光子和声学声子的相互作用产生的，由于存在多普勒效应，布里渊散射光相对于入射光存在一个布里渊频移ν_B. 当探测脉冲光注入传感光纤后，其在光纤沿线各位置处产生的背向布里渊散光沿光纤原路返回到光纤入射端，且各位置处ν_B的数值与该位置处光纤的应变量之间呈现出良好的线性关系，可表示为

$$\nu_B=\nu_B(0)+\frac{d\nu_B(\varepsilon)}{d\varepsilon}\varepsilon$$

式中，$\nu_B(\varepsilon)$为实际测量出的布里渊频率的漂移量；$\nu_B(0)$为当应变为0时的布里渊频率的漂移量；$\frac{d\nu_B(\varepsilon)}{d\varepsilon}$为比例系数，例如，在1550nm波长，其取值约为11.2GHz. 通过测量光纤中的背向布里渊散射光的频率漂移量$\nu_B(\varepsilon)$就可以得到光纤沿线的应变分布信息，从而实现分布式光纤应变传感.

本案例所采用的是布里渊散射的分布式光纤传感技术，主要包括前向和后向受激布里渊散射. 当光波在光纤中传输时，会产生后向散射光，通过检测由光纤沿线各点产生的后向散射，并在光纤中激发纵向声波，散射光和入射光之间的频率差定义为布里渊频移，该参数是光纤温度和应变的函数，石英单模光纤的温度和应变系数一般为：1.2MHz/℃和0.05MHz/($\times10^{-3}\varepsilon$)，因此可以通过测量布里渊频移来测量温度和应变，具体测量装置如图2.34～图2.36所示.

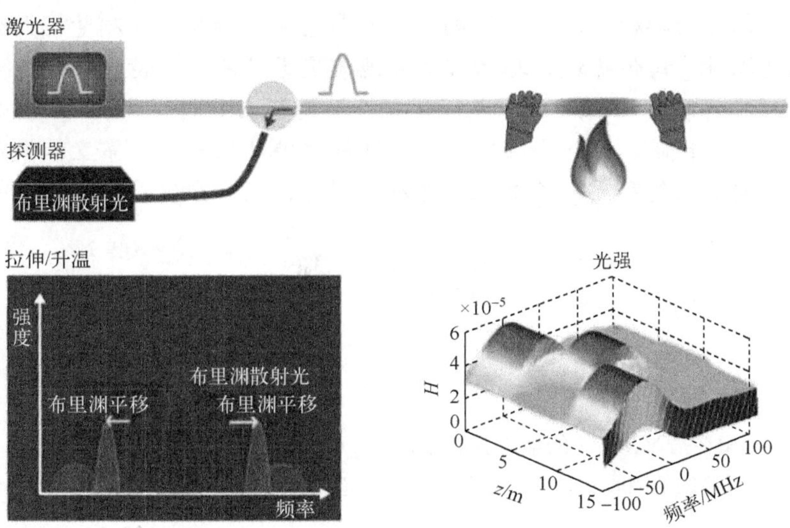

图2.34 分布式光纤测量原理

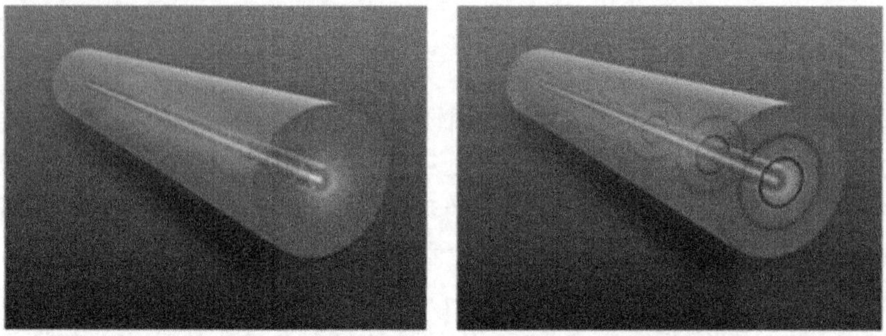

(a) 后向受激布里渊散射和布里渊动态光栅　　(b) 前向受激布里渊散射

图 2.35　后向和前向受激布里渊散射中产生的纵向声波和横向声波示意图[①]

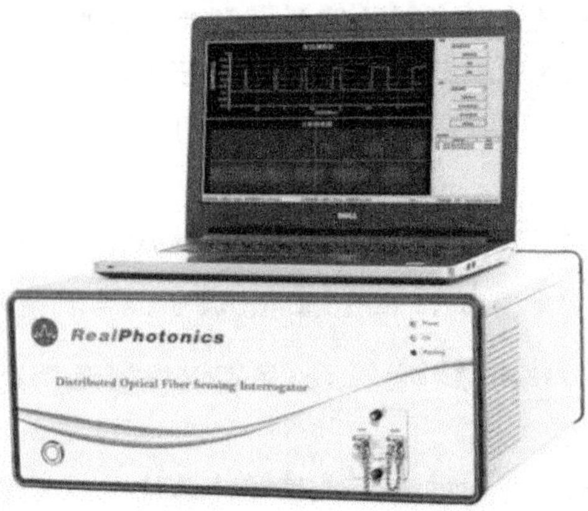

图 2.36　分布式光纤应变和温度监测仪

【应用延伸】

该检测技术可以应用在铁路、电网和油气管道等大尺度基础设施、光纤陀螺环和光纤水听器环的高空间分辨率检测，火灾早期预警的高空间分辨率温度测量，大型桥梁的实时在线监测的快速测量，山体滑坡、路面沉降等地质灾害监测配合特殊设计应变光缆和布设方法，核辐射环境下配合抗辐照光纤进行分布式温度和应变测量等领域. 但是在无中继放大实现更长距离监测铁路、电网和油气管道，在一些特殊场合融合布里渊散射、拉曼散射和瑞利散射实现更高性能和更丰富功能，以及小型化、高可靠仪器等领域也面临挑战.

练　习　题

一、选择题

1．光波在大气中传播时，引起的能量衰减与(　　)有关.

A．分子及气溶胶的吸收和散射　　　　B．空气折射率不均匀

---

① 图源：光学学报(2022).http://www.opticsjournal.net/Articles/FullText/gxxb/42/1/0100001.cshtml(Fig.8)

C．光波与气体分子相互作用　　D．空气中分子组成和含量

2．激光在大气中传播时，分子散射系数与光波长的(　　)．

A．平方成正比　　B．平方成反比

C．四次方成正比　　D．四次方成反比

3．光波在一般大气中传播时，可能会出现(　　)．

A．瑞利散射　　B．干涉　　C．折射　　D．湍流

4．电光晶体的非线性电光效应主要与(　　)有关．

A．外加电场　　B．激光波长

C．晶体性质　　D．晶体折射率变化量

5．拉曼-奈斯衍射的特点有(　　)．

A．形成与入射方向对称分布的多级衍射光

B．衍射效率与附加相位延迟有关

C．只限于低频工作，只具有有限的带宽

D．声光介质可视为“平面相位栅”

6．光纤是一种能够传输光频电磁波的介质波导，其结构上由(　　)组成．

A．纤芯、包层和护套　　B．单模和多模

C．塑料、晶体和硅　　D．阶跃和梯度光纤

7．2009年10月6日，高锟获得诺贝尔物理学奖，他曾提到光纤以SiO_2为材料的主要原因是(　　)．

A．传输损耗低　　B．可实现任何光传输

C．不出现瑞利散射　　D．空间相干性好

8．KDP晶体沿z(主)轴加电场时，折射率椭球的主轴绕z轴会旋转(　　)．

A．45°　　B．90°　　C．30°　　D．与外加电压有关

9．哥白尼哨兵1号卫星和哨兵2号卫星，以及欧洲地球观测项目都配有激光通信终端，它将大大加快实时数据和大容量数据传输到地面中心的速度．EDRS-A是EDRS空间数据公路项目的第一中继卫星，于2016年1月30日发射，成功地发送了由哨兵1A卫星拍摄的首张图像．空间数据公路系统将在太空提供高达每秒(　　)千兆比特的高速激光通信．

A．1.8　　B．2　　C．2.5　　D．4

10．2016年7月，我国发射世界首颗量子科学实验卫星，并在世界上首次实现卫星和地面之间的量子通信，构建一个天地一体化的量子保密通信与科学实验体系．量子通信的核心环节：密钥(加密、解密的钥匙)传输实验．这意味着，世界上首封绝对不会被截、被破、被复制的密信将要诞生．量子通信技术，因光量子的物理特性，决定了这种传输方式的绝对安全．首先，单光子(　　)，如果在天上的光子射向地面的过程中被劫持，那么地面上就一定无法再接收到这粒光量子了，这会让接收方及时警惕情报已被盗．其次，量子态不可复制，处于量子态的粒子，一旦被复制，原来的粒子也就毁了．

A．不可被窃取　　B．不可被分割、测量

C．不可被调制　　D．不可被显示

二、是非题

11．某些晶体在外加电场的作用下，其折射率将发生变化，当光波通过此介质时，其传输特性就受到影响而改变，这种现象称为电光效应．

12．KDP 晶体沿 z(主)轴加电场时，由双轴晶体变成了单轴晶体.

13．在声光晶体中，超声场作用像一个光学“相位光栅”，其光栅常量等于光波波长.

14．磁致旋光效应的旋转方向仅与磁场方向有关，而与光线传播方向的正逆无关.

15．大气分子在光波电场的作用下产生极化，并以入射光的频率做受迫振动.

16．某些晶体在外加电场的作用下，其折射率将发生变化，当光波通过此介质时，其传输特性就受到影响而改变，这种现象称为电光效应.

三、填空题

17．光波在大气中传播时，由于________会引起光束的能量衰减；由于空气折射率不均匀会引起光波的________起伏. 电致折射率变化是指________.

18．磁光效应包括法拉第旋转效应、克尔效应和磁双折射效应等. 其中最主要的是________效应，它使一束线偏振光在外加磁场作用下的介质中传播时，其偏振方向发生旋转.

19．若超声频率为 f_s，那么光栅出现和消失的次数则为 $2f_s$，因而光波通过该介质后所得到的调制光的调制频率将为声频率的________倍.

四、简答题

20．概括光纤弱导条件的意义.

21．何为电光晶体的半波电压？半波电压由晶体的哪些参数决定？

五、计算题

22．在半波电压对 KDP 晶体纵向电光调制中，一束激光波长为 1.00μm 时，计算纵向半波电压.

23．一束线偏振光经过长 $L=25\text{cm}$，直径 $D=1\text{cm}$ 的实心玻璃，玻璃外绕 $N=250$ 匝导线，通有电流 $I=5\text{A}$. 取韦尔代常数为 $V=0.25\times10^{-5}(')/(\text{cm}\cdot\text{T})$，试计算光的旋转角 θ.

24．利用应变 S 与声强 I_s 的关系式 $S^2=\dfrac{2I_s}{\rho v_s^2}$，证明一级衍射光强 I_1 与入射光强 I_0 之比为 $\dfrac{I_1}{I_0}=\dfrac{1}{2}\left(\dfrac{\pi L}{\lambda_0\cos\theta_1}\right)^2\dfrac{P^2n^6}{\rho v_s^2}I_s$（取近似 $J_1^2(v)\approx\dfrac{1}{4}v^2$）.

六、复杂工程与技术题

25．$LiNbO_3$ 具有铁电性，其晶系结构为三角晶系结构，且热电、压电特性良好，有较好的电光参数，有较好的非线性效应，这使得铌酸锂晶体被广泛应用于光学和集成光学领域. 其中铌酸锂晶体可以用于 Q-开关、光放大调制器、光束转换器、光波导、光栅等众多领域，请设计并制作一种铌酸锂基光波导耦合器.

第 3 章　光的调制

随着 5G、虚拟现实、万物互联、大数据以及人工智能等技术的兴起，当今全球信息传输总量仍然呈现爆发式的增长，传统的光调制器件的性能已接近于物理极限. 而随着材料科学、光子集成与微纳加工等相关科学与技术的快速发展，出现了许多具有高调制速度、低功耗、低成本以及高集成度的光调制器，例如，铌酸锂薄膜调制器、新型硅基混合铌酸锂调制器、硅基石墨烯光调制器等. 光调制技术指的是通过将一个携带信息的信号加载到载波光波上的一种调制技术，是现代高速通信网络构建中不可缺少的一环，因此光调制器是通信、计算以及传感等应用场景中至关重要的器件. 本章主要介绍常见的内调制和外调制的基本概念、原理、结构和性能参数.

3.1　调制原理

激光作为一种具有良好相干性的光频电磁波，同样具有与无线电波传输信息的作用. 但是要用激光作为信息的载体，就必须把信息加到激光上去，这种将信息加载到激光的过程称为光调制，完成这一过程的装置称为调制器. 其中激光是作为运载信号的载波，而起控制作用的低频信息称为调制信号.

光波的电场为

$$E(t) = A_c \cos(\omega_c t + \varphi_c) \tag{3.1}$$

式中，A_c为振幅；ω_c为角频率；φ_c为相位角. 既然光波具有振幅、频率、相位、强度和偏振等参量，如果能够应用某种物理方法改变光波的某一参量，使其按照调制信号的规律变化，那么激光波就受到了信号的调制，达到“运载”信息的目的，其中，调幅与调频过程如图 3.1 所示.

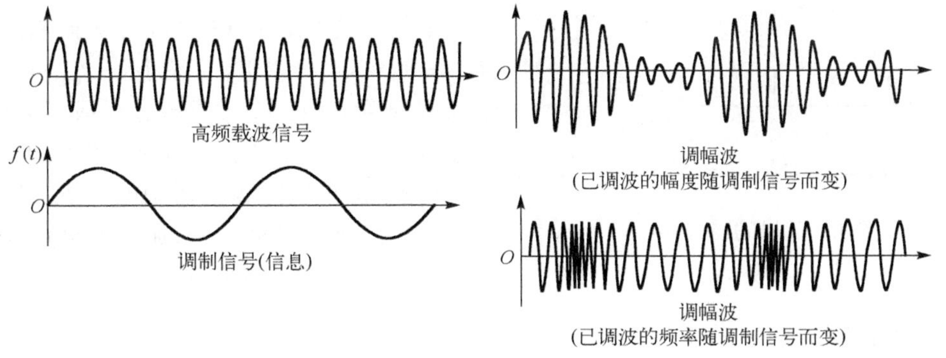

图 3.1　光束调整原理图

实现激光束调制的方法有很多种，通常根据调制器与激光器的关系可以分为内调制(直接调制)和外调制两种.

内调制是指加载信号是在激光振荡过程中进行的，以调制信号改变激光器的振荡参数，从而改变激光器输出特性以实现调制，调制原理如图 3.2(a)所示.

外调制是指激光形成之后，在激光器的光路上放置调制器，用调制信号改变调制器的物理性能，当激光束通过调制器时，使光波的某个参量受到调制，调制原理如图 3.2(b)所示.

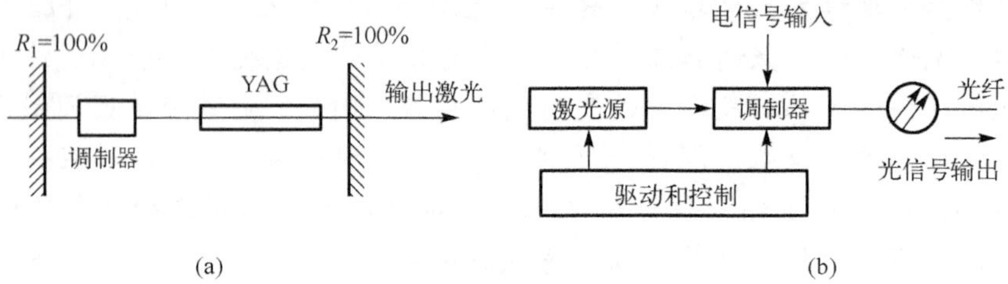

图 3.2 内调制(a)与外调制(b)

光束调制按其调制激光参量不同可分为调幅、调频、调相及强度调制等.

3.1.1 幅度调制

振幅调制就是通过改变载波的振幅的调制方式，使之随调制信号的规律而变化. 设调制信号是一时间的余弦函数，为

$$a(t)=A_m\cos\omega_m t \tag{3.2}$$

式中，A_m 为调制信号振幅；ω_m 为调制信号的角频率. 通过振幅调制后，(3.1)式中光波场振幅 A_c 不再是常量，而是与调制信号呈正比关系. 调幅波的光波场表达式为

$$E(t)=A_c(1+m_a\cos\omega_m t)\cos(\omega_c t+\varphi_c) \tag{3.3}$$

利用三角函数可将(3.3)式展开，得到调幅波的频谱

$$E(t)=A_c\cos(\omega_c t+\varphi_c)+\frac{k}{2}A_c\cos[(\omega_c+\omega_m)t+\varphi_c]+\frac{k}{2}A_c\cos[(\omega_c-\omega_m)t+\varphi_c] \tag{3.4}$$

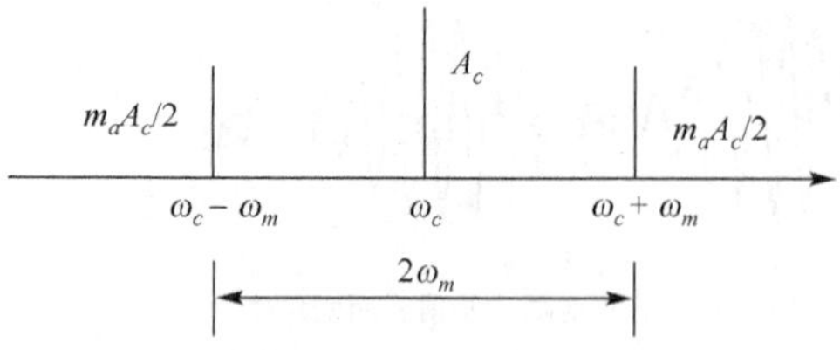

图 3.3 调幅波频谱

式中，$k=A_m/A_c$ 为调制系数，为最大增量与振幅的平均值之比，由(3.4)式可得振幅的最大值 $A_{\max}=A_c+kA_m$，振幅的最小值 $A_{\min}=A_c-kA_m$. 调幅波的频谱由三个频率成分组成，第一项是载频分量，第二、三项是边频分量，如图 3.3 所示. 上述分析是单余弦信号调制的情况. 如果调制信号是一复杂的周期信号，则调幅波的频谱将由载频分量和两个边频带组成.

3.1.2 角度调制

调频或调相就是通过改变光载波的频率或相位的调制方式，使之随着调制信号的变化

规律而变化. 因为这两种调制波都表现为总相位角 $\psi(t)$ 的变化，因此统称为角度调制，其调制方式如图 3.4 所示.

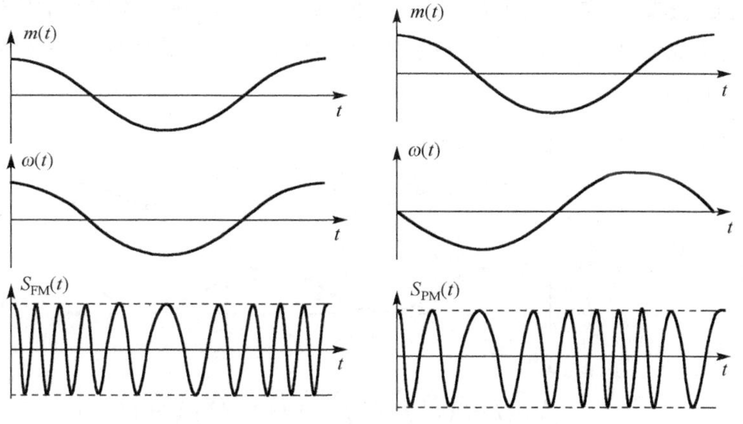

(a) 频率调制　　　　(b) 相位调制

图 3.4　角度调制示意图

对频率调制来说，就是(3.1)式中的角频率 ω_c 随调制信号变化，即

$$\omega(t)=\omega_c+\Delta\omega(t)=\omega_c+k_f a(t) \tag{3.5}$$

设调制波仍为余弦函数，则调制波的表达式为

$$E(t)=A_c\cos(\omega_c t+m_f\sin\omega_m t+\varphi_c) \tag{3.6}$$

相位调制就是(3.1)式中相位角 φ_c 随调制信号的变化规律而变化，同理可得调相波的表达式为

$$E(t)=A_c\cos(\omega_c t+m_\varphi\sin\omega_m t+\varphi_c) \tag{3.7}$$

由于调频和调相实质上最终都是调制总相位角，因此可写成统一的形式

$$E(t)=A_c\cos(\omega_c t+m\sin\omega_m t+\varphi_c) \tag{3.8}$$

上式按三角公式展开，应用下式：

$$\begin{aligned}\cos(m\sin\omega_m t)&=J_0(m)+2\sum_{n=1}^{\infty}J_{2n}(m)\cos(2n\omega_m t)\\ \sin(m\sin\omega_m t)&=2\sum_{n=1}^{\infty}J_{2n-1}(m)\sin[(2n-1)\omega_m t]\end{aligned} \tag{3.9}$$

得到

$$\begin{aligned}E(t)=&A_cJ_0(m)\cos(\omega_c t+\varphi_c)+A_c\sum_{n=1}^{\infty}J_n(m)[\cos(\omega_c+n\omega_m)t+\varphi_c\\ &+(-1)^n\cos(\omega_c-n\omega_m)t+\varphi_c]\end{aligned} \tag{3.10}$$

可见，在单频余弦波调制时，其角度调制波的频谱是由光载频与在它两边对称分布的无穷多对边频组成的. 显然，若调制信号不是单频余弦波，则其频谱将更为复杂.

3.1.3 光强调制

强度调制通过改变光载波的强度(光强)的调制方式，使之随调制信号规律变化而变化，调制原理如图 3.5 所示. 由于一般接收器都是直接响应其所接收的光强，因此光束调制多采用强度调制形式.

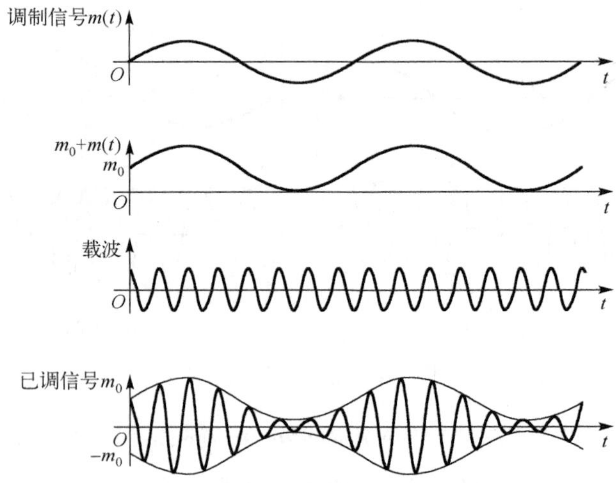

图 3.5 强度调制

光束强度定义为光波电场的平方

$$I(t) = E^2(t) = A_c^2 \cos^2(\omega_c t + \varphi_c) \tag{3.11}$$

于是，强度调制的光强可表示为

$$I(t) = \frac{A_c^2}{2}[1 + k_p a(t)]\cos^2(\omega_c t + \varphi_c) \tag{3.12}$$

仍设调制信号是单频余弦波，则

$$I(t) = \frac{A_c^2}{2}(1 + m_p \cos\omega_m t)\cos^2(\omega_c t + \varphi_c) \tag{3.13}$$

强度调制波的频谱可用前面所述的类似方法求得，其结果与调幅波略有不同，其频谱分布除了载频及对称分布的两边频之外，还有低频ω_m和直流分量.

以上几种调制方式所得到的调制波都是一种连续振荡波，统称为模拟调制.

3.1.4 脉冲调制

目前广泛采用一种不连续状态下进行调制的脉冲调制和数字式调制(脉冲编码调制). 它们一般是先进行电调制，再对光载波进行光强度调制.

脉冲调制可分为脉冲幅度调制、脉冲宽度调制、脉冲频率调制和脉冲位置调制等,调制原理如图 3.6 所示.

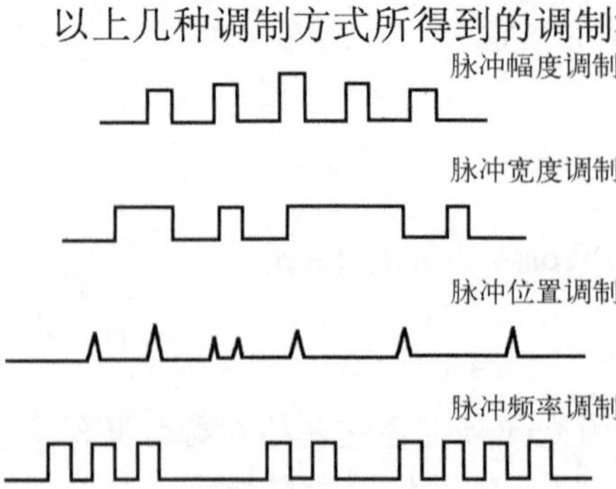

图 3.6 脉冲调制

脉冲调制是利用间歇的周期性脉冲序列作为载波，并使载波的某一参量按调制信号规律变化的调制方法. 即先用模拟调制信号对一电脉冲序列的某参量(幅度、宽度、频率、位置等)进行电调制，使之按调制信号规律变化，成为已调脉冲序列. 然后再用该已调电脉冲序列对光载波进行强度调制，就可以得到相应变化的光脉冲序列.

例如，用调制信号改变电脉冲序列中每一个脉冲产生的时间，则其每个脉冲的位置与未调制时的位置有一个与调制信号成比例的位移，这种调制称为脉位调制，进而再对光载波进行调制，便可以得到相应的光脉位调制波，其表达式为

$$\begin{aligned} &E(t)=A_c\cos(\omega_c t+\varphi_c) \quad (\text{当} t_n+\tau_d \leqslant t \leqslant t_n+\tau_d+\tau) \\ &\tau_d=\frac{\tau_p}{2}[1+M(t_n)] \end{aligned} \tag{3.14}$$

3.1.5 数字调制

这种调制是把模拟信号先变成电脉冲序列，进而变成代表信号信息的二进制编码，再对光载波进行强度调制. 要实现脉冲编码调制，必须进行三个过程：采样与保持、量化和编码，如图 3.7 所示.

1. 采样与保持

采样就是以适当的时间间隔对模拟信号进行分段，取其分段点处的电平值——样本值，并以这一系列离散的样本值来粗略地代表原来的模拟信号. 采样的精度取决于分段时间间隔的长短. 时间间隔短，样本信号与原信号的差异就小，采样精度就高. 由图可知，分段时间间隔的长短由采样脉冲信号的频率 f_s 决定. 采样频率高，时间间隔就短. 根据香农采样定律，要正确地由样本信号恢复出原信号，采样频率必须大于原信号最高频率的 2 倍. 在 CD-DA 系统中，采样频率为 43.1kHz. 保持的作用就是在采样脉冲消失的时间内将电压保持一段时间，直到下一个采样脉冲到来.

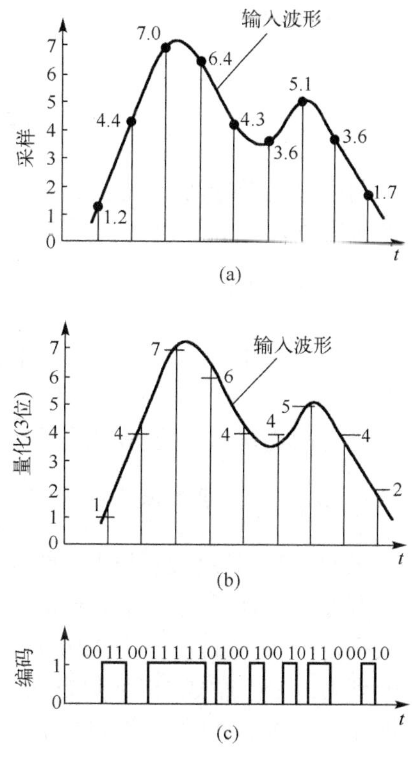

图 3.7　脉冲编码基本过程

2. 量化

由于模拟信号在时间上是连续变化的，所以通过采样获得的样本值很可能不是整数值. 为此采用四舍五入的方法，把每一个采样值归并到某一个邻近的整数值，并用二进制数来表示，这一过程称为量化. 量化的精度由量化位数决定，量化位数越多，量化精度越高. 由于量化后的值是用二进制数表示的，因此把信号从最低电平到最高电平划分成多少级是由二进制数的位数决定的. 当用 n 位二进制数来表示时，量化级数就等于 $2n$. 所以位数越多，量化级数就越大，相邻级之间的电平差值——级

差也就越小，量化精度就越高. 在数字技术中，二进制数的位(binary digit)简称比特(bit). CD-DA 系统的量化位数为 16 比特，其量化级数可达 $2^{16}=65536$.

由于量化时采用了四舍五入的近似算法，所以在量化值和采样值之间就必然会产生误差，这种误差称为量化误差. 量化误差的绝对值小于级差的一半. 量化误差对信号来说是一种噪声，这种由量化误差引起的噪声称为量化噪声. 显然，量化噪声的大小与二进制的位数有关，位数越多，级差就越小，量化噪声也就越小. 此外，量化噪声的大小还与采样频率有关，采样频率高，量化噪声小.

3. 编码

编码就是将量化后所得到的用二进制数表示的音频数字信号按某种特定的规则对 0 和 1 进行重排的过程. 根据重排规则的不同，编码有多种方式. 用脉冲序列表示二进制数字的操作过程称为脉冲编码调制，简称 PCM，是 pulse-code modulation 的简写.

不同调制方式间存在着很大差别，但其调制的工作原理都是基于电光、声光、磁光等物理效应. 下文将分别从电光调制、声光调制、磁光调制以及内调制等方面叙述其调制方式和原理.

3.2 电光调制

利用电光效应可实现强度调制和相位调制. 本节以 KDP 电光晶体为例讨论电光调制的基本原理以及电光调制器的结构.

3.2.1 强度调制

根据所加电场方向不同，我们可将电光调制分为纵向电光调制(所加电场方向与光束传播方向平行)和横向电光调制(所加电场与光束传播方向垂直). 利用纵向电光效应和横向电光效应均可实现电光强度调制.

1. 纵向电光调制及其工作原理

纵向电光强度调制结构，如图 3.8 所示. 电光晶体位于两正交偏振器件，其中起偏器 P_1 的偏振方向平行于电光晶体 x 轴，检偏器 P_2 的偏振方向则平行于电光晶体的 y 轴，晶体与 P_2 间插入一 1/4 波片. 当所加电场方向平行于电光晶体 z 轴时，晶体的感应主轴 x' 和 y' 分别旋转到与原来主轴成45°夹角方向. 此时沿 z 轴方向入射光束经起偏器后变为平行于 x 轴的线偏振光，进入晶体时，被分解为沿 x' 和 y' 方向的两个分量，其振幅和相位都相同，分别为

$$\begin{aligned} E_{x'}(0) &= A\cos\omega_c t \\ E_{y'}(0) &= A\cos\omega_c t \end{aligned} \quad \text{或} \quad \begin{aligned} E_{x'}(0) &= A\exp(\mathrm{i}\omega_c t) \\ E_{y'}(0) &= A\exp(\mathrm{i}\omega_c t) \end{aligned}$$

由于光强与电场呈平方关系，则入射光强度为

$$I_{\mathrm{i}} \propto E\cdot E^* = \left|E_{x'}(0)\right|^2 + \left|E_{y'}(0)\right|^2 = 2A^2 \tag{3.15}$$

通过长度为 L 的晶体之后，$E_{x'}$ 和 $E_{y'}$ 两个分量之间产生了一相位差 $\Delta\varphi$，则有 $E_{x'}(L)=$

A，$E_{y'}(L)=A\mathrm{e}^{-\mathrm{i}\Delta\varphi}$. 那么，通过检偏器后的总电场强度是 $E_{x'}(L)$ 和 $E_{y'}(L)$ 在 y 方向的投影之和，即 $(E_y)_\mathrm{o}=\dfrac{A}{\sqrt{2}}(\mathrm{e}^{-\mathrm{i}\Delta\varphi}-1)$. 与之相应的输出光强为

$$I_\mathrm{o}\propto[(E_y)_\mathrm{o}\cdot(E_y^*)_\mathrm{o}]=\frac{A^2}{2}(\mathrm{e}^{-\mathrm{i}\Delta\varphi}-1)(\mathrm{e}^{\mathrm{i}\Delta\varphi}-1)=2A^2\sin^2\left(\frac{\Delta\varphi}{2}\right) \tag{3.16}$$

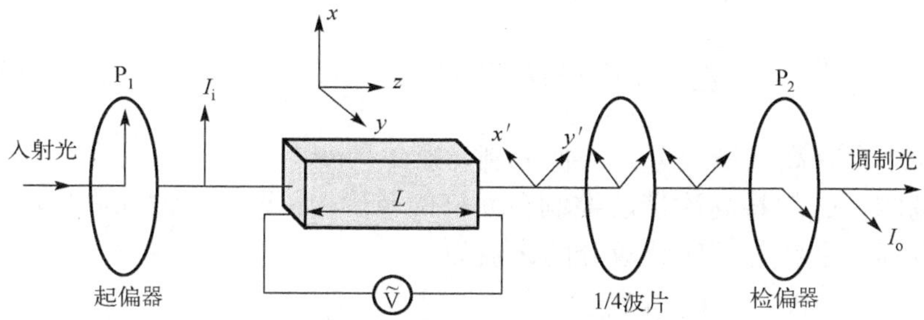

图 3.8　纵向电光强度调制

光的偏振

由第 2 章知识，调制器的透过率

$$T=\frac{I_\mathrm{o}}{I_\mathrm{i}}=\sin^2\left(\frac{\Delta\varphi}{2}\right)=\sin^2\left(\frac{\pi}{2}\frac{V}{V_\pi}\right) \tag{3.17}$$

根据以上关系式可绘出光强调制特性曲线，如图 3.9 所示.

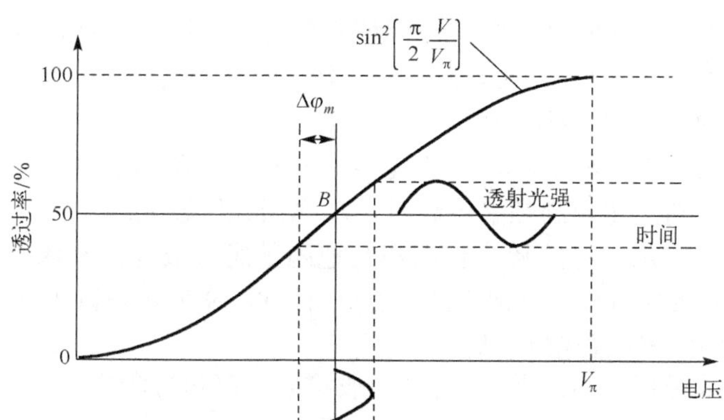

图 3.9　电光调制特性曲线

在一般情况下，调制器的输出特性与外加电压的关系是非线性的. 若调制器工作在非线性区，则调制光强将发生畸变. 为了获得线性调制，可以通过引入一个固定的π/2 相位延迟，使调制器的电压偏置在 $T=50\%$ 的工作点上.

常用的办法有两种：①调制晶体上除了施加信号电压之外，再附加一个 $V_{\pi/2}$ 的固定偏压，但此法会增加电路的复杂性，而且工作点的稳定性也差. ②调制光路如图 3.8 所示，在调制器的光路上插入一 1/4 波片，其快慢轴与晶体的主轴 x 成 45°角，从而使 $E_{x'}$ 和 $E_{y'}$ 两

个分量之间产生π/2 的固定相位差. 于是总相位差为 $\Delta\varphi = \frac{\pi}{2} + \pi\frac{V_m}{V_\pi}\sin\omega_m t = \frac{\pi}{2} + \Delta\varphi_m \sin\omega_m t$，那么调制的透过率可表示为

$$T = \frac{I_o}{I_i} = \sin^2\left(\frac{\pi}{4} + \frac{\Delta\varphi_m}{2}\sin\omega_m t\right) = \frac{1}{2}[1 + \sin(\Delta\varphi_m \sin\omega_m t)] \tag{3.18}$$

利用贝塞尔函数将上式中的 $\sin(\Delta\varphi_m \sin\omega_m t)$ 展开得

$$T = \frac{1}{2} + \sum_{n=0}^{\infty}\{\mathrm{J}_{2n+1}(\Delta\varphi_m)\sin[(2n+1)\omega_m t]\} \tag{3.19}$$

可见，输出的调制光中含有高次谐波分量，使调制光发生畸变.

为了获得线性调制，必须将高次谐波控制在允许的范围内. 设基频波和高次波的幅值分别为 I_1 和 I_{2n+1}，则高次谐波与基频波成分的比值为

$$\frac{I_{2n+1}}{I_1} = \frac{\mathrm{J}_{2n+1}(\Delta\varphi_m)}{\mathrm{J}_1(\Delta\varphi_m)} \qquad (n = 0,1,2,\cdots) \tag{3.20}$$

若取 $\Delta\varphi_m = 1\text{rad}$，则 $\mathrm{J}_1(1) = 0.44$，$\mathrm{J}_3(1) = 0.02$，$I_3 / I_1 = 0.045$，即三次谐波为基波的 5%. 在这个范围内可近似获得线性调制，因而取

$$\Delta\varphi_m = \pi\frac{V_m}{V_\pi} \leqslant 1\text{rad} \tag{3.21}$$

作为线性调制的判据.

为了获得线性调制，在图 3.8 中，要求调制信号不宜过大(小信号调制)，那么输出光强调制波就是调制信号 $V = V_m \sin\omega_m t$ 的线性复现. 如果 $\Delta\varphi_m \leqslant 1\text{rad}$ 的条件不能满足(大信号调制)，则光强调制波就要发生畸变.

纵向电光调制器具有结构简单、工作稳定、不存在自然双折射的影响等优点. 其缺点是半波电压太高，特别是在调制频率较高时，功率损耗比较大.

贝塞尔函数是贝塞尔方程的解，它们和其他函数组合成柱调和函数. 除初等函数外，在物理和工程中，贝塞尔函数是最常用的函数，它们以 19 世纪德国天文学家贝塞尔的姓氏命名，他在 1824 年第一次描述过它们.

一般贝塞尔函数是指下列常微分方程(一般称为贝塞尔方程)的标准解函数 $y(x)$：

$$x^2\frac{\mathrm{d}^2 y}{\mathrm{d}x^2} + x\frac{\mathrm{d}y}{\mathrm{d}x} + (x^2 - \alpha^2)y = 0$$

贝塞尔函数的具体形式随上述方程中任意实数 α 的变化而变化(相应地，α 被称为其对应贝塞尔函数的阶数). 实际应用中最常见的情形是 α 为整数 n，对应解称为 n 阶贝塞尔函数.

2. 横向电光调制

横向电光调制按照沿 z 轴方向加电场，通光方向垂直于 z 轴，并与 x 轴或 y 轴成 45°夹角(晶体沿-z 方向 45°角切割)，如图 3.10 所示.

此处主要针对第三种形式做详细讨论，其所加电场方向及通光方向如图 3.10 所示. 同纵向运用，偏振光进入晶体后，将分解为沿 x' 和 z 方向振动的两个分量，其折射率分别为 $n_{x'}$

和 n_z. 若通光方向的晶体长度为 L，厚度(两电极间的距离)为 d，外加电压 $V=Ed$，则从晶体出射两光波的相位差为

$$\Delta\varphi=\frac{2\pi}{\lambda}(n_{x'}-n_z)L=\frac{2\pi}{\lambda}\left[(n_o-n_e)L-\frac{1}{2}n_o^3\gamma_{63}\left(\frac{L}{d}\right)V\right] \tag{3.22}$$

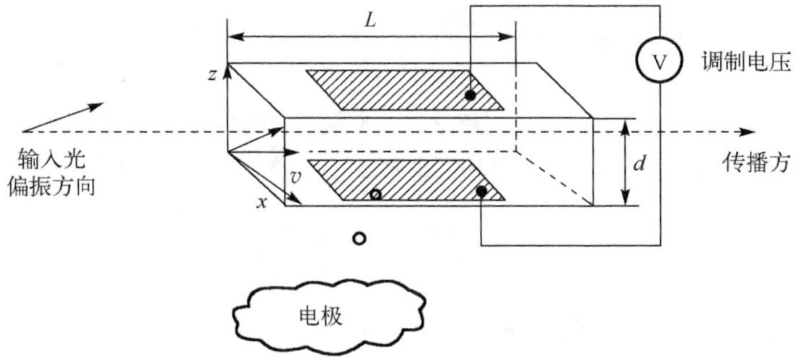

图 3.10 横向电光调制示意图

由(3.22)式可得 KDP 晶体的 γ_{63} 横向电光效应使光波通过晶体后的相位延迟包括两项. 第一项是与外电场无关的晶体本身的自然双折射引起的相位延迟，此项对调制器的工作没有什么贡献，而且当晶体温度变化时，还会带来不利影响，应设法消除. 晶体的自然双折射现象：光束入射到各向异性的晶体，分解为两束振动方向互相垂直且沿不同方向折射的线偏振光的现象，如图 3.11 所示.

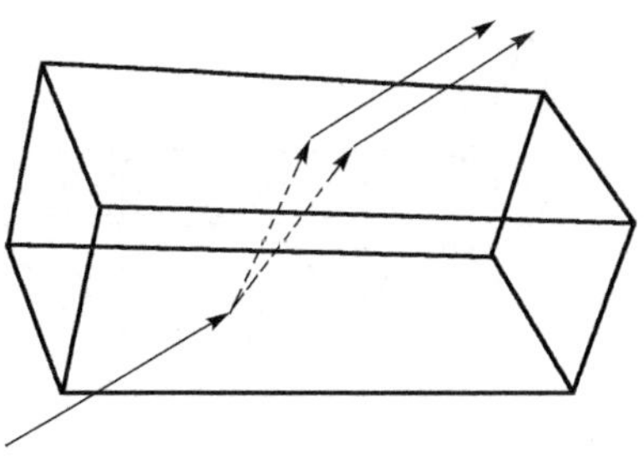

图 3.11 晶体的自然双折射现象

第二项是外电场作用产生的相位延迟，它与外加电压 V 和晶体的尺寸 L/d 有关，若适当地选择晶体的尺寸，则可以降低半波电压.

KDP 晶体横向电光调制的主要缺点是存在自然双折射引起的相位延迟，这意味着在没有外加电场时，通过晶体的线偏振光的两偏振分量之间就有相位差存在，当晶体因温度变化而引起折射率 n_o 和 n_e 的变化时，两光波的相位差发生漂移.

在 KDP 晶体的横向运用中，自然双折射的影响会导致调制光发生畸变，甚至使调制器不能工作. 所以，除了尽量采取一些措施(如散热、恒温等)以减小晶体温度的漂移之外，主要是采用一种“组合调制器”的结构予以补偿. 在实际应用中，补偿方式有两种：一种方法是将两块尺寸、性能完全相同的晶体的光轴互成 90°串联排列，即一块晶体的 z_1 和 x_1 轴分别与另一块晶体的 x_2 和 z_2 平行，如图 3.12 所示.

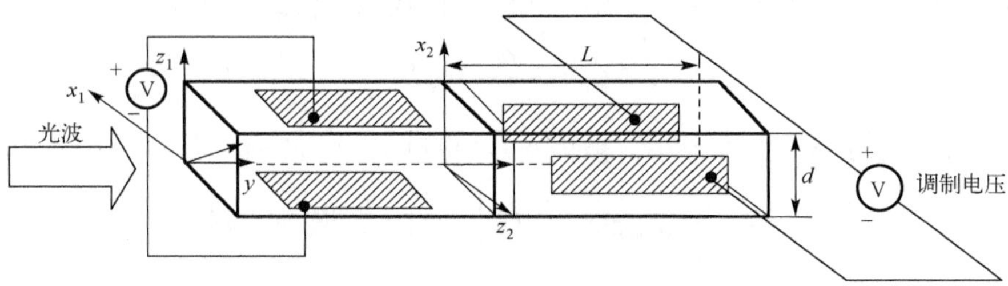

图 3.12 双晶体串联补偿示意图

另一种方法是，两块晶体的 z 轴和 y'轴互相反向平行排列，如图 3.13 中间放置 1/2 波片. 这两种方法的补偿原理是相同的. 外电场沿 z 轴(光轴)方向，但在两块晶体中电场相对于光轴反向，当线偏振光沿 y'轴方向入射第一块晶体时，电矢量分解为沿 z 方向的 e_1 光和沿 x'方向的 o_1 光两个分量，当它们经过第一块晶体之后，两束光的相位差

$$\Delta\varphi_1 = \varphi_{x'} - \varphi_z = \frac{2\pi}{\lambda}\left(n_o - n_e + \frac{1}{2}n_o^3\gamma_{63}E_z\right)L \tag{3.23}$$

经过 1/2 波片后，图 3.13 中两束光的偏振方向各旋转 90°，经过第二块晶体后，原来的 e_1 光变成了 o_1 光、o_2 光变成 e_2 光，则它们经过第二块晶体后，其相位差

$$\Delta\varphi_2 = \varphi_z - \varphi_{x'} = \frac{2\pi}{\lambda}\left(n_e - n_o + \frac{1}{2}n_o^3\gamma_{63}E_z\right)L \tag{3.24}$$

于是，通过两块晶体之后的总相位差为

$$\Delta\varphi = \Delta\varphi_1 + \Delta\varphi_2 = \frac{2\pi}{\lambda}n_o^2\gamma_{63}V\frac{L}{d} \tag{3.25}$$

因此，若两块晶体的尺寸、性能及受外界影响完全相同，则自然双折射的影响即可得到补偿.

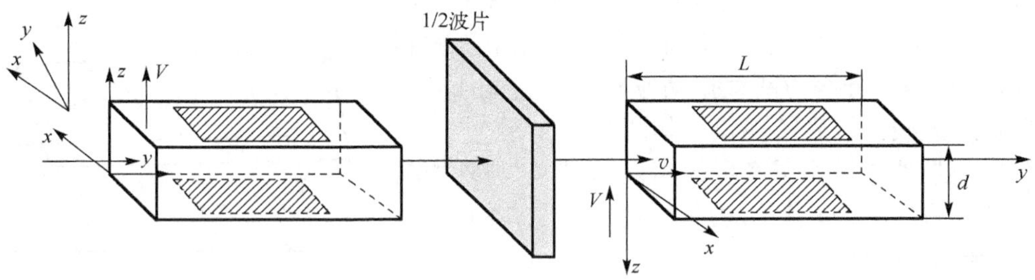

图 3.13　1/2 波片补偿示意图

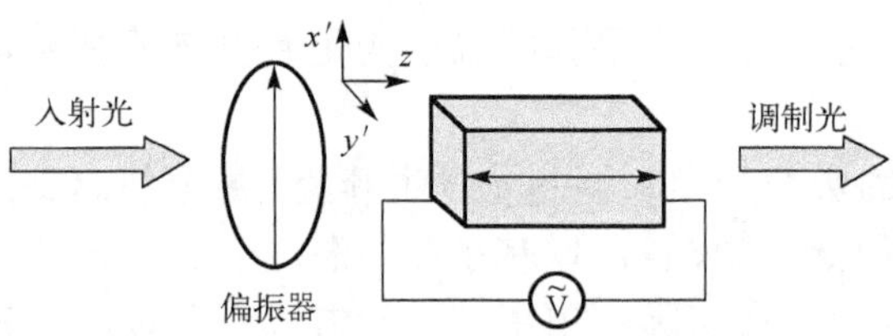

图 3.14　电光相位调制原理图

3.2.2　相位调制

电光相位调制的原理图如图 3.14 所示，它由起偏器和电光晶体组成. 由于起偏器偏振方向平行于晶体的感应主轴，因此入射到晶体内的线偏振光不再分解为沿 x' 和 y'两个分量，而是沿着这两个方向中某一方向振动(x'或 y')，因此外电场不改变出射光的偏振状态，仅改变其相位，相位变化为

$$\Delta\varphi_{x'} = -\frac{\omega_c}{c}\Delta n_{x'}L \tag{3.26}$$

设外加电场 $E_z = E_m\sin\omega_m$，则在晶体入射面($z = 0$)处的光场 $E_i=A_c\cos\omega_m t$，故输出光场($z = L$)为 $E_o = A_c\cos\left[\omega_c t - \frac{\omega_c}{c}\left(n_o - \frac{1}{2}n_o^3\gamma_{63}E_m\sin\omega_m t\right)L\right]$，略去常数项，则上式可写成

$$E_{out} = A_c\cos(\omega_c t + m_\varphi\sin\omega_m t) \tag{3.27}$$

式中，$m_\varphi = \dfrac{\pi n_o^3 \gamma_{63} E_m L}{\lambda}$ 为相位调制系数，利用贝塞尔函数展开(3.27)式便可得到相位变化(3.26)式.

【例 3.1】

为了降低电光调制器的半波电压，采用 4 块沿 z 方向切割的 KDP 晶体连接(光路串联、电路并联)成纵向串联式结构.(1)问为了使 4 块晶体的电光效应逐块叠加，各晶体的 x 和 y 轴取向应如何？(2)若$\lambda = 0.628\text{mm}$，$n_o = 1.51$，$\gamma_{63} = 23.6\times10^{-12}\text{m/V}$，计算其半波电压，并与单块晶体调制器比较之.

解 (1)为了使晶体对入射的偏振光的两个分量的相位延迟皆有相同的符号，则把晶体 x 和 y 轴逐块旋转 90°安置，z 轴方向一致，如图 3.15 所示.

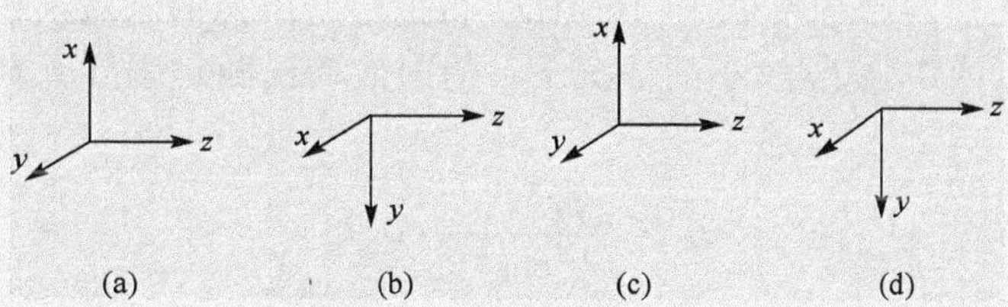

图 3.15 晶体坐标轴旋转

(2)四块晶体叠加后，每块晶体的电压为

$$V'_{\frac{\lambda}{2}} = \frac{1}{4}V_{\frac{\lambda}{2}} = \frac{1}{4}\times\frac{\lambda}{2n_o^3\gamma_{63}} = \frac{1}{4}\times\frac{0.628\times10^{-6}}{2\times1.51^3\times23.6\times10^{-12}} = 966(\text{V})$$

而单块晶体的半波电压为

$$V_{\frac{\lambda}{2}} = \frac{\lambda}{2n_o^3\gamma_{63}} = \frac{0.628\times10^{-6}}{2\times1.51^3\times23.6\times10^{-12}} = 3864(\text{V})$$

是前者的 4 倍.

3.3 声光调制

声光调制是利用声光效应将信息加载于光频载波上的一种物理过程. 调制信号是以电信号(调幅)形式作用于电-声换能器上而转化为以电信号形式变化的超声场，当光波通过声光介质时，由于声光作用，所以光载波受到调制而成为“携带”信息的强度调制波，其调制器结构原理如图 3.16 所示. 通常是在透明玻璃和晶体等超声介质中产生超声波，引起周期性的折射率变化而成为相位型衍射栅，此时如果让激光束入射到超声介质中，激光束就产生衍射，衍射光的强度和方向随超声波的强度和频率的状态而变化达到调制作用.

3.3.1 工作原理

由第 2 章内容可知，无论是拉曼-奈斯衍射还是布拉格衍射，其效率均与附加相位延

迟因子 $v=\frac{2\pi}{\lambda}\Delta nL$ 有关，声致折射率差 Δn 正比于弹性应变 S 幅值，而 S 正比于声功率 P_s，故当声波场受到信号的调制使声波振幅随之变化时，衍射光强也将随之做相应的变化.

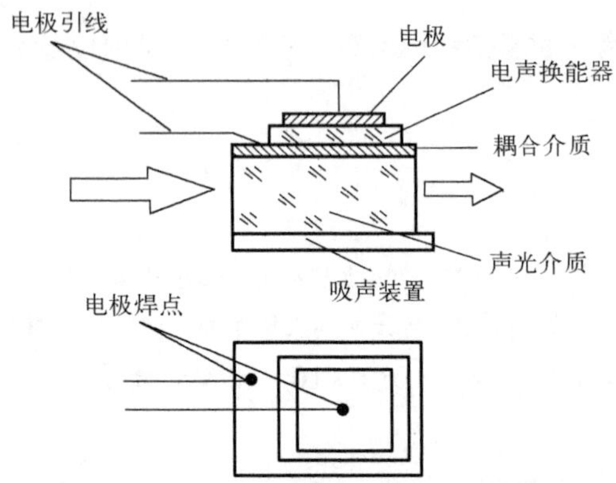

图 3.16　声光调制器原理图

布拉格声光调制特性曲线与电光强度调制相似，如图 3.17 所示. 由图可得，衍射效率 η_s 与超声功率 P_s 是非线性调制曲线形式，为了使调制波不发生畸变，则需要加超声偏置，使其工作在线性较好的区域.

拉曼-奈斯型衍射调制器的工作原理如图 3.18(a)所示，工作声源频率低于 10MHz. 布拉格型声光调制器工作原理如图 3.18(b)所示. 在声功率 P_s(或声强 I_s)较小的情况下，衍射效率 η_s 随声强度 I_s 单调地增加(呈线性关系)

$$\eta_s \approx \frac{\pi^2 L^2}{2\lambda^2 \cos^2\theta_B} M_2 I_s \tag{3.28}$$

$\cos\theta_B$ 因子是考虑了布拉格角对声光作用的影响. 由此可见，若对声强加以调制，衍射光强也就受到了调制. 布拉格衍射由于效率高，且调制带宽较宽，故多被采用.

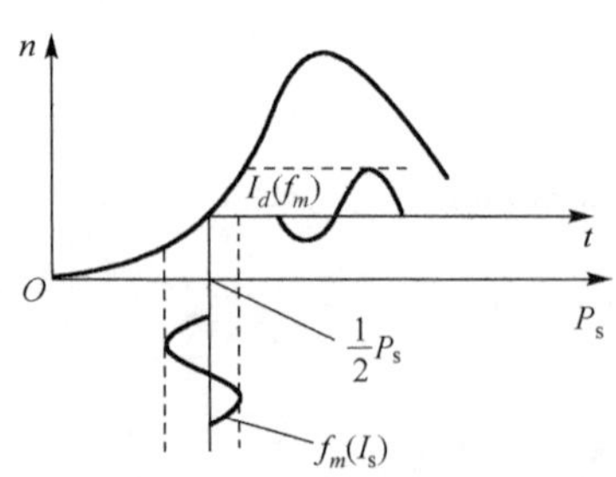

图 3.17　声光调制特性曲线

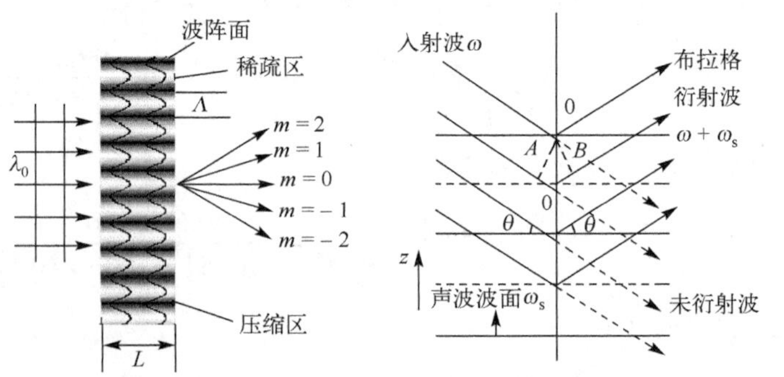

(a) 拉曼-奈斯型　　(b) 布拉格型

图 3.18　声光调制

3.3.2　调制参量

1. 调制带宽

调制带宽是衡量能否无畸变地传输信息的一个重要指标，它受布拉格带宽限制. 对于布拉格声光调制器而言，在理想的平面光波和声波情况下，波矢量是确定的，因此对于给定入射角和波长的光波，只有一个确定的频率和波矢的声波才能满足布拉格条件. 根据布拉格衍射方程，得到允许的声频带宽 Δf_s 与布拉格角的可能变化量 $\Delta\theta_s$ 之间的关系为

$$\Delta f_s = \frac{2nv_s\cos\theta_B}{\lambda}\Delta\theta_s \tag{3.29}$$

式中，$\Delta\theta_s$ 为光束和声束的发散引起的入射角和衍射角的变化量，也就是布拉格角的允许变化量. 现设入射光束的发散角为$\delta\theta_i$，声波束的发散角为$\delta\phi$，对于衍射受限制的波束，这些波束发散角与波长和束宽的关系分别近似为

$$\delta\theta_i \approx \frac{2\lambda}{\pi n w_0}, \qquad \delta\phi \approx \frac{\lambda_s}{D} \tag{3.30}$$

式中，w_0 为入射光束束腰半径；n 为介质的折射率；D 为可得到调制带宽. 则入射角的覆盖范围为

$$\Delta\theta = \Delta\theta_i + \Delta\varphi \tag{3.31}$$

于是，根据第 2 章知识可得调制带宽

$$(\Delta f)_m = \frac{1}{2}\Delta f_s = \frac{2nv_s}{\pi\omega_0}\cos\theta_B \tag{3.32}$$

从(3.32)式可以看出，声光调制器带宽与声波穿过光束直径成反比，用小尺寸的光束可得到较大的调制带宽. 但要求光束发散角不能太大，否则 0 级和 1 级衍射光束将会部分重叠，降低调制效果. 一般要求光束发散角小于布拉格角，于是可得

$$\frac{(\Delta f)_m}{f_s} \approx \frac{\Delta f}{f_s} < \frac{1}{2} \tag{3.33}$$

即最大的调制带宽$(\Delta f)_m$近似等于声频率f_s的一半. 因此，大的调制带宽要采用高频布拉格衍射才能得到.

2. 衍射效率

声光调制器的另一重要参量是衍射效率. 根据第 2 章内容，要得到 100%的调制所需要的声强度为

$$I_s = \frac{\lambda^2\cos^2\theta_B}{2M_2L^2} \tag{3.34}$$

所需的声功率

$$P_s = HLI_s = \frac{\lambda^2\cos^2\theta_B}{2M_2}\cdot\frac{H}{L} \tag{3.35}$$

声光材料的品质因数 M_2 越大，欲获得 100%的衍射效率所需要的声功率越小. 而且电声换能器的截面应做得长(L 大)而窄(H 小).

$$2\eta_s f_0\Delta f = M_1\frac{2\pi^2}{\lambda^3\cos\theta_B}\cdot\frac{P_s}{H} \tag{3.36}$$

式中，f_0 为声波中心频率；$M_1 = n^7P^2/\rho v_s = (nv_s^2)M_2$ 为表征声光材料的调制带宽特性的品质因数. M_1 值越大，声光材料制成的调制器所允许的调制带宽越大.

【例 3.2】

一个 $PbMoO_4$ 声光调制器，对 He-Ne 激光进行调制. 已知声功率 $P_s = 1W$，声光相互作用长度 $L = 1.8mm$，换能器宽度 $H = 0.8mm$，$M_2 = 36.3\times10^{-15}s^3/kg$，试求 $PbMoO_4$ 声光调制器的布拉格衍射效率.

解 由布拉格衍射效率

$$\eta_s = \sin^2\left(\frac{\pi L}{\sqrt{2}\lambda}\sqrt{\frac{L}{H}M_2 P_s}\right)$$

可得声光调制器的布拉格衍射

$$\eta_s = \sin^2\left(\frac{\pi L}{\sqrt{2}\times 632.8\times10^{-9}}\sqrt{\frac{1.8\times10^{-3}}{0.8\times10^{-3}}\times 36.3\times10^{-15}\times 1}\right) = \sin^2(31.7) = 11.1\%$$

3.3.3 声光匹配

为了充分利用声能和光能，认为声光调制器比较合理的情况是工作于声束和光束的发散角比 $\alpha \approx 1\left(\alpha = \dfrac{\Delta\theta_i(\text{光束发散角})}{\Delta\varphi(\text{声束发散角})}\right)$.

对于声光调制器，为了提高衍射光的消光比，希望衍射光尽量与 0 级光分开，要求衍射光中心和 0 级光中心之间的夹角大于 $2\Delta\varphi$，即大于 $8\lambda/\pi d_0$. 由于衍射光和 0 级光之间的夹角(即偏转角)等于 $\dfrac{\lambda}{v_s}f_s$，因此可分离条件为

$$f_s \geqslant \frac{8v_s}{\pi d_0} = \frac{8}{\pi\tau} \approx \frac{2.55}{\tau} \tag{3.37}$$

因为 $f_s = v_s/\lambda_s$，有 $\dfrac{1}{d_0} \leqslant \dfrac{\pi}{8\lambda_s}$，将其代入(3.35)式，得

$$\alpha = \frac{\lambda L}{2\lambda_s^2} \approx \frac{L}{2L_0} \tag{3.38}$$

当调制器满足最佳条件 $\alpha = 1.5$ 时，有

$$L = 3L_0 \tag{3.39}$$

由此确定换能器长度 L_0，再利用(3.37)式可得聚焦在声光介质中激光束的腰部直径为

$$d_0 = v_s = \frac{2.55v_s}{f_s} \tag{3.40}$$

根据上式便可以很好地选择适合的聚焦透镜.

【例 3.3】

一个声光调 Q 器件($L = 50mm$，$H = 5mm$)是用熔融石英材料做成的，用于连续 YAG

激光器调 Q. 已知声光器件的电声转换效率为 40%. 问: (1) 声光器件的驱动功率 P_s 应为多大? (2) 声光器件要工作于布拉格衍射区，其声场频率应为多少?

解 (1) 作为声光调 Q 器件，要求其衍射效率达 100%，此时需要的声功率为(注: M_w 是材料与水的品质因数比值，为 1/106)

$$P_s = 1.26\frac{H}{L}\cdot\frac{1}{M_w}\left(\frac{\lambda}{\lambda_r}\right)^2 = 1.26\times\frac{5}{50}\times\frac{1}{1/106}\times\left(\frac{1064}{632.8}\right)^2 = 37.8(\text{W})$$

若声光器件的电声转换效率为 40%，则所需声光器件的驱动功率为(实际上为所需加的电功率): $37.8/0.4 = 94.5(\text{W})$.

(2) 声光器件要工作于布拉格衍射区，其声场频率的大小应该由判据来定，即 $L \geqslant 2L_0$. 而 $L_0 = \lambda_s^2/\lambda = v_s^2/(f_s^2\lambda)$，所以

$$f_s \geqslant \sqrt{\frac{2v_s^2}{\lambda L}} = \frac{\sqrt{2}v_s}{\sqrt{\lambda L}} = \frac{\sqrt{2}\times 5.96\times 10^5}{\sqrt{1.06\times 10^{-4}\times 50\times 10^{-1}}} \approx 37(\text{MHz})$$

3.4 磁光调制

3.4.1 工作原理

磁光调制主要是应用法拉第旋转效应，即外加磁场作用下，使一束线偏振光在介质中传播时，其偏振方向发生角度为 θ 的旋转. 偏转角 θ 的大小与沿着光束方向的磁场强度 H 和光在介质中的传播距离 L 之积成正比，表示为

$$\theta = VHL \tag{3.41}$$

式中，V 为韦尔代常数，表示在单位磁场强度下线偏振光通过单位长度所发生的偏振方向偏转角度.

3.4.2 光强调制

磁光调制器结构如图 3.19 所示，为了获得线性调制，在垂直于光传播的方向上加一恒定磁场 H_{dc}，其强度足以使晶体饱和磁化. 工作时，高频信号电流通过线圈就会感生出平行于光传播方向的磁场，入射光通过 YIG 晶体时，由于法拉第旋转效应，其偏振面发生旋转，旋转角正比于磁场强度 H

$$\theta = \theta_s\frac{H_0\sin\omega_H t}{H_{dc}}L_0 \tag{3.42}$$

式中，θ_s 是单位长度饱和法拉第旋转角; $H_0\sin\omega_H t$ 是调制磁场. 如果再通过检偏器，就可以获得一定强度变化的调制光.

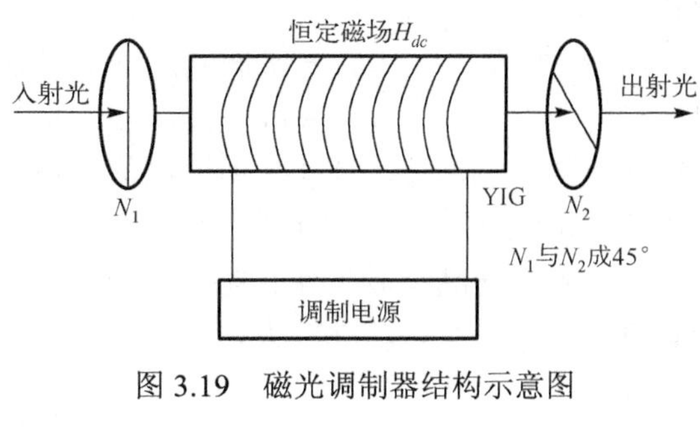

图 3.19 磁光调制器结构示意图

光隔离器

图 3.20　法拉第

小故事

1845 年法拉第(Faraday)(图 3.20)在探索电磁现象和光学现象之间的联系时，发现了一种现象：当一束平面偏振光穿过介质时，如果在介质中，沿光的传播方向加上一个磁场，就会观察到光经过样品后偏振面转过一个角度，亦即磁场使介质具有了旋光性，这种现象后来就称为法拉第效应.

3.5 内　调　制

内调制就是将调制信号(电信号)直接施加在半导体光源中(一般为激光二极管(LD)或半导体发光二极管(LED)等)，如图 3.21 所示，使其输出的光载波信号的强度随调制信号的变化而变化，又称为直接调制. 其特点为调制简单、损耗小、成本低，但存在波长(频率)的抖动.

根据调制信号的类型，直接调制又可以分为模拟调制和数字调制两种.

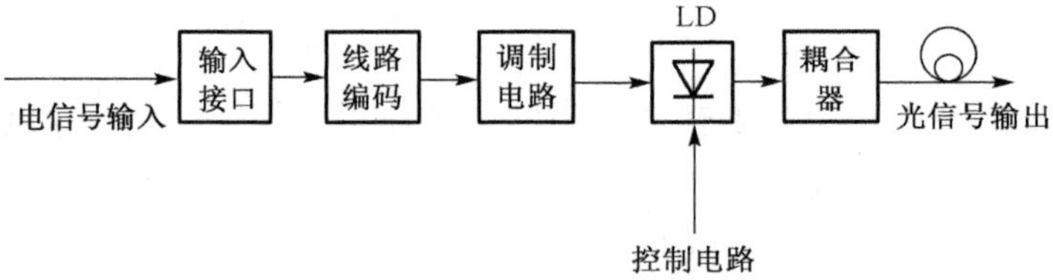

图 3.21　直接调制结构图

3.5.1　LD 调制原理

图 3.22 为砷镓铝双异质结注入式半导体激光器的输出功率与驱动电流的关系曲线. 当半导体激光器驱动电流大于阈值电流 I_{th} 时才开始发射激光，而且谱线宽度与辐射方向显著变窄，强度也大幅增加，而且随电流的增加呈线性增长.

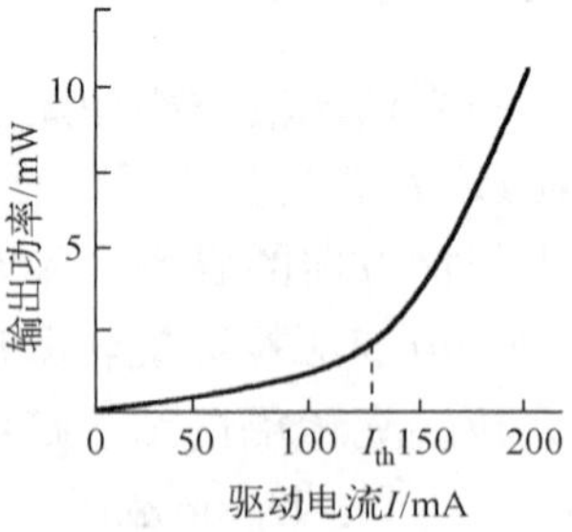

图 3.22　半导体激光器的输出特性

图 3.23 是半导体激光器调制原理以及输出光功率与调制信号的关系曲线. 为了获得线性调制，使工作点处于输出特性曲线的直线部分，必须在加调制信号电流的同时加一适当的偏置电流 I_b，这样就可以使输出的光信号不失真. 半导体激光器处于连续调制工作状态时，无论有无调制信号，由于有直流偏置，所以功耗较大，甚至引起温升，会影响或破坏器件的正常工作.

3.5.2 LED 调制特性

与半导体激光器有所不同，半导体 LED 由于不是阈值器件，它的输出光功率不随注入电流的变化而发生突变，因此，LED 的 *P-I* 特性曲线的线性比较好，图 3.24 给出了 LED 与 LD 的 *P-I* 特性曲线的比较. 由于其具有很好的线性特性，因此被广泛应用于模拟光纤通信系统中.

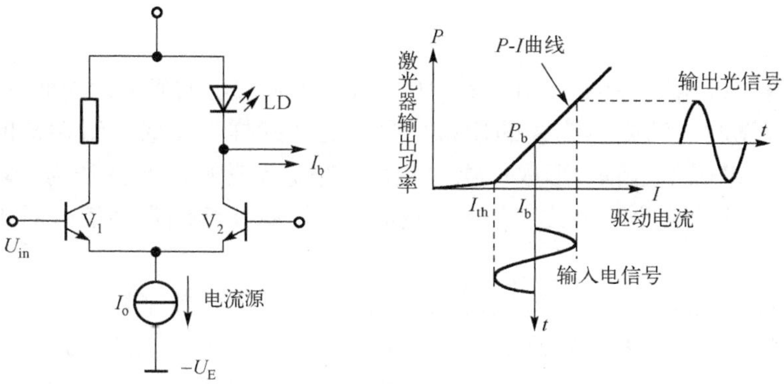

(a) 电原理图 (b) 调制特性曲线

图 3.23 半导体激光器调制

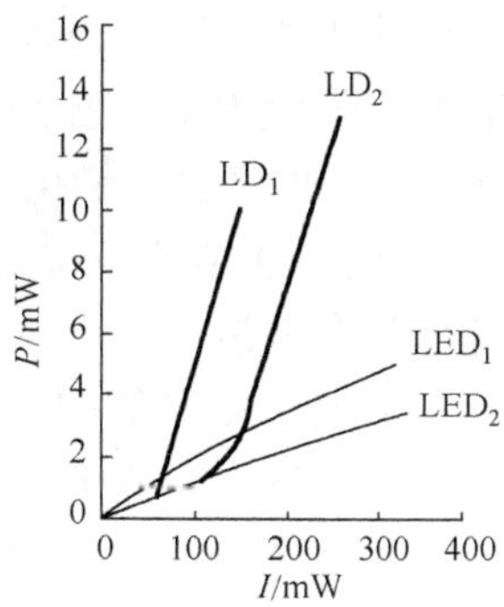

图 3.24 LED 与 LD 的 *P-I* 曲线比较

3.5.3 模/数调制

1. 模拟调制

无论是 LD 还是 LED 作光源，都要施加偏置电流 I_b 使其工作点处于 LD 或 LED 的 *P-I* 特性曲线的直线段，如图 3.25 所示. 其调制线性好坏与调制深度 m 有关，调制深度或调制指数是衡量模拟信号强度调制程度的一个重要参数. 对于 LED，调制深度定义为

$$m = \frac{\text{调制电流幅值}}{\text{偏置电流幅值}} = \frac{\Delta I}{\Delta I_b}$$

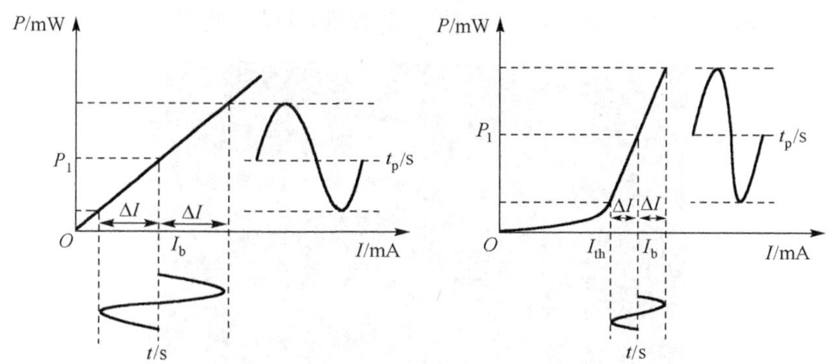

(a) LED工作特性 (b) LD工作特性

图 3.25 模拟信号激光强度调制

对于 LD，调制深度定义为

$$m=\frac{\text{调制电流幅值}}{\text{偏置电流幅值}-\text{阈值电流}}=\frac{\Delta I}{\Delta I_{\mathrm{b}}-I_{\mathrm{th}}}$$

从图中我们可以看出，当 m 较大时，调制信号幅度大，但此时线性较差；相反，当 m 较小时，虽然具有很好的线性，但其调制信号幅度较小.

2. 数字调制

如前所述，数字调制是用二进制数字信号“1”和“0”码对光源发出的光波进行调制. 而数字信号大都采用脉冲编码调制，即先将连续的模拟信号通过“抽样”变成一组调幅的脉冲序列，再经过“量化”和“编码”过程，形成一组等幅度、等宽度的矩形脉冲作为“码元”，结果将连续的模拟信号变成了脉冲编码数字信号. 然后，再用脉冲编码数字信号对光源进行强度调制.

由于数字光通信的突出优点，所以其有很好应用的前景. 首先，因为数字光信号在信道上传输过程中引进的噪声和失真，可采用间接中继器的方式去掉，故抗干扰能力强；其次，对数字光纤通信系统的线性要求不高，可充分利用光源(半导体激光器)的发光功率；最后，数字光通信设备便于和脉冲编码电话终端、脉冲编码数字彩色电视终端、电子计算机终端相连接，从而组成既能传输电话、彩色电视，又能传输计算机数据的多媒体综合通信系统.

3.6 激光偏转器

激光偏转器(或扫描器)是一种用于改变光束在空间传播方向的器件，它在激光雷达、激光加工、光存储、光显示及光通信等领域均有广泛的应用. 声光和电光偏转器是一种新型的激光偏转技术，相比于常规机械式偏转技术，其具有无机械转动、扫描速度快、扫描精度高等优点.

3.6.1 激光偏转技术

光偏转器就是改变光束传播方向，并按一定规律扫描的器件，如图 3.26 所示.

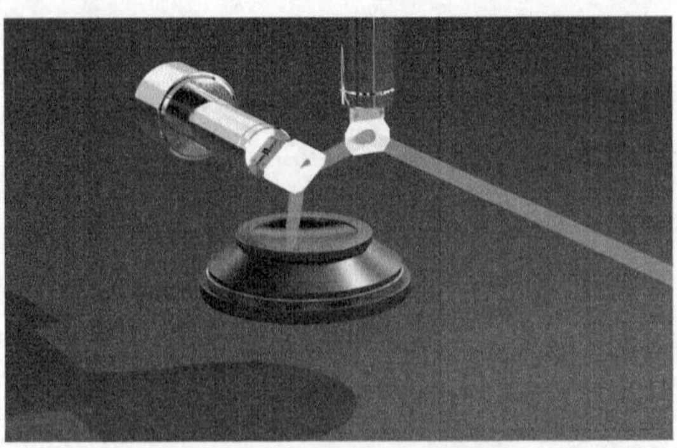

图 3.26 光偏转常见实例

偏转技术可分为宏观机械偏转技术、微观机械偏转技术、调制偏转技术.

1. 宏观机械偏转技术

利用精密电机带动光学元件的旋转或振动，可以改变光束入射角，从而实现反射光或透射光的偏转扫描. 常见的有摆动平面镜(振镜)、旋转反射棱镜、旋转折射棱镜、旋转折射光楔等，如图 3.27 所示.

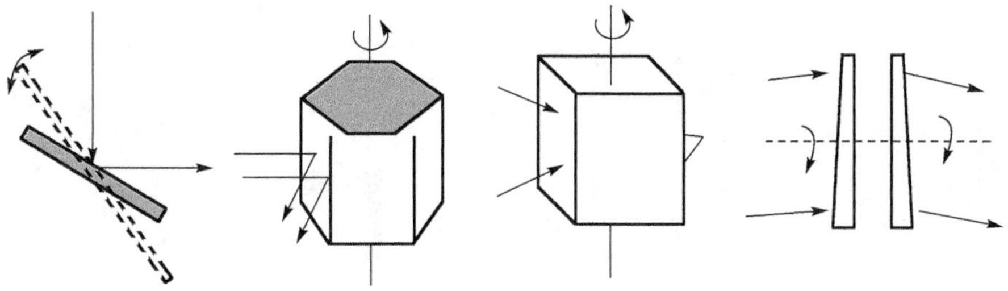

(a) 摆动平面镜　(b) 旋转反射棱镜　(c) 旋转折射棱镜　(d) 旋转折射光楔

图 3.27　宏观机械偏转技术

2. 微观机械偏转技术

利用微机电系统或压电陶瓷片带动微镜面，改变光束入射角，实现光束偏转扫描，如图 3.28 所示. 微镜面直径通常只有几毫米. 与传统宏观机械偏转镜相比，具有质量轻、体积小、生产成本低的优点. 常见的有压电扫描、MEMS 振镜等. 压电式扫描仪的扫描范围最高可达数十微米，MEMS 振镜的光学偏转角度较大(达到 10°以上)，常见的半固态激光雷达就是采用的 MEMS 振镜方案.

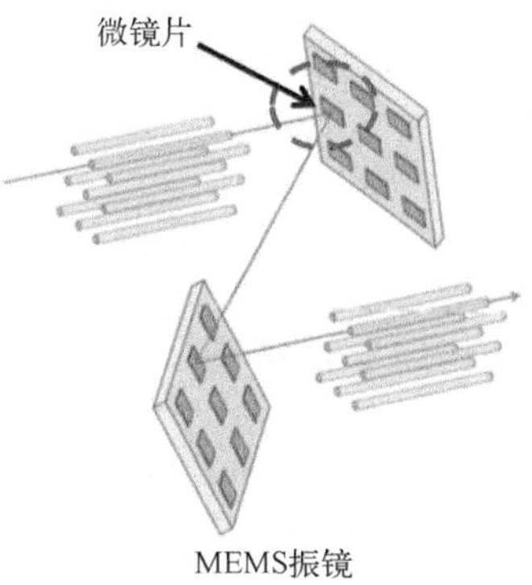

图 3.28　微观机械偏转技术 MEMS 实例

机械偏转的扫描角度大、偏转线性好、受温度影响小，且通光口径大、光损耗小，适用波长范围广，但缺点是扫描速度慢.

3. 调制偏转技术

利用电光效应、声光效应或液晶双折射等方式，可改变透明介质的折射率，实现透射光偏转，或利用光学相控阵，实现光束偏转扫描. 常见的调制偏转器是电光偏转器、声光偏转器、液晶相控阵、液晶偏振光栅、光学相控阵等，如图 3.29 所示.

3.6.2　电光偏转器

在外加电场作用下，各向同性的晶体介质变为各向异性的，从而产生折射率变化的现象，称为电光效应. 电光偏转器(electro-optic deflector，EOD)则依赖于电场作用下的材料折射率变化. 通常 EOD 有两种类型，如果折射率随电场线性变化，如在 $LiNbO_3$、$LiTaO_3$ 和 $KTiOPO_4$ 晶体中，这种电光效应称为泡克耳斯效应. 如果折射率随电场呈二次方变化，那么就是克尔效应或二次电光效应. 所有电光材料都表现出克尔效应，但通常克尔效应比泡克耳斯效应弱得多. 一个例外是钽铌酸钾($KTa_{1-x}Nb_xO_3$，简称 KTN)，它在特定温度下表现出极大的电光效应. 因此，基于 KTN 晶体的 EOD 比基于泡克耳斯效应的 EOD 表现出更大的偏转角和偏转速度.

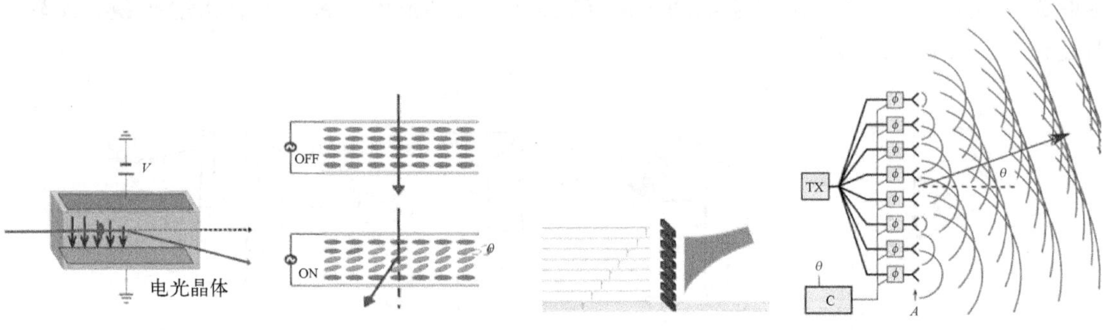

图 3.29　调制偏转技术实例

电光偏转器是利用电光效应来改变光束在空间的传播方向，其原理如图 3.30 所示. 光束沿 y 方向入射到长度为 L、厚度为 d 的电光晶体，如果晶体的折射率是坐标 x 的线性函数，即

$$n(x) = n + \frac{\Delta n}{d} x \tag{3.43}$$

用折射率的线性变化 $\frac{\mathrm{d}n}{\mathrm{d}x}$ 代替了 $\frac{\Delta n}{d}$，那么光束射出晶体后的偏转角 θ 可根据折射定律 $\sin\theta / \sin\theta' = n$ 求得. 设 $\sin\theta \approx \theta \ll 1$，则

$$\theta = n\theta' = -L\frac{\Delta n}{d} = -L\frac{\mathrm{d}n}{\mathrm{d}x} \tag{3.44}$$

式中的负号是由坐标系引进的，即 θ 由 y 转向 x 为负.

图 3.30 所示的是根据这种原理制成的双 KDP 楔形棱镜扫描器，它由两块 KDP 直角棱镜组成，棱镜的三个边分别沿 x'、y' 和 z 轴方向，但两块晶体的 z 轴反向平行. 光线沿 y' 方向传播且沿 x' 方向偏振. 在这种情况下，A 线完全在上棱镜中传播，“经历”的折射率为 $n_A = n_o - \frac{1}{2} n_o^3 \gamma_{63} E_x$. 而在下棱镜中，B 线“经历”的折射率为 $n_B = n_o + \frac{1}{2} n_o^3 \gamma_{63} E_x$. 于是上、下折射率之差($\Delta n = n_B - n_A$)为 $n_o^3 \gamma_{63} E_x$. 得

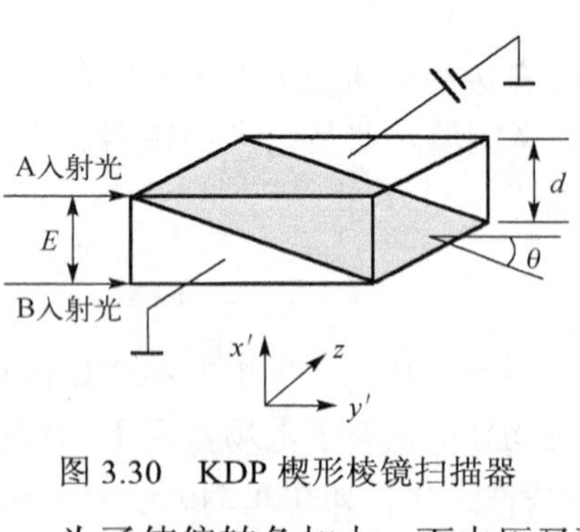

图 3.30　KDP 楔形棱镜扫描器

$$\theta = \frac{L}{d} n_o^3 \gamma_{63} E_x \tag{3.45}$$

为了使偏转角加大，而电压又不致太高，常将若干个 KDP 棱镜在光路上串联起来，构成长为 mL、宽为 d、高为 h 的偏转器，如图 3.30 所示. 两端的两块有一个角为 $\beta/2$，中间的

几块顶角为β的等腰三角棱镜，它们的 z 轴垂直于平面，棱镜的宽度与 z 轴平行，前后相邻的两棱镜的光轴反向，电场沿 z 轴方向. 各棱镜的折射率交替为 $n_o-\Delta n$ 和 $n_o+\Delta n$，其中 $\Delta n=\frac{1}{2}n_o^3\gamma_{63}E$. 故光束通过扫描器后，总的偏转角为每级(一对棱镜)偏转角的 m 倍，即

$$\theta_{总}=m\theta=\frac{mLn_o^3\gamma_{63}V}{hd} \tag{3.46}$$

一般 m 为 4～10，如图 3.31 所示，m 不能无限增加的主要原因是激光束有一定的尺寸，而 h 的大小有限，光束不能偏出 h 之外.

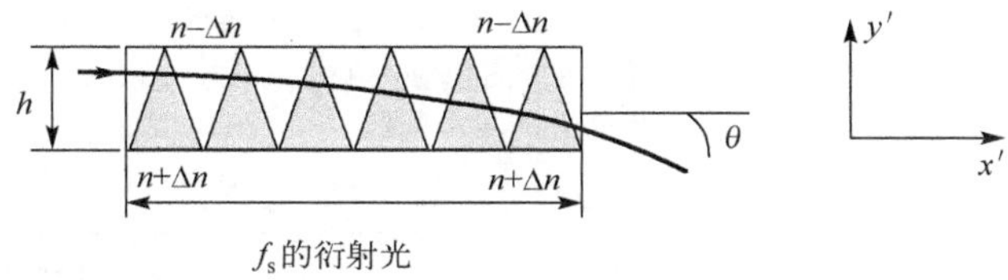

图 3.31　多级棱镜偏转器

图 3.32 显示 EOD 的两种典型结构. 图 3.32(a)显示棱镜是能使光偏折的基础，将电光晶体作为棱镜材料，通过电压控制棱镜与周围材料的折射率差，进而改变输出光束的偏转角度. 图 3.32(b)显示垂直于激光束传播方向的折射率梯度折射的 EOD，在这种结构中，激光束在通过晶体时被累积折射，基于 KTN 晶体的 EOD 就属于这种结构.

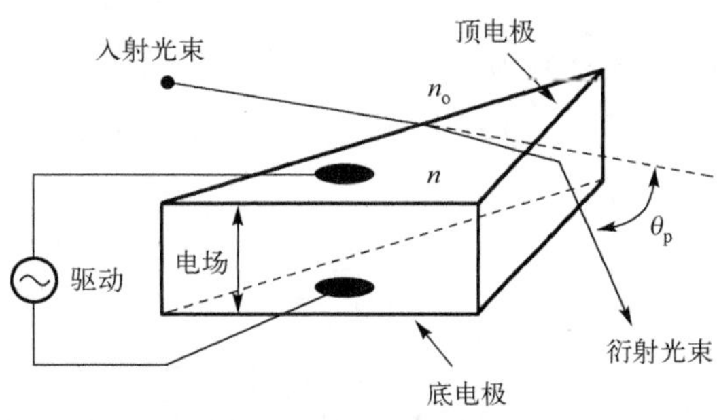

(a) 基于光学棱镜界面折射的EOD

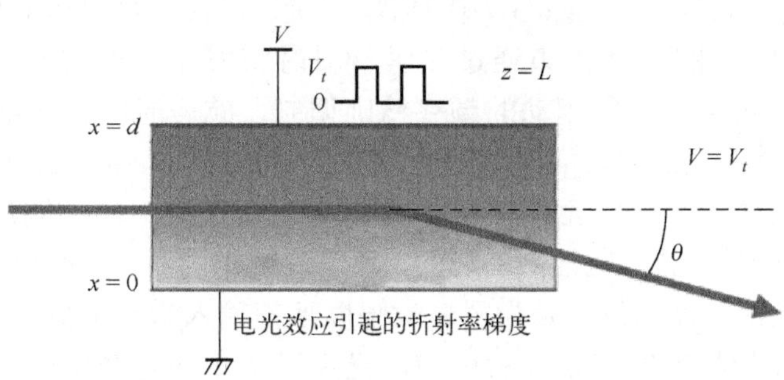

(b) 基于垂直于激光束传播方向的折射率梯度折射的EOD

图 3.32　EOD 典型结构

以基于 KTN 晶体的 EOD 为例，具有无机械振动、响应时间快、无惯性扫描的特点. 主要应用于光谱仪、激光脉冲整形、变焦透镜等方面. 其中关于变焦透镜，如图 3.33 所

示，通过控制 KTN 晶体的电压，可以在 1μs 内改变 87mm 的焦距，这比传统的变焦透镜快 100 倍.

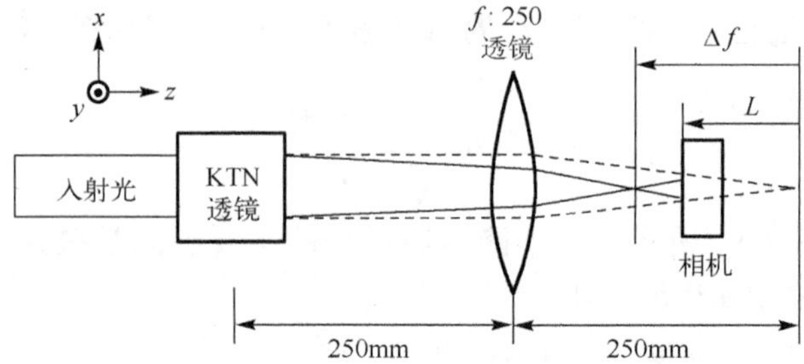

(a)利用KTN，在1200V时测得87mm的焦距变化，响应时间在1μs以内
焦距变化的测试装置

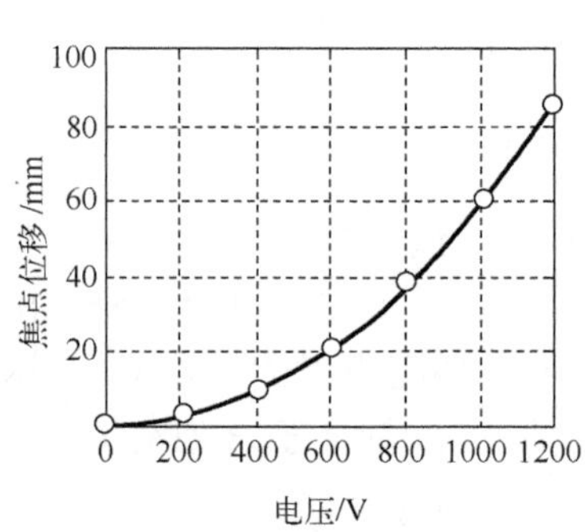

(b) 电压与焦点位移Δf

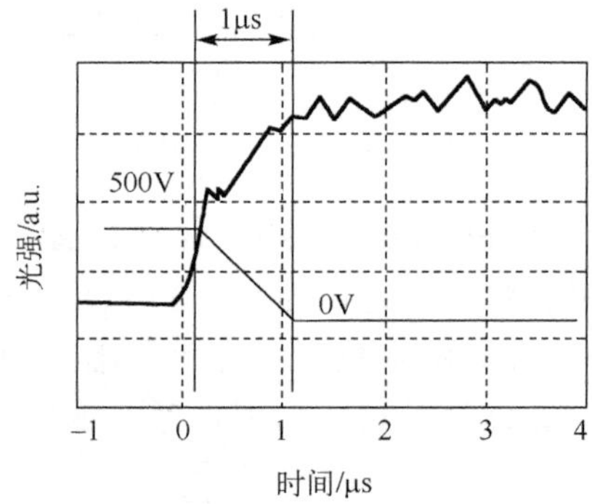

(c) 时间响应

图 3.33　基于 EOD 的变焦透镜

3.6.3　声光偏转器

1. 基本原理

声光偏转器(acousto-optic deflector，AOD)是基于声光效应的一种器件. 由于声波在光学透明材料(如 SiO_2、TeO_2 或 $PbMoO_4$)中传播，引起材料折射率周期性变化，这个周期性变化的折射率形成“光栅”，激光束通过光学材料时将发生衍射偏转. 当光发生衍射偏转时，其偏转角度可通过控制射频驱动的频率精确调制，响应时间在百纳秒内.

图 3.34 显示一个声光偏转器的典型配置. 它由一个声光晶体、压电换能器(通常是黏接或沉积在声光晶体上的一个压电元件)组成. 在射频驱动作用下，换能器将声波发射到晶体中，产生光栅. 在另一端，晶体通常是斜切的，并安装吸声材料，以避免声波反射回晶体. 对于大多数应用，声光偏转器的设计是为了最大限度地使输入激光束衍射到单个一级位置.

从前面的声光布拉格衍射理论分析可知，光束以 θ_i 角入射产生衍射极值应满足布拉格条件：$\sin\theta_B = \dfrac{\lambda}{2n\lambda_s}$，$\theta_i = \theta_d = \theta_B$. 布拉格角一般很小，可写为

$$\theta_B \approx \frac{\lambda}{2n\lambda_s} = \frac{\lambda}{2v_s} f_s \tag{3.47}$$

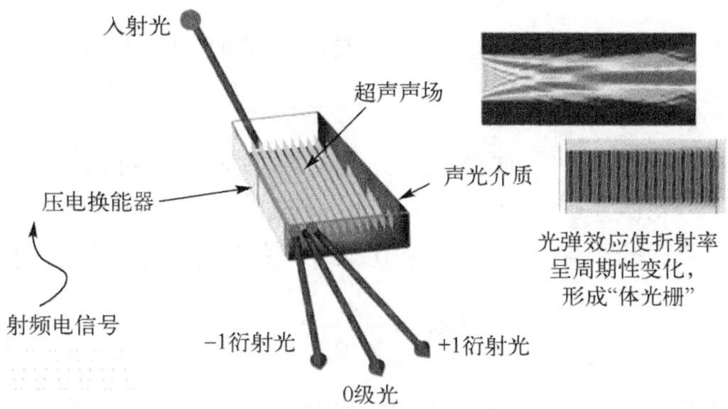

图 3.34 声光偏转器典型结构

故衍射光与入射光间的夹角(偏转角)等于布拉格角θ_B的 2 倍，即

$$\theta=\theta_i+\theta_d=2\theta_B=\frac{\lambda}{nv_s}f_s \tag{3.48}$$

可以看出，改变超声波的频率f_s，就可以改变其偏转角θ，从而达到控制光束传播方向的目的. 超声频率改变Δf_s引起光束偏转角的变化为

$$\Delta\theta=\frac{\lambda}{nv_s}\Delta f_s \tag{3.49}$$

这可用图 3.35 及声光波矢关系予以说明.

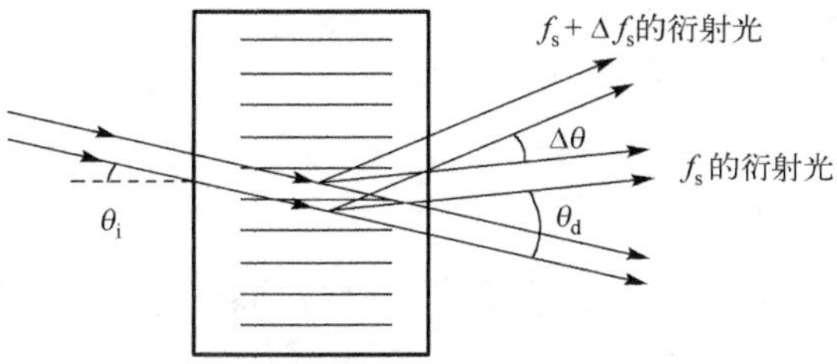

图 3.35 声光偏转器原理图

2. 性能参量

声光偏转器的主要性能参量有三个：可分辨点数、偏转时间τ和衍射效率η_s.

可分辨点数N定义为偏转角$\Delta\theta$和入射光束本身发散角$\Delta\phi$之比，即

$$N=\frac{\Delta\theta}{\Delta\phi}\qquad(\Delta\phi=R\lambda w) \tag{3.50}$$

式中，w为入射光束的宽度；R为常数，其值取决于所用光束的性质(均匀光束或高斯光束)和可分辨判据. 可分辨点数决定扫描器的容量.

上式可以写成

$$N\frac{1}{\tau}=\frac{1}{R}\Delta f_s \tag{3.51}$$

式中，$N\frac{1}{\tau}$称为声光扫描器的容量-速度积，表征单位时间内光指向的可分辨位置的数目. 偏转时间τ的倒数决定扫描器的速度.

声光偏转器具有无机械振动、速度快、分辨率高、随机访问式扫描的特点，主要应用于二维扫描、频谱分析、光镊系统、图像扫描、全息成像等. 其带宽受两种因素的限制，即受换能器带宽和布拉格带宽的限制. 因为声频改变时，相应的布拉格角也要改变，其变化量为

$$\Delta\theta_{\mathrm{B}}=\frac{\lambda}{2nv_{\mathrm{s}}}\Delta f_{\mathrm{s}} \tag{3.52}$$

因此要求声束和光束具有匹配的发散角. 声光扫描器一般采用准直的平行光束，其发散角很小，所以要求声波的发散角$\Delta\phi\geqslant\Delta\theta_{\mathrm{B}}$.

$$\frac{\Delta f_{\mathrm{s}}}{f_{\mathrm{s}}}\leqslant\frac{2n\lambda_{\mathrm{s}}^2}{\lambda L} \tag{3.53}$$

【例 3.4】

用 $PbMoO_4$ 晶体做成一个声光偏转器，取 $n=2.48$，$M_2=37.75\times10^{-15}\mathrm{s^3/kg}$，换能器宽度 $H=0.5\mathrm{mm}$. 声波沿光轴方向传播，声频 $f_{\mathrm{s}}=150\mathrm{MHz}$，声速 $v_{\mathrm{s}}=3.99\times10^5\mathrm{cm/s}$，光束宽度 $d=0.85\mathrm{cm}$，光波长$\lambda=0.5\mathrm{\mu m}$. (1)证明此声光偏转器只能产生正常布拉格衍射；(2)为获得 100%的衍射效率，声功率 P_{s} 应为多大？(3)若布拉格带宽 $\Delta f=125\mathrm{MHz}$，衍射效率降低多少？(4)求可分辨点数 N.

解 (1)根据题意得到$L=d=8.5\times10^{-3}\mathrm{m}$，而

$$L_0\approx\frac{n\lambda_{\mathrm{s}}^2}{4\lambda_0}=\frac{2.48\times(3.99/1.5)^2\times10^{-6}}{4\times0.5}=8.77\times10^{-5}(\mathrm{cm})$$

从而得到$L<L_0$，且满足布拉格衍射条件，所以此偏转器只能产生正常布拉格衍射.

(2)对于100%衍射效率的衍射光强$I_{\mathrm{s}}=\frac{\lambda^2\cos^2\theta_{\mathrm{B}}}{2M_2L^2}$，而衍射功率

$$P_{\mathrm{s}}=HLI_{\mathrm{s}}=\frac{\lambda^2\cos^2\theta_{\mathrm{B}}}{2M_2}\left(\frac{H}{L}\right)$$

所以衍射功率

$$P_{\mathrm{s}}=0.195\mathrm{W}$$

(3)若布拉格带宽$\Delta f=125\mathrm{MHz}$，则$\Delta\theta_{\mathrm{B}}=\frac{\lambda}{2nv_{\mathrm{s}}\cos\theta_{\mathrm{B}}}\Delta f_{\mathrm{s}}$，所以

$$2\eta_{\mathrm{s}}f_0\Delta f=\left(\frac{n^7P^2}{\rho v_{\mathrm{s}}}\right)\frac{2\pi^2}{\lambda^3\cos\theta_{\mathrm{B}}}\left(\frac{P_{\mathrm{s}}}{H}\right)$$

(4)由$N=\frac{\Delta\theta}{\Delta\phi}(\Delta\phi=R\lambda\omega)$，$N=\frac{\Delta\theta}{\Delta\phi}=\frac{\omega}{v_{\mathrm{s}}}\frac{\Delta f_{\mathrm{s}}}{R}$，所以

$$N=148$$

3.6.4 电光数字式偏转器

电光数字式偏转器是由电光晶体和双折射晶体组合而成的,其结构原理如图 3.36 所示. 图中 S 为 KDP 晶体,B 为方解石双折射晶体(分离棱镜),它能使线偏振光分成互相平行、振动方向垂直的两束光,其间隔 d 为分裂度,θ 为离散角(也称分裂角).

上述电光晶体和双折射晶体就构成了一个一级数字偏转器,入射的线偏振光随电光晶体上加和不加半波电压而分别占据两个“地址”之一,分别代表“0”和“1”状态.

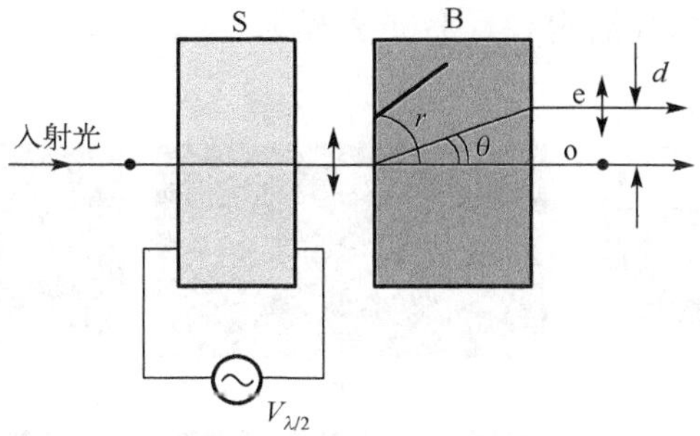

图 3.36 电光数字式偏转器原理

若把 n 个这样的数字偏转器组合起来,就能做到 n 级数字式偏转器. 图 3.37 所示为一个三级数字式电光偏转器,使入射光分离为 2^3 个偏转点的情况.

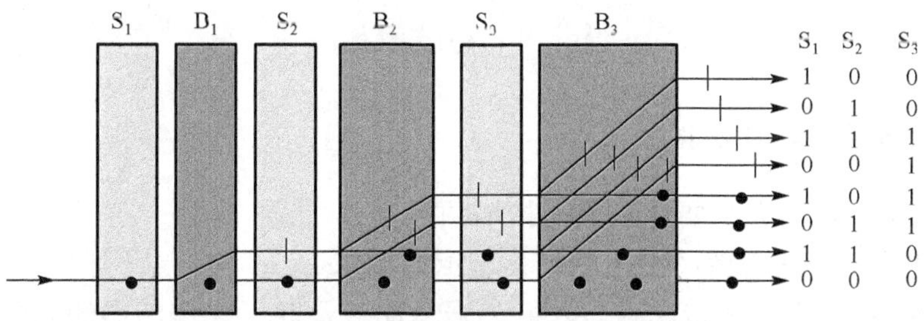

图 3.37 三级数字式电光偏转器

要使可偏转的位置分布在二维方向上,只要用两个彼此垂直的 n 级偏转器组合起来就可以实现. 这样就可以得到 $2^n \times 2^n$ 个二维可控偏转位置.

【例 3.5】

如果在偏转器中入射光束直径为 0.5cm,声速为 $4\times10^5\,\text{cm/s}$,当该偏转器的工作带宽为 100MHz 时,那么该偏转器的可分辨点数是多少?

解 已知条件有 $w=0.5\text{cm}$,$v_s=4\times10^5\,\text{cm/s}$,$R=1.0\sim1.3$,$\Delta f_s=100\text{MHz}$. 其超声波渡越时间为

$$\tau=\frac{w}{v_s}=\frac{0.5}{4\times10^5}=1.25\times10^{-6}\,(\text{s})$$

该器件的可分辨点数工作带宽为

$$N = \Delta f_s \tau / R = 100\times10^6 \times 1.25\times10^{-6} / R = 96 \sim 125$$

3.6.5 光偏转技术特点及应用

光偏转技术在消费电子、医疗、军事国防、通信等领域有广泛的应用，主要应用领域有三个方面：激光扫描、光通信、数字显示，如图 3.38 所示. 激光扫描主要是指激光雷达、3D 摄像头、条形码扫描、激光打印机、医疗成像；光通信主要指光分插复用器、光衰减器、光开关、光栅；数字显示指高清电视、激光微投影、数字影院、汽车抬头显示(HUD)、激光键盘、增强现实(AR)等.

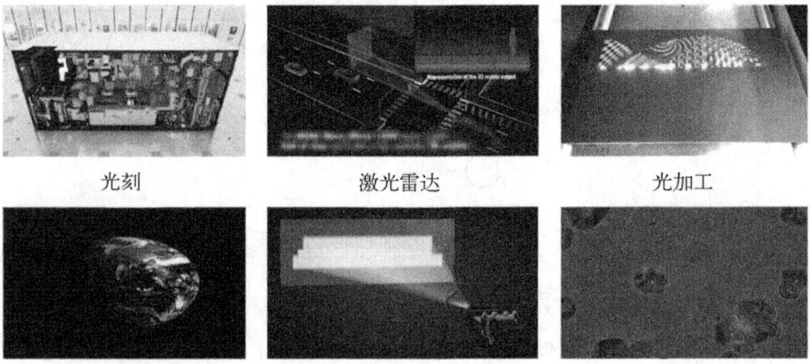

光刻　激光雷达　光加工

成像显示　光扫描　光镊

图 3.38　光偏转技术应用实例

1. 光偏转器的主要评价指标

(1) 偏转角 θ，它的大小要达到激光扫描的范围；

(2) 扫描速度 V，它需满足快速记录和显示的要求；

(3) 偏转效率 η，它是偏转光强与入射光强之比，反映了光偏转器的光能损失；

(4) 分辨率或在扫描范围内可分辨的点数 N，定义为 $N = \theta/\theta_d$，它能客观比较不同技术最大偏转角；

(5) 响应时间、损伤阈值、尺寸(孔径)、可偏转的激光波长范围、透明度、功耗(所需电压)等特性，决定了偏转器在特定应用中的适用性.

声光和电光偏转技术具有广泛的应用前景，本书结合光偏转器的主要评价指标，对声光和电光偏转器的基本原理及应用特点进行进一步的介绍和分析.

2. EOD 存在的不足及解决方案

(1) 损伤阈值小：以 KTN-EOD 为例，损伤阈值仅 0.26MW/cm^2，该方面目前受限于材料，并没有特别好的方法，只能是采取在使用条件许可情况下尽量通过增大口径来解决.

(2) 偏转角小：EOD 偏转角只能到 7.16°. 解决方案如图 3.39 所示. 方法一：通过多次反射以增加晶体长度，从而增大偏转角度；方法二：通过串联棱镜叠加效果，进而增大偏转角度.

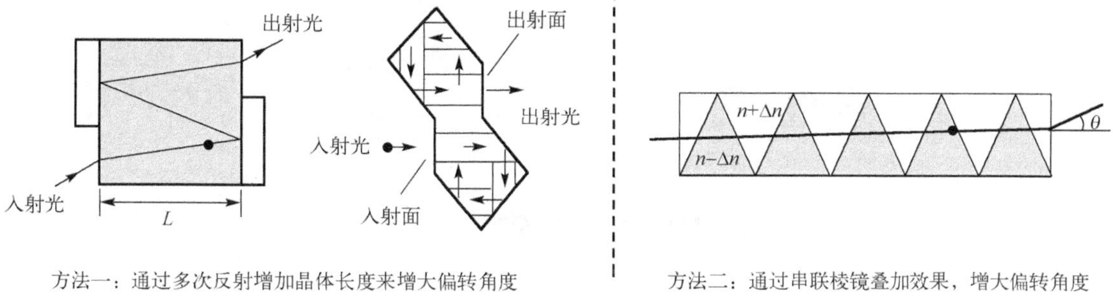

图 3.39　EOD 偏转角小的改善方案

(3) 分辨率低：KNT 偏转器的分辨点数 N 通常只能达到 50，一般可通过增大偏转角度或减少光束发散角来提高分辨率.

3. 声光偏转器存在的不足及解决方案

该器件分辨率低，常规声光偏转器的可分辨点数 N 最大只有 500. 其解决方案如图 3.40 所示. 方法一：通过镜面扫描和光偏转器(AOD 或 EOD)结合来弥补，提高可分辨点，实现高分辨率的应用. 方法二：可分辨点数正比于有效带宽 Δf，通过超声布拉格跟踪方式，来提高工作频带内的有效带宽. 超声布拉格跟踪是使超声主方向 a 能随频率变化，自动跟踪超声 b 方向，使 a 由多个换能片激发超声波相干叠加，保证倍频与带宽条件. 方法三：通过单晶多频方式，提高带宽，改善可分辨点数.

随着扫描速度的增加，声光偏转器将引入圆柱形聚焦效应. 即在高扫描速率下，声光偏转器内激光束的频率会有一个明显的线性变化，这通常被称为啁啾效应. 在输入激光束的相邻点间，会看到不同的频率，它们将以不同的扫描角度偏转. 因此，声光偏转器就像一个柱面透镜.

在实际应用中，这种效应可以通过在声光偏转器后增加一个具有相同焦距的圆柱形透镜来消除. 对于声光偏转器柱面透镜这个不足点，我们有一个更好的应用方案，即可变焦声光透镜(AOL). 它是利用啁啾信号，实现光场可变焦. 如图 3.41 所示，它是由四个正交 AOD 组成的球形 AOL，可以在三维空间中快速地引导和聚焦显微镜的激光束，它可实现有效带宽内 350mm 的变焦.

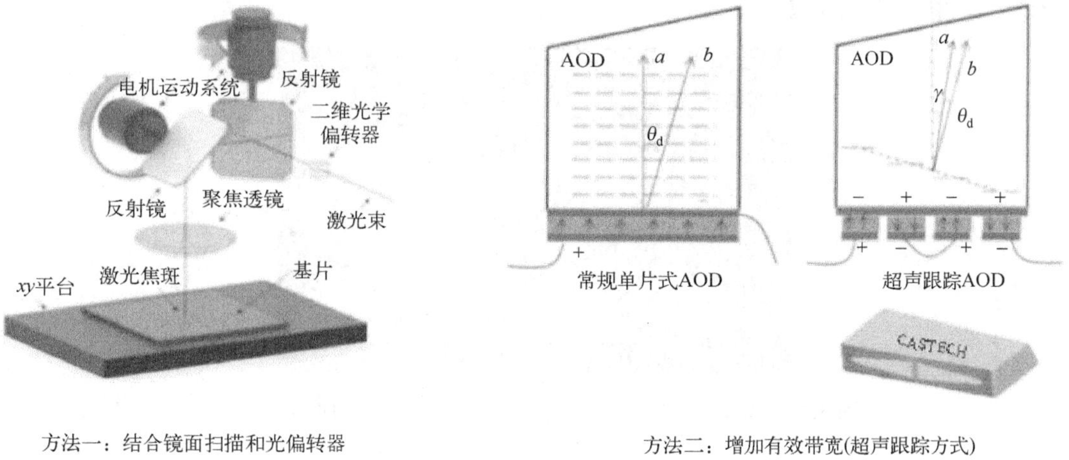

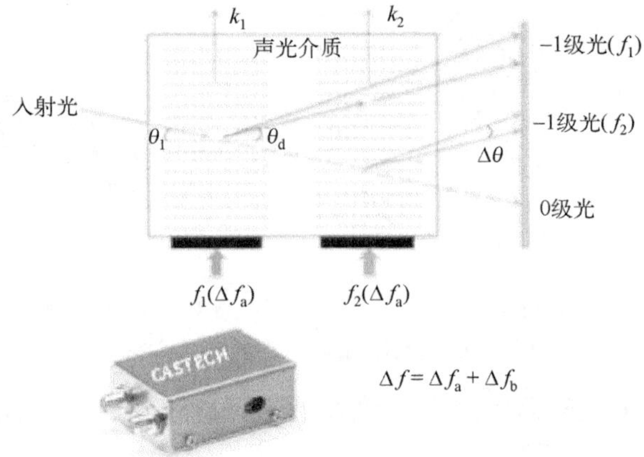

方法三：增加有效带宽(单晶多频方式)

图 3.40　声光偏转器可分辨点数小的改善方案

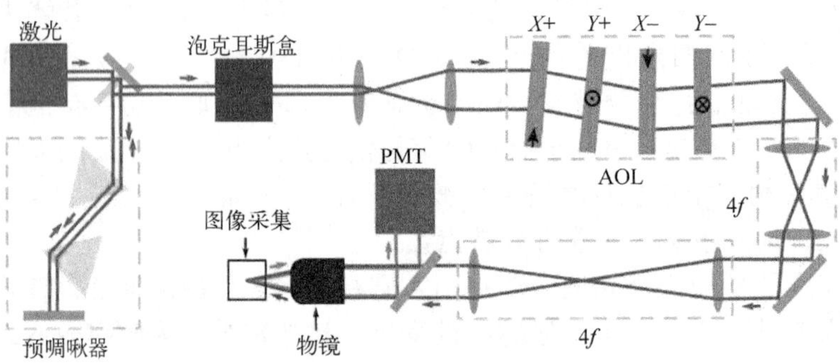

图 3.41　声光透镜示意图

光电科学家

石墨烯之父——安德烈·海姆

安德烈·海姆(图 3.42)和诺沃肖洛夫于 2004 年制成石墨烯材料. 这是目前世界上最薄的材料，仅有一个原子厚.

图 3.42　安德烈·海姆，科学家，2010 年诺贝尔物理学奖得主

现今，集成电路晶体管普遍采用硅材料制造，当硅材料尺寸小于 10nm 时，用它制造出的晶体管稳定性变差. 而石墨烯可以被刻成尺寸不到 1 个分子大小的单电子晶体管. 此外，石墨烯高度稳定，即使被切成 1nm 宽的元件，导电性也很好. 因此，石墨烯被普遍认为会最终替代硅，从而引发电子工业革命.

在光纤与芯片间的信息互联中，具有高调制速度、小尺寸和大的光带宽等优点的集成光调制器是必不可少的. 由于硅基光调制器的器件尺寸仍然在毫米量级，所以有很弱的电光性能. 而石墨烯具有优越的光子和电子性能，它与硅波导相结合构造的光调制器能够满足其速度高、宽带宽和体积小的需求.

工程与技术案例

全光纤保偏声光调制器检测甲烷气体的纯度

【背景】

全光纤保偏声光调制器(PAOM)是基于在光纤中传播的光场的多个空间模式间的声光耦合作用制成的，如图 3.43 所示. 当超声波在介质中传播时，将对介质的密度产生微小的周期性扰动，从而导致介质的折射率发生微小的周期性变化. 可将这种折射率的周期性变化认为是空间一系列以声速运动的反射镜，光在介质中传播时，被这些反射镜反射，使相位发生周期性变化，因此称为超声光栅. 扭转声波在光纤中传播时产生的超声光纤光栅是写在保偏光纤上的长周期光栅，它以一定角度周期性地扭转光纤主轴，使光的偏振态在纤芯模的两个正交简并模间转换.

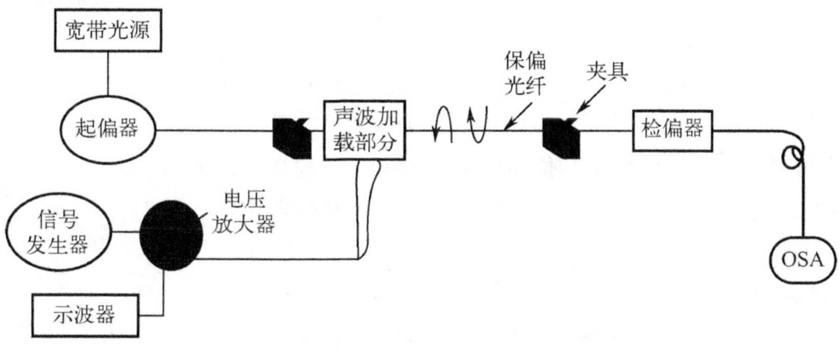

图 3.43　PAOM 原理结构图

【案例分析】

在宽带光源(这里使用 LED)的输出端放置一个偏振片作为起偏器，要求起偏器的偏振方向与 LP 的偏振方向垂直. 为避免声波对光源的影响，经过一段距离后，再将换能器产生的扭转声波耦合进光纤，与光波一同在光纤中传播合适的距离，发生声光相互作用. 经过声调制的光发生了偏振模间的耦合，最后，在相互作用区域的末端用声衰减器对声波进行衰减(以避免声波对光谱检测的干扰)，在输出端放置一个偏振片作为检偏器，通过改变偏振片的偏振方向，并用光谱仪对经过检偏器后的光波进行接收和检测，即可得到不同类型的滤波器. 当输出偏振片与输入偏振片偏振方向相同时，声光调制器可用作高通滤波器；当输出偏振片与输入偏振片偏振方向正交时，可用作低通滤波器.

【应用延伸】

已知甲烷和氧气的反应是放热反应，且这一化学反应放出的热量与甲烷浓度成正比，因此可巧妙地将甲烷浓度的测量转换为温度的测量. 针对甲烷和氧气的这一反应，我们可在传感光纤的表面涂覆一层金属，由于金属对甲烷和氧气的反应有催化作用，所以同等甲烷浓度差下的温度变化量加大，提高了传感的灵敏度. 对于其他气体，我们也可利用此原理，通过使用相应的涂覆材料进行测量.

练 习 题

一、选择题

1. 光调制按照调制方式分类分为(　　)等，所有这些调制过程都可以归结为将一个携带信息的信号叠加到载波光波上.

A. 振幅调制　　B. 强度调制　　C. 相位调制　　D. 频率调制

2. 激光调制器主要有(　　).

A. 电光调制器　　B. 声光调制器　　C. 磁光调制器　　D. 压光调制器

3. 激光调制按其调制的性质有(　　).

A. 连续调制　　B. 脉冲调制　　C. 相位调制　　D. 光强调制

4. 要实现脉冲编码调制，必须进行三个过程，就是(　　).

A. 编码→抽样→量化　　B. 编码→量化→抽样

C. 抽样→编码→量化　　D. 抽样→量化→编码

5. 为了实现对光的波动参数(如相位)的调制，可利用下列光电装置(　　).

A. 磁光调制器　　B. 声光调制器

C. 相位法光波测距机　　D. 光学干涉仪

6. 克尔效应属于(　　).

A. 电光效应　　B. 磁光效应　　C. 声光效应　　D. 以上都不是

7. 电光调制器是基于(　　)效应的器件.

A. 泡克耳斯　　B. 克尔　　C. 光电　　D. 光电导

8. 在激光调制过程中“携带”的信号可以是(　　).

A. 语言　　B. 文字　　C. 图像　　D. 符号

9. 电光调制器中调制晶体材料有(　　).

A. 磷酸二氢钾　　B. 磷酸二氘钾　　C. 磷酸二氢铵　　D. 氯化铜

10. 直接调制是把要传递的信息转变为(　　)信号注入半导体光源，从而获得调制光信号.

A. 电流　　B. 电压　　C. 光脉冲　　D. 正弦波

二、是非题

11. 为了获得线性电光调制，通过引入一个固定$\pi/2$相位延迟，一般该调制器的电压偏置在$T=50\%$的工作点上.

12. 在磁光调制中的磁性膜表面用光刻方法制作一条金属蛇形线路，主要是为了实现交替变化的磁场.

13. 一般声光调制器中的声波是由超声发生器直接作用在光波上实现的.

14. 在磁光晶体中，当磁化强度较弱时，旋光率α与外加磁场强度呈正比关系.

15. 一般声光调制器中的声波可以是驻波，也可以是行波.

16. 电光扫描是利用电光效应来改变光束在空间的传播方向.

17. 当光波通过磁性物质时，其传播特性发生变化，这种现象称为磁光效应.

18. 在电光调制器中作为线性调制的判据是外加调制信号电压的相位差不能大于 1rad.

19. 电光数字式扫描是由电光晶体和双折射晶体组合而成.

20. 机械扫描技术利用反射镜或棱镜等光学元件，采用平移实现光束扫描.

三、填空题

21. 激光调制器中的内调制是指________.

22. 光束的频率调制和相位调制统称为________调制.

23. 声光调制中的布拉格衍射只出现________级衍射光.

24. 横向电光调制的半波电压是纵向电光调制半波电压的________倍.

25. 实验证明：声光调制器的声束和光束的发散角比为________，其调制效果最佳.

四、简答题

26. 简述光束调制的基本原理.

五、计算题

27. 在电光扫描过程中，如果光束沿y方向入射到长度为L、厚度为d的 KDP 电光晶体，当取$L=d=h=1\text{cm}$，$\gamma_{63}=10.5\times10^{-12}\text{m/V}$，$n_o=1.51$，$V=1000\text{V}$时，问出射光束与入射光束的偏转角是多少？

28. 在电光调制器中，为了得到线性调制，在调制器中插入一个$1/4$波片，波片的轴向如何设置最好？若旋转$1/4$波片，它所提供的直流偏置有何变化？

六、复杂工程与技术题

29. 测量玻璃应力双折射的方法主要有偏光干涉法，1/4 波片法，光强比值法，定性、半定量测试法，KDP 晶体电光调制法等. 为了在工程上实现高准确度的测量，并成为实用可靠的内应力测量系统，一般选择增加样品长度，基于总内应力随长度线性增加的假设，以得到单位长度的内应力值. 请采用磁光调制法用于玻璃内应力测量的实现原理，设计一种可行技术方案，使得测量操作简单、耗时短、人工操作不影响测量准确度.

第 4 章　光的探测

光电探测技术是现代信息获取的主要手段之一，近年来，在军事和民用领域占有越来越重要的地位. 光电探测技术就是把被调制的光信号转换成电信号并将信息提取出来的技术. 光探测过程可以形象地称为光频解调，光探测器就是将光辐射能量转换成一种便于测量的物理量的器件. 光电探测器是把光辐射量转换成电量的光探测器. 在可见光或近红外波段主要用于射线测量和探测、工业自动控制、光度计量等；在红外波段主要用于导弹制导、红外热成像、红外遥感等方面. 激光的发展进一步促进和刺激了光电探测领域的发展，各种光电探测器件大都已工业化、商品化，摄像机等已微型化. 本章主要介绍光电探测器的物理效应、技术参数及常用的光电探测器.

4.1　物理效应

根据探测机制的不同，光电探测器的物理效应可分为光子效应和光热效应两类，见表 4.1.

表 4.1　光电探测物理效应与光电探测器

<table>
<tr><th colspan="4">效应</th><th>探测器</th></tr>
<tr><td rowspan="11">光子效应</td><td rowspan="3">外光电效应</td><td colspan="2">光阴极发射电子</td><td>光电管</td></tr>
<tr><td rowspan="2">光电子倍增</td><td>倍增极倍增</td><td>光电倍增管</td></tr>
<tr><td>通道电子倍增</td><td>像增强管</td></tr>
<tr><td rowspan="8">内光电效应</td><td colspan="2">光电导效应</td><td>光电导管或称光敏电阻</td></tr>
<tr><td rowspan="5">光伏效应</td><td>零偏的 PN 结和 PIN 结</td><td>光电池</td></tr>
<tr><td>反偏的 PN 结和 PIN 结</td><td>光电二极管</td></tr>
<tr><td>雪崩效应</td><td>雪崩光电二极管</td></tr>
<tr><td>肖特基势垒</td><td>肖特基势垒光电二极管</td></tr>
<tr><td>PNP 结和 NPN 结</td><td>光电三极管</td></tr>
<tr><td colspan="2">光电磁效应</td><td>光电磁探测器</td></tr>
<tr><td colspan="2">光子牵引效应</td><td>光子牵引探测器</td></tr>
<tr><td colspan="2" rowspan="6">光热效应</td><td colspan="2">温差电效应</td><td>热电偶、热电堆</td></tr>
<tr><td colspan="2">热释电效应</td><td>热释电探测器</td></tr>
<tr><td rowspan="3">辐射热效应</td><td>负温度系数效应</td><td>热敏电阻测辐射热计</td></tr>
<tr><td>正温度系数效应</td><td>金属测辐射热计</td></tr>
<tr><td>超导</td><td>超导远红外探测器</td></tr>
<tr><td colspan="2">其他</td><td>高莱盒、液晶等</td></tr>
</table>

光子效应是指单个光子的性质对产生的光电子起直接作用的一类光电效应. 探测器在吸收光子后，会直接引起原子或分子的内部电子状态的改变. 电子状态的改变由光子能量大小直接决定. 因此，光子效应具有对光波频率的选择性、响应速度快等特点. 通常，按照是否有光电子发射可将光子效应分为外光电效应和内光电效应，如图 4.1 所示.

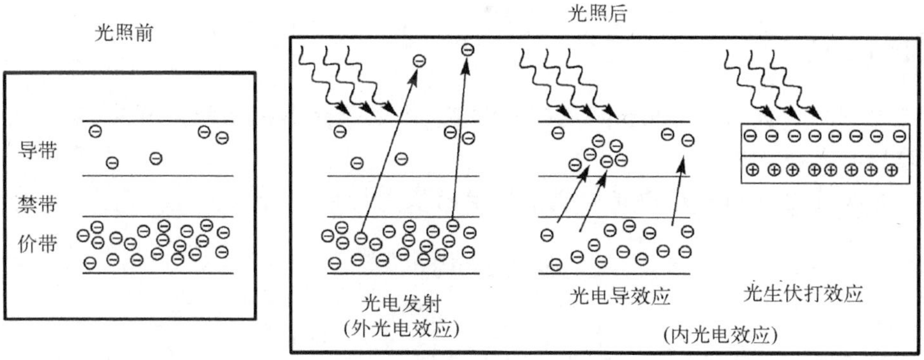

图 4.1 几种光子效应

外光电效应主要包括：光阴极发射光电子，主要应用于光电管；光电子倍增(打拿极倍增、通道电子倍增)应用于光电倍增管及像增强器.

内光电效应主要包括：光电导效应，主要应用于光导管或光敏电阻；光生伏打(PN 和 PIN 结零偏、PN 和 PIN 结反偏、雪崩、肖特基势垒)主要应用于光电池、光电二极管、雪崩光电二极管、肖特基势垒光电二极管.

光子牵引效应也属光子效应，指当光子与半导体中的自由载流子作用时，光子把动量传递给自由载流子，自由载流子将顺着光线的传播方向做相对于晶格的运动. 结果，在开路的情况下，半导体样品将产生电场，它阻止载流子的运动，这个现象被称为光子牵引效应. 光子牵引效应主要应用于光子牵引探测器.

4.1.1 外光电效应

光电发射效应属光子效应中的外光电效应，主要表现为金属或半导体受光照时，如果入射的光子能量 $h\nu$ 足够大，那么它和物质中的电子相互作用，使电子从材料表面逸出的现象，如图 4.2 所示，它是真空光电器件光电阴极的物理基础.

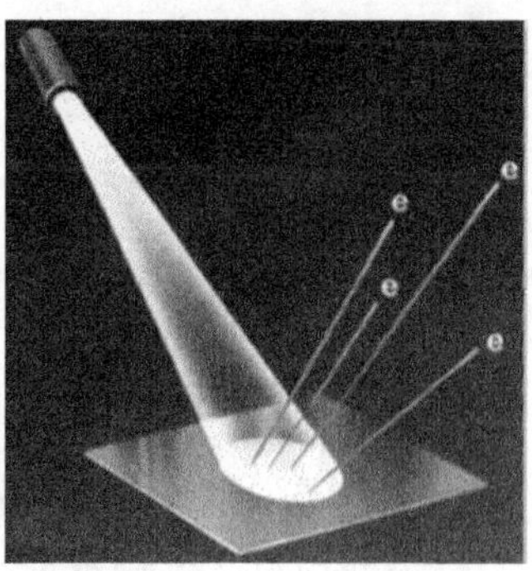

图 4.2 光电发射效应

光电发射大致可分三个过程：

(1) 光射入物体后，物体中的电子吸收光子能量，从基态跃迁到能量高于真空能级的激发态.

(2) 受激电子从受激地点出发，在向表面运动过程中免不了要同其他电子或晶格发生碰撞，而失去一部分能量.

(3) 达到表面的电子，如果仍有足够的能量足以克服表面势垒对电子的束缚(即逸出功)时，即可从表面逸出.

由爱因斯坦方程 $E_{\mathrm{k}} = h\nu - E_{\varphi}$ 可得出截止频率 $\nu_{\mathrm{c}} = \dfrac{E_{\varphi}(\mathrm{eV})}{h}$，截止波长 λ_{c} 为

$$\lambda_c(\mu m)=\frac{hc}{E_\varphi(eV)}=\frac{1.24}{E_\varphi(eV)} \tag{4.1}$$

式中，E_φ 为光电发射体的功函数. 由(4.1)式可知，对于 E_φ 较大的发射体，需要更大能量的光子(即频率高、波长较短)才能产生光电发射效应.

【例 4.1】

某光电阴极在波长为 520 nm 的光照射下，光电子的最大动能为 0.76 eV，问此光电阴极的逸出功是多少？

解 根据光电发射效应中光电能量转换的基本关系

$$h\nu=\frac{1}{2}mv_0^2+E_{th}$$

$$E_{th}=h\nu-\frac{1}{2}mv_0^2=h\frac{c}{\lambda}-\frac{1}{2}mv_0^2=6.63\times10^{-34}\times\frac{3\times10^8}{520\times10^{-9}}-0.76\times1.6\times10^{-19}$$
$$=2.6\times10^{-19}(J)=1.63(eV)$$

4.1.2 内光电效应

当光照射物体时，光电子不逸出体外的光电效应是内光电效应. 这里主要讲一下光电导效应和光伏效应.

1. 光电导效应

光照变化引起半导体材料电导变化的现象称为光电导效应. 当光照射到半导体材料时，材料吸收光子的能量，使非传导态电子变为传导态电子，引起载流子浓度增大，因而导致材料电导率增大. 因此，光导现象属半导体材料的体效应.

光辐射照射外加电压的半导体，如果光波长 λ 满足如下条件：

$$\lambda(\mu m)\leqslant\lambda_c=\frac{1.24}{E_g(eV)} \quad (本征) \tag{4.2}$$

$$\lambda(\mu m)\leqslant\lambda_c=\frac{1.24}{E_i(eV)} \quad (杂质) \tag{4.3}$$

式中，E_g 是禁带宽度；E_i 是杂质能带宽度.

在光子作用下，将在半导体材料中激发出新的载流子(电子和空穴)，此时半导体中的载流子浓度在原来的基础上增加 Δn 和 Δp 的一个量. 这个新增加的部分在半导体物理中叫非平衡载流子，通常称为光生载流子. 显然，Δp 和 Δn 将使半导体的电导增加一个量 ΔG，我们称为光电导. 对于本征和杂质半导体就分别称为本征光电导和杂质光电导.

【例 4.2】

某种半导体材料，在有光照射时电阻为 $50\,\Omega$，无光照射时电阻为 $5\,k\Omega$，试求出该半导体材料的光电导.

解 该半导体的暗电导为 $g_{\mathrm{d}}=\dfrac{1}{5\times10^{3}}=2\times10^{-4}(\Omega^{-1})$；

亮电导为 $g_{\mathrm{L}}=\dfrac{1}{50}=0.02(\Omega^{-1})$；

光电导为 $g=g_{\mathrm{L}}-g_{\mathrm{d}}=0.0198\Omega^{-1}$.

2. 光伏效应

光生伏打效应，属半导体材料的“结”效应，简称“光伏效应”，是指光照使不均匀半导体或半导体与金属结合的不同部位之间产生电势差的现象. 它首先是由光子(光波)转化为电子、光能量转化为电能量的过程；其次，是形成电压过程. 有了电压，就像筑高了大坝，如果两者之间连通，就会形成电流的回路. 当光照零偏时，PN 结产生开路电压的效应，应用光伏效应可制作光电池(图 4.3(a)). 而当光照反偏时，光电信号是光电流，此时结型光电探测器的工作原理为光电二极管，如图 4.3(b)所示.

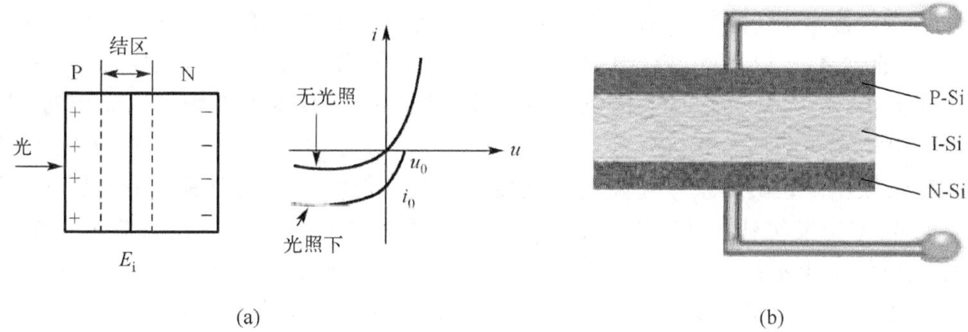

图 4.3 (a)光电池结构原理，(b)PIN 光电二极管结构原理

4.1.3 光热效应

与光子效应有所不同，光热效应是指探测元件吸收光辐射能量后，并不直接引起内部电子状态的改变，而是把光能变为晶格振动的热量，从而引起探测元件温度上升，间接地使探测元件的电学性质或其他物理性质发生变化. 因此，其具有对光波频率没有选择性，响应速度比较慢的特点.

光热效应分类及其应用依次对应包括：测辐射热计(负电阻温度系数、正电阻温度系数、超导)依次对应着热敏电阻测辐射热计、金属测辐射热计、超导远红外探测器；温差电应用于热电偶、热电堆；热释电应用于热释电探测器；其他光热效应主要应用于高莱盒、液晶等. 在红外区，材料吸收率高，光热效应也就更强烈，常用于红外线辐射探测.

1. 温差电效应

由两种不同材料制成的结点由于受到某种因素作用而出现了温差，就有可能在两结点间产生电动势，回路中产生电流，这就是温差电效应. 光照射结点产生温差变化也能造成温差电效应，如图 4.4(b)所示.

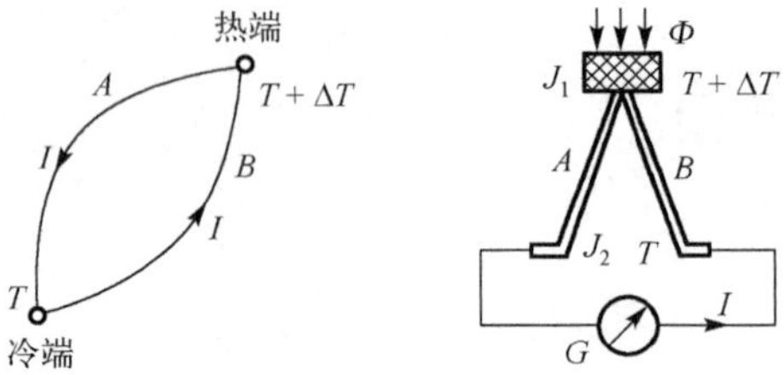

(a) 测温热电偶　　(b) 测辐射热电偶

图 4.4　温差电效应

温差电效应根据具体作用原理及表现形式，有泽贝克效应、佩尔捷效应、汤姆孙效应三种. 目前主要应用前两个效应，泽贝克效应应用在半导体温差发电技术上面，而佩尔捷效应应用在半导体致冷.

2. 热释电效应

与压电效应类似，热释电效应也是晶体的一种自然物理效应. 对于具有自发式极化的晶体，当晶体受热或冷却后，温度的变化ΔT而导致自发式极化强度变化ΔP_s，从而在晶体某一特定方向产生表面极化电荷的现象称为热释电效应. 该关系可表示为

热释电实验

$$\Delta P_s = \eta \Delta T \tag{4.4}$$

式中，ΔP_s为自发式极化强度变化量；ΔT为温度变化；η为热释电系数.

热释电效应最早在电气石晶体中发现，该晶体属三方晶系，具有唯一的三重旋转轴. 与压电晶体一样，晶体存在热释电效应的前提是具有自发式极化，即在某个方向上存在着固有电矩. 但压电晶体不一定具有热释电效应，而热释电晶体则一定存在压电效应. 热释电晶体可以分为两大类. 一类具有自发式极化，但自发式极化并不会受外电场作用而转向. 另一类具有可为外电场转向的自发式极化晶体，即为铁电体. 由于这类晶体在经过预电极化处理后具有宏观剩余极化，且其剩余极化随温度而变化，从而能释放表面电荷，呈现热释电效应.

通常，晶体自发极化所产生的束缚电荷被空气中附集在晶体外表面的自由电子所中和，其自发极化电矩不能显示出来. 当温度变化时，晶体结构中的正、负电荷重心产生相对位移，晶体自发极化值就会发生变化，在晶体表面就会产生电荷耗尽.

能产生热释电效应的晶体称为热释电体，又称为热电元件. 热电元件常用的材料有单晶($LiTaO_3$等)、压电陶瓷(PZT 等)及高分子薄膜(PVF_2等). 如果在热电元件两端并联上电阻，当元件受热时，电阻上就有电流流过，在电阻两端也能得到电压信号. 热释电体表面附近的自由电荷对面电荷的中和作用比较缓慢，一般在 1～1000s 量级. 热释电探测器是一种交流或瞬时响应的器件.

热释电效应在近十年被用于热释电红外探测器中，广泛地用于辐射和非接触式温度测量、红外光谱测量、激光参数测量、工业自动控制、空间技术、红外摄像中. 我国利用 ATGSAS 晶体制成的红外摄像管已开始出口国外. 其温度响应率达到 4～5μA/℃，温度分辨率小于 0.2℃，信号灵敏度高，图像清晰度和抗强光干扰能力也明显提高，且滞后较小. 此外，由于生物体中也存在热释电现象，故可预期热释电效应将在生物，乃至生命过程中有重要的应用.

【例 4.3】

为什么热释电探测器只能探测调制的或变化的热辐射?

答　热释电效应是指晶体受辐射照射时，由于温度改变，晶体的自发极化发生变化，从而，表面束缚电荷发生变化，使垂直于极化方向的晶体两外表面之间出现电压的现象.

温度恒定时，晶体表面由于吸附来自于周围空气中的异性自由电荷，所以与体内电荷所中和，而观察不到它的自发极化现象. 自由电荷中和面束缚电荷所需时间很长，为数秒量级. 当用某辐射入射晶体时，温度改变，P_s 变化，σ 变化，晶体自发极化的弛豫时间很短，约为 10^{-12}s，可以不考虑其影响. 要探测辐射必须是变化的辐射，或调制的辐射信号，使辐射的变化速度大于吸附电荷的中和速度，并在中和之前把信号引出来，这时即明显地观察到晶体的极化现象，就能获得电信号，就可以测量热辐射. 当温度停止变化时，P_s 逐渐消失. 所以测量的辐射必须是变化的，其调制速度要高于极化电荷的中和速度. 调制盘将恒定的辐射变为调制的辐射，热释电成像器件需要测量恒定的辐射，要加调制盘.

4.1.4 光电转换定律

对于一个光电探测器，入射的是光辐射量，输出的是光电流，我们通常把光辐射量转换为光电流量的过程称作光电转换. 我们以 $P(t)$ 记光通量大小，即光功率，亦可以理解为光子流，其基本单元为单个光子能量 $h\nu$；光电流记为 $i(t)$，其基本单位为单位电荷 e. 因此，我们有

$$P(t)=\frac{\mathrm{d}E}{\mathrm{d}t}=h\nu\frac{\mathrm{d}n_{\mathrm{L}}}{\mathrm{d}t} \tag{4.5}$$

$$i(t)=\frac{\mathrm{d}Q}{\mathrm{d}t}=e\frac{\mathrm{d}n_{\mathrm{e}}}{\mathrm{d}t} \tag{4.6}$$

式中，n_{L} 和 n_{e} 分别为光子数及电子数. 物理基本规律告诉我们 i 与 P 应为正比关系，现引入比例系数 D——探测器的光电转换因子，有

$$i(t)=DP(t) \tag{4.7}$$

进一步有

$$D=\frac{e}{h\nu}\eta \tag{4.8}$$

式中，$\eta=\dfrac{\mathrm{d}n_{\mathrm{e}}}{\mathrm{d}t}\Big/\dfrac{\mathrm{d}n_{\mathrm{L}}}{\mathrm{d}t}$ 为探测器的量子效率，表示探测器激发电子数与吸收光子数之比，它与探测器物理性质有关. 将(4.8)式代回(4.7)式可得

$$i(t)=\frac{e\eta}{h\nu}P(t) \tag{4.9}$$

这就是光电转换定律. 光电转换定律的特点是：对入射功率有响应，响应量是光电流. 因为光功率 P 正比于光电场的平方，光电探测器又称为平方律探测器，是一个非线性探测器.

4.2 技术参数

光电探测器与其他器件一样，需要一套反映探测器的特征参数以比较不同探测器之间的性能. 下面我们介绍几个常用的技术参数.

4.2.1 灵敏度

灵敏度也常称作响应度，它表征光电探测器光电转换特性的量度. 这里介绍积分灵敏度、光谱灵敏度和频率灵敏度.

1. *积分灵敏度 R*

光电流 i (或光电压 u) 和入射光功率 P 之间的关系 $i = f(P)$ 称为探测器的光电特性. 灵敏度 R 定义为这个曲线的斜率，如图 4.5 所示，即

$$R_i = \frac{\mathrm{d}i}{\mathrm{d}P} = \frac{i}{P}(\text{线性区内}) \qquad (\mathrm{A/W}) \tag{4.10}$$

$$R_u = \frac{\mathrm{d}u}{\mathrm{d}P} = \frac{u}{P}(\text{线性区内}) \qquad (\mathrm{V/W}) \tag{4.11}$$

式中，R_i 为电流灵敏度(积分电流灵敏度)；R_u 为电压灵敏度(积分电压灵敏度)；i 和 u 均为电表测量的电流值及电压值. 式中的光功率 P 是指某一光谱范围内的光总功率，它是对这一段光功率谱 P_λ 对光波长的积分，因此，R_i、R_u 又可称为积分电流灵敏度以及积分电压灵敏度.

2. *光谱灵敏度 R_λ*

在(4.9)式及(4.10)式中，如果我们将光功率划分为波长可变的光功率谱 P_λ，由于光电探测器的光谱选择性，在其他条件不变的情况下，光电流将是光波长 λ 的函数，此时光电流记为 i_λ，于是光谱灵敏度 R_λ 定义为

$$R_\lambda = \frac{i_\lambda}{\mathrm{d}P_\lambda} \tag{4.12}$$

为了方便测量，我们通常给出了相对光谱灵敏度 S_λ，表示为

$$S_\lambda = R_\lambda / R_{\lambda\mathrm{m}} \tag{4.13}$$

式中，$R_{\lambda\mathrm{m}}$ 为 R_λ 的最大值，相应的波长我们称作峰值波长；S_λ 为无量纲的百分数，S_λ 随着波长变化的曲线称为探测器的光谱灵敏度曲线，如图 4.6 所示.

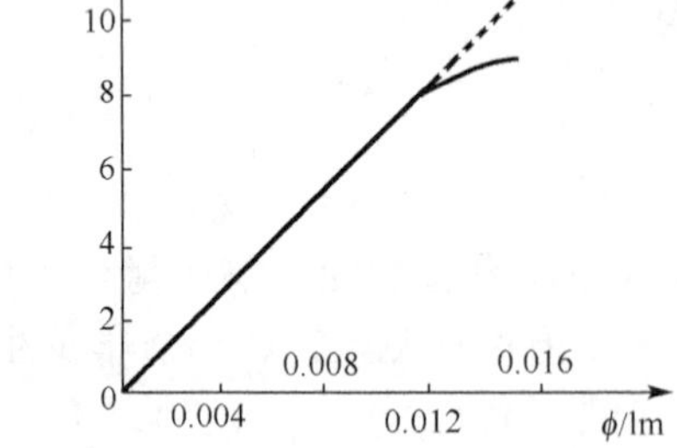

图 4.5 光强与光电流关系图

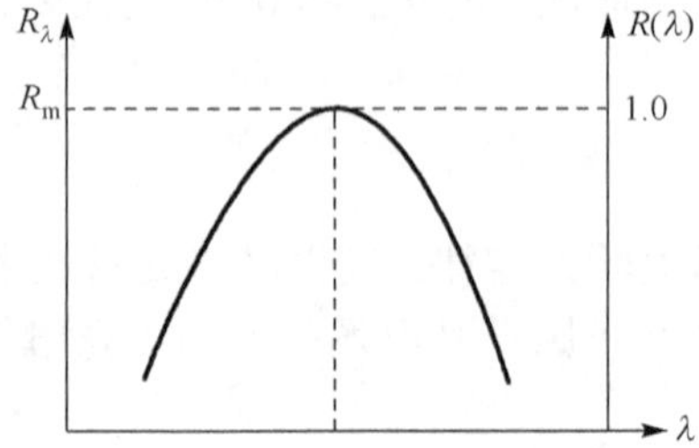

图 4.6 光谱响应曲线

实际应用中，对应不同波长的光波，其探测器元件都能做出较为灵敏的变化，则说明其具有好的光谱灵敏度.

3. 频率灵敏度 R_f

如果入射光是强度调制的，在其他条件不变的情况下，光电流 i_f 将随调制频率 f 的升高而下降，这时的灵敏度称为频率灵敏度 R_f，表示为

$$R_f = \frac{i_f}{P} \tag{4.14}$$

式中，i_f 为光电流时变函数的傅里叶变换，常有

$$i_f = \frac{i(f=0)}{\sqrt{1+(2\pi f \tau)^2}} \tag{4.15}$$

式中，τ 为探测器的响应时间或时间常数，由材料、结构和外电路决定. 把(4.15)式代入(4.14)式有

$$R_f = \frac{R_0}{\sqrt{1+(2\pi f \tau)^2}} \tag{4.16}$$

这便是探测器的频率特性，由上式可以看出，R_f 随 f 升高而下降的速度与 τ 值的大小相关.

4.2.2 量子效率

量子效率，又称量子产额，是指每一个入射光子所释放的平均电子数. 它与入射光子能量(即入射光波长)有关. 对于内光电效应，还与材料内电子的扩散长度有关；对于外光电效应，与光电材料的表面逸出功有关. 其表达式为

$$\eta = \frac{I_c / e}{P / h\nu} = \frac{I_c h\nu}{eP} \tag{4.17}$$

式中，P 是入射到探测器上的光功率；I_c 是入射光产生的平均光电流大小；$P / h\nu$ 是单位时间内入射光子平均数；I_c / e 是单位时间产生的光电子平均数；e 是电子电荷.

量子效率可分内量子效率、外量子效率和外微分量子效率.

1. 内量子效率

$$\eta_i = \frac{\text{有源区里每秒产生的光子数}}{\text{有源区里每秒注入的电子-空穴对数}}$$

即

$$\eta_i = N_{\mathrm{P}} / N_{\mathrm{N\text{-}P}} \tag{4.18}$$

式中，N_{P} 为有源区内每秒产生的光子数；$N_{\mathrm{N\text{-}P}}$ 为有源区内每秒注入的电子–空穴对数. 由于有源区内电子–空穴的复合分为辐射复合和非辐射复合，辐射复合后发射光子，非辐射复合的能量以声子形式释放，转换为晶格的振动.

2. 外量子效率

$$\eta_{\mathrm{ex}} = \frac{\text{激光器每秒发射的电子数}}{\text{激光器每秒注入的电子-空穴对数}} = \frac{p_{\mathrm{ex}} / h\nu}{I / e_0} = \frac{N_{\mathrm{ex}}}{N_{\mathrm{n}}} \tag{4.19}$$

式中，N_{ex} 为激光器每秒发射的光子数；N_{n} 为激光器每秒注入的电子–空穴对数.

3. 外微分量子效率

探测器 $P\text{-}I$ 特性曲线的线性部分的斜率

$$\eta_D = \frac{(P_{ex} - P_{th}) / h\nu}{(I - I_{th}) / e_0} \tag{4.20}$$

当 $P_{ex} \gg P_{th}$ 时

$$\eta_D \approx \frac{P_{ex} / h\nu}{(I - I_{th}) / e_0} \tag{4.21}$$

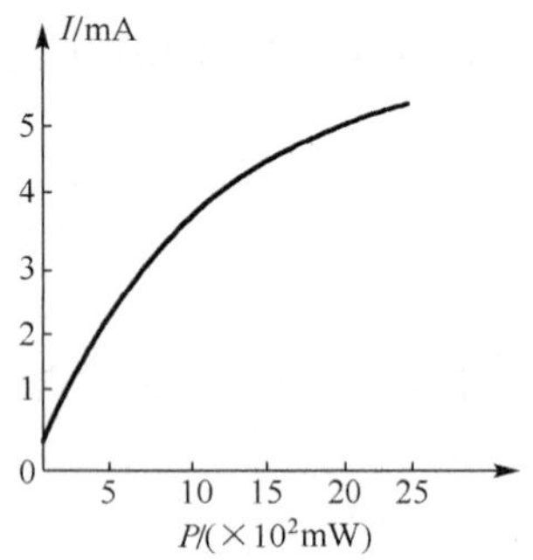

图 4.7 光电探测器的 $P\text{-}I$ 曲线

它对应 $P\text{-}I$ 曲线阈值以上线性部分的斜率，如图 4.7 所示，是衡量 LD 效率的重要指标.

理想光探测器应有 $\eta = 1$，实际光探测器一般有 $\eta < 1$. 显然，光探测器的量子效率越高越好. 对于光电倍增管、雪崩光电二极管等有内部增益机制的光探测器，η 可大于 1.

对于特定波长，我们通常用光谱量子效率

$$\eta_\lambda = \frac{hc}{e\lambda} R_{i\lambda} \tag{4.22}$$

式中，c 为材料中光速. 量子效率正比于波长，而 4.2.1 节中灵敏度反比于波长.

对于太阳能光电池而言，量子效率就是指太阳能电池的电荷载流子数目与照射在太阳能电池表面一定能量的光子数目的比率. 因此，太阳能电池的量子效率与太阳能电池对照射在太阳能电池表面的各个波长的光的响应有关. 太阳能电池的量子效率与光的波长或者能量有关. 如果对于一定的波长，太阳能电池完全吸收了所有的光子，并且我们搜集到由此产生的少数载流子(例如，电子在 P 型材料上)，那么太阳能电池在此波长的量子效率为 1.

对于能量低于能带隙的光子，太阳能电池的量子效率为 0. 理想中的太阳能电池的量子效率是一个正方形，也就是说，对于测试的各个波长的太阳能电池量子效率是一个常数. 但是，绝大多数太阳能电池的量子效率会由于再结合效应而降低，这里的电荷载流子不能流到外部电路中，影响吸收能力的太阳能电池结构，也会影响太阳能电池的量子效率. 比如，太阳能电池前表面的变化会影响表面附近产生的载流子. 并且，由于短波长的光是在非常接近太阳能电池表面的地方被吸收的，在前表面的相当多的再结合将会影响太阳能电池在该波长附近的太阳能电池量子效率. 类似地，长波长的光是被太阳能电池的主体吸收的，并且低扩散深度会影响太阳能电池主体对长波长光的吸收能力，从而降低太阳能电池在该波长附近的太阳能电池量子效率.

太阳能电池量子效率，有时也被叫做 IPCE，也就是太阳能电池光电转换效率(incident-photon-to-electron conversion efficiency).

4.2.3 通量阈

由 4.2.1 节中灵敏度定义可知，当光功率 $P = 0$ 时，应有光电流 $i = 0$. 但实际情况并不是这样，此时的电流并不为零，由于光功率为零，我们通常把这个电流称为暗电流或噪声电流.

通常，我们用光功率 P_s 和 P_b 分别代表信号和背景光功率，此时的暗电流表示即使 P_s 和 P_b 都为零，也会有噪声电流输出. 噪声的存在，限制了探测微弱信号的能力. 通常认为，如果信号光功率产生的信号光电流 i_s 等于噪声电流 i_n，那么就认为刚刚能探测到光信号存在. 依照这一判据，定义探测器的通量阈 P_{th} 为

$$P_{th} = \frac{i_n}{R_i}(\text{W}) \tag{4.23}$$

实际上，通量阈即为探测器所能探测的最小光信号功率.

4.2.4 噪声等效功率

噪声等效功率，定义为相应于单位信噪比的入射光功率，用来表征探测器的探测能力，定义式为

$$\text{NEP} = \frac{P}{V_s / V_n} \tag{4.24}$$

通常 NEP 越小，探测能力越强.

由于噪声频谱很宽，为减小噪声影响，一般将探测器后面的放大器做成窄带通的，其中心频率选为调制频率. 这样，信号将不受损失而噪声可被滤去，从而使 NEP 减小，这种情况下的 NEP 定义为

$$\text{NEP} = \frac{P / (\Delta f)^{1/2}}{V_s / V_n} \tag{4.25}$$

式中，Δf 为放大器带宽.

根据噪声产生的物理原因，光电探测器的噪声可分为散粒、热和低频噪声三类.

4.2.5 归一化探测度

通常，NEP 越小，探测器探测能力越高，这不符合人们通常习惯，于是取 NEP 的倒数定义为归一化探测度 D

$$D = 1 / \text{NEP}(\text{W}^{-1}) \tag{4.26}$$

这样，D 值越大的探测器其探测能力就越高.

但在实际应用中我们发现这一结论并不充分. 其原因为探测器光敏面积 A 和测量带宽 Δf 对 D 值影响大.

一方面，探测器的噪声功率 $N \propto \Delta f$，所以有 $i_n \propto (\Delta f)^{1/2}$，于是由 D 定义有 $D \propto (\Delta f)^{-1/2}$；另一方面，探测器的噪声功率 $N \propto A$，所以 $i_n \propto (A)^{1/2}$ 得 $D \propto (A)^{-1/2}$. 考虑到两种因素的影响，我们定义

$$D^* = D\sqrt{A\Delta f} \tag{4.27}$$

我们把 D^* 称作归一化探测度，这时我们就可以说 D^* 越大的探测器，其探测能力就越好. 考虑到波长响应特性，一般给出 D^* 值时注明响应波长 λ、光辐射调制频率 f 及测量带宽 Δf，即 $D^*(\lambda, f, \Delta f)$.

除了上面介绍的技术参数，还有其他参数. 例如，暗电流(指没有信号和背景辐射时通过探测器的电流)、工作温度(对于非冷却型探测器指环境温度，对于冷却型探测器指冷却源标称温度)、响应时间(指探测器将入射辐射转变为信号电压或电流的弛豫时间)及光敏面积(指灵敏元的几何面积)等.

【例 4.4】

某光电探测器件的光敏面直径为 0.5 cm，归一化探测度 $D^* = 10^{11}\,\text{cm}\cdot\text{Hz}^{1/2}\cdot\text{W}^{-1}$，将它用于 $\Delta f = 5\text{kHz}$ 的光电仪器系统中，问它能探测的最小辐射功率为多少？

解 由于归一化探测度 $D^* = D\sqrt{A\cdot\Delta f}$，所以探测度

$$D = \frac{D^*}{\sqrt{A\cdot\Delta f}} = \frac{10^{11}}{\sqrt{\pi\times\left(\frac{0.5}{2}\right)^2\times 5000}} = 3.19\times10^9(\text{W}^{-1})$$

最小探测功率 $P_{\min} = \text{NEP} = \frac{1}{D} = 3.13\times10^{-10}\,\text{W}$.

4.3 光 敏 电 阻

利用光电导效应(体效应)工作的探测器我们称为光电导探测器，通常无须形成 PN 结，因此，我们又称之为无结型光电探测器. 这类器件在光照下改变自身的电阻率(光照越强，器件自身的电阻越小)，因此常被称为光敏电阻或光导管. 在黑暗环境里，它的电阻值很高，当受到光照时，只要光子能量大于半导体材料的禁带宽度，价带中的电子吸收一个光子的能量后就可跃迁到导带，并在价带中产生一个带正电荷的空穴，这种由光照产生的电子-空穴对增加了半导体材料中载流子的数目，使其电阻率变小，从而造成光敏电阻阻值下降. 光照越强，阻值越低. 入射光消失后，由光子激发产生的电子-空穴对将逐渐复合，光敏电阻的阻值也就逐渐恢复原值. 当它受到光的照射时，半导体片(光敏层)内就激发出电子-空穴对，参与导电，使电路中电流增强.

按半导体材料可分为本征型光敏电阻(一般在室温下工作，适用于可见光和近红外辐射探测)、非本征型光敏电阻(通常在低温条件下工作，常用于中、远红外辐射探测)两类. 根据光敏电阻的光谱特性，可分为三种光敏电阻器.

(1) 紫外光敏电阻器：对紫外线较灵敏，包括硫化镉、硒化镉光敏电阻器等，用于探测紫外线.

(2) 红外光敏电阻器：主要有硫化铅、碲化铅、硒化铅、锑化铟等光敏电阻器，广泛应用于导弹制导、天文探测、非接触测量、人体病变探测、红外光谱、红外通信等国防、科学研究和工农业生产中.

(3)可见光光敏电阻器：包括硒、硫化镉、硒化镉、碲化镉、砷化镓、硅、锗、硫化锌光敏电阻器等. 主要用于各种光电控制系统，如光电自动开关门户，航标灯、路灯和其他照明系统的自动亮灭，机械上的自动保护装置、位置探测器，极薄零件的厚度探测器，照相机自动曝光装置，光电计数器，烟雾报警器，光电跟踪系统等方面.

4.3.1 工作原理

本节我们以 CdS 光敏电阻为例，其构成的光电探测器结构如图 4.8 所示. 光敏电阻在制作时采用涂敷、喷涂、烧结等方法在绝缘衬底上制作很薄的光敏电阻体及梳状欧姆电极，然后接出引线，封装在具有透光镜的密封壳体内，以免受潮影响其灵敏度. 光敏电阻的原理结构如图 4.8(a)所示. 为了获得高的灵敏度，光敏电阻的电极常采用梳状图案，它是在一定的掩模下向光电导薄膜上蒸镀金或铟等金属形成的. 光敏电阻偏置电路如图 4.8(b)所示.

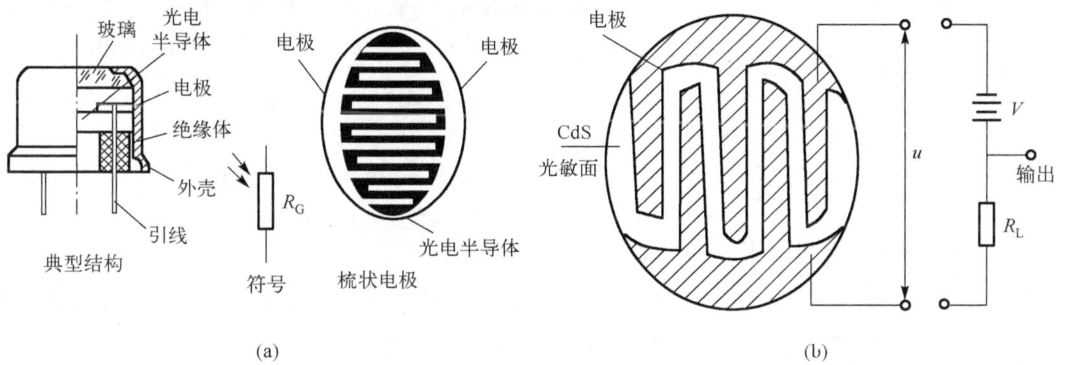

图 4.8 CdS 光敏电阻结构(a)及其偏置电路(b)

4.3.2 技术特性

光敏电阻的性能可依据其光谱响应特性、照度伏安特性、频率响应特性以及温度特性来判断. 实际应用中，根据这些特性有侧重地选用合理的光敏电阻.

1. 光谱响应特性

光敏电阻对光响应灵敏度随着入射光波长的变化而变化的特性称为光谱响应度. 通常用光谱响应曲线、光谱响应范围以及峰值响应波长来描述. 峰值波长取决于制作光敏电阻所用材料的禁带宽度，其值可由下式表示：

$$\lambda_m = \frac{hc}{E_g} = \frac{1.24}{E_g} \times 10^3 \tag{4.28}$$

式中，λ_m 为峰值响应波长；E_g 为禁带宽度.

根据不同材料的光敏电阻，其光敏效应特性有所不同，图 4.9 中给出了几种常见光敏电阻的光敏响应特性. 从图中可知，硫化铅光敏电阻在较宽的光谱范围内均有较高的灵敏度，峰值在红外区域；硫化镉、硒化镉的峰值在可见光区域. 因此，在选用光敏电阻时，应把光敏电阻的材料和光源的种类结合起来考虑，才能获得满意的效果.

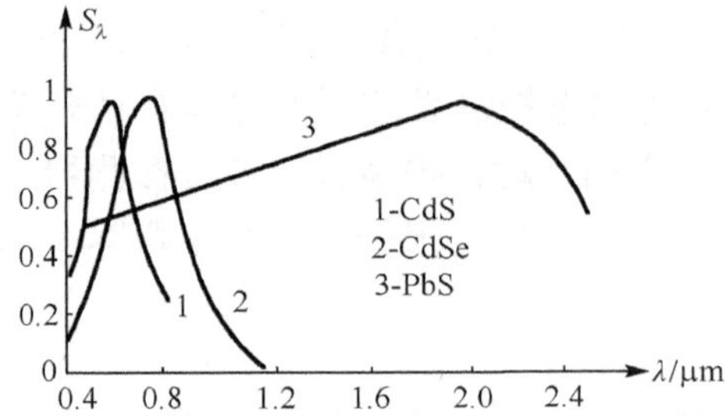

图 4.9　几种常见光敏电阻的响应特性曲线

【例 4.5】

如图 4.10 为 InP-InGaAs-InP 异质结材料制成的长波长的 PIN 光电探测器的结构. InP 和 InGaAs 的禁带宽度分别为 1.35eV 和 0.7eV，试计算该探测器的光谱响应范围，并描述其特点.

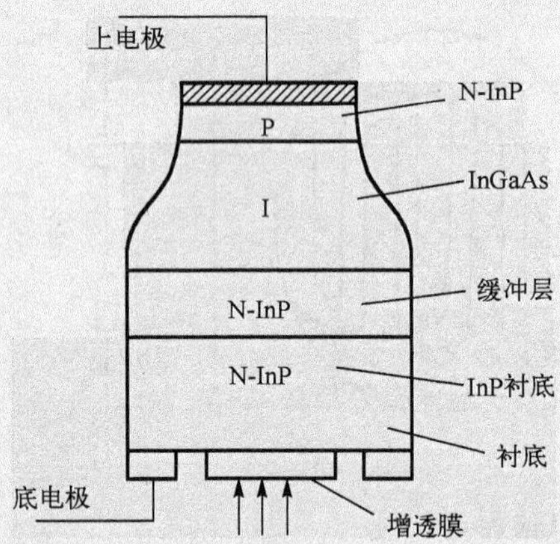

图 4.10　InP-InGaAs-InP 光电探测器结构

解　根据(4.1)式 $\lambda_c(\mu m)=\dfrac{1.24}{E_\varphi(eV)}$，可得下限 $1.24/1.35=0.92(\mu m)$ 和上限 $1.24/0.7=1.77(\mu m)$，因此，InP-InGaAs-InP 的光谱响应范围在 0.9～1.77μm.

光透过 InP 而被 InGaAs 所吸收，长波长 PIN 管的特点是：工作电压比较低，一般为 5V；探测灵敏度比较高，为 0.8mA/mW，使用 InGaAs-PIN 管可用于 1Gbit/s 的光纤通信系统中，其接收灵敏度可达−90dBm；内量子效率较高，在 90%以上；响应速度快，微秒以上；可靠性高，上万小时后没有发现明显退化现象；PIN 管能低噪声工作.

2. 伏安特性和光照特性

伏安特性即在一定照度下，流过光敏电阻的电流与光敏电阻两端的电压的关系称为光敏电阻的伏安特性. 图 4.11(a)为硫化镉光敏电阻的伏安特性曲线. 由图可见，光敏电阻在一定的电压范围内，其伏安特性曲线为直线.

光敏电阻的光照特性是描述光电流和光照强度之间的关系，不同材料的光照特性是不同的，绝大多数光敏电阻的光照特性是非线性的. 图 4.11(b)为硫化镉光敏电阻的光照特性.

根据光敏电阻伏安特性以及光照特性，在选用光敏电阻时还应注意：

(1)光敏电阻为纯电阻，符合欧姆定律. 对多数半导体，当电场强度超过 10^4V/cm(强光)时，不遵守欧姆定律. 硫化镉例外，其伏安特性在 100 多伏就不呈线性了.

(2)光照使光敏电阻发热，使得在额定功耗内工作，其最高使用电压由其耗散功率决定，而其耗散功率又和其面积大小、散热情况有关.

(3)伏安特性曲线和负载线的交点即为光敏电阻的工作点，如图 4.12 所示. 图中的三个角分别为

$$\alpha = \arctan\frac{1}{R_L}, \quad \alpha' = \arctan\frac{1}{R_g}, \quad \alpha'' = \arctan\frac{1}{R_d}$$

式中，R_L、R_g、R_d 分别为负载电阻、工作点亮电阻和暗电阻. 一般，光敏电阻的暗电阻在 10MΩ以上，光照后阻值显著下降，外回路电流明显变大，亮阻和暗阻之比在 $10^{-2}\sim10^{-6}$. 这一比值越小，光敏电阻的灵敏度越高.

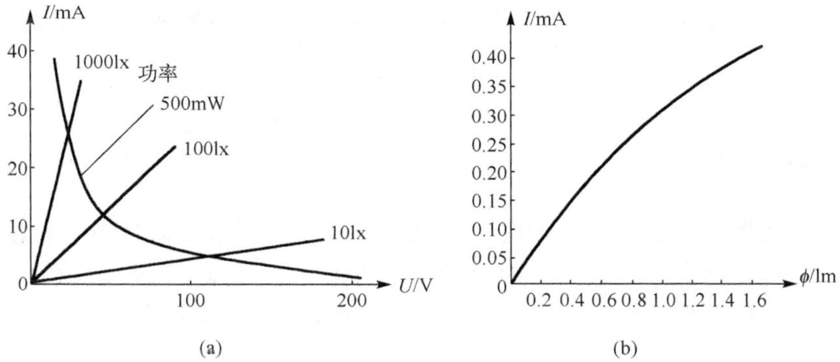

图 4.11　(a) 光敏电阻的伏安特性和 (b) 光照特性

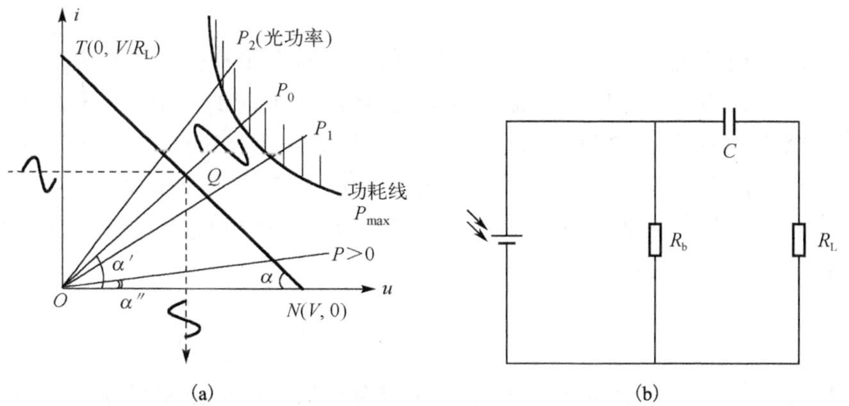

图 4.12　(a) 线性伏安特性；(b) 光敏电阻工作电路

光电导探测器的等效电路如图 4.12(b) 所示，光敏电阻两端的电压 $u=V-iR_L$，NT 为负载电阻 R_L 决定的负载线. R_g 为 P_0 光照射时的亮电阻，光照发生变化时，R_g 变为 $R_g+\Delta R_g$，则电流 i 变为 $i+\Delta i$，这样有

$$i+\Delta i = \frac{V}{R_L+R_g+R_d}, \qquad i = \frac{V}{R_L+R_g}$$

由于 $R_L+R_g+\Delta R_g \approx R_L+R_g$，有 $\Delta i = -\dfrac{V\Delta R_g}{(R_L+R_g)^2}$. 式中，负号表示 P 增大，R_g 减小，Δi 增大. 同样，电压的变化为

$$u+\Delta u = V-(i+\Delta i)R_L$$

$$\Delta u = -\Delta i R_L = \frac{V\Delta R_g R_L}{(R_L+R_g)^2}$$

可见，要使Δu最大，将上式对R_L求导并令其等于零，发现当$R_L=R_g$时Δu最大，Q为工作点，这种状态称为匹配工作状态. 显然，当入射功率在较大的动态范围变化时，要始终保持匹配工作是困难的，这是光电导探测器的不利因素之一.

下面我们讨论光敏电阻偏置电压的选取原则：当固定电流i流过光敏电阻时，将在R_g上产生热损耗功率$P=i^2R_g$，P_{max}为最大耗散功率(双曲线)，工作时必须满足$i^2R_g \leqslant P_{max}$，否则光敏电阻将很快损坏. 即电压必须满足$V<\left(\dfrac{P_{max}}{R_g}\right)^{1/2}\cdot(R_L+R_g)$；匹配电压为$V<(4R_gP_{max})^{1/2}$.

3. 时间响应特性

光敏电阻受光照后或置于暗环境时，回路电流并不立即增大或减小，而是有一定的响应时间. 光敏电阻的响应时间常数是由电流上升时间t_r和衰减时间t_f表示的. 光敏电阻的响应时间与入射光的照度、所加电压、负载电阻及照度变化前电阻所经历的时间(称为前历时间)等因素有关.

4. 稳定特性

光敏电阻的阻值随温度变化而变化的变化率，在弱光照和强光照时都较大，而中等光照时，则较小. 例如CdS光敏电阻的温度系数在10lx照度时约为0；照度高于10lx时，温度系数为正；低于10lx时，温度系数反而为负；照度偏离10lx越多，温度系数也越大.

另外，当环境温度在0～60℃的范围内时，光敏电阻的响应速度几乎不变；而在低温环境下，光敏电阻的响应速度变慢. 例如，−30℃时的响应时间约为20℃时的两倍. 光敏电阻的允许功耗随着环境温度的升高而降低.

5. 噪声特性

光电导探测器的噪声主要有三个来源，分别为热噪声、产生复合噪声、1/f噪声. 总方均噪声电流为

$$\overline{i_n^2}=4eiM^2\Delta f\cdot\frac{1}{1+4\pi^2f^2\tau_c^2}+i^2\cdot\frac{A\Delta f}{f}+\frac{4k_BT\Delta f}{R_L} \tag{4.29}$$

其有效值为

$$i=\left\{4eiM^2\Delta f\cdot\frac{1}{1+4\pi^2f^2\tau_c^2}+i^2\cdot\frac{A\Delta f}{f}+\frac{4k_BT\Delta f}{R_L}\right\}^{1/2} \tag{4.30}$$

式中，$i=i_d+i_b+i_s$；τ_c为回路中时间常数；R_L为探测器的等效电阻.

探测器的三种噪声在不同的频率范围里所做贡献有所不同，其噪声等效功率谱在频带中的相对贡献如图4.13所示.

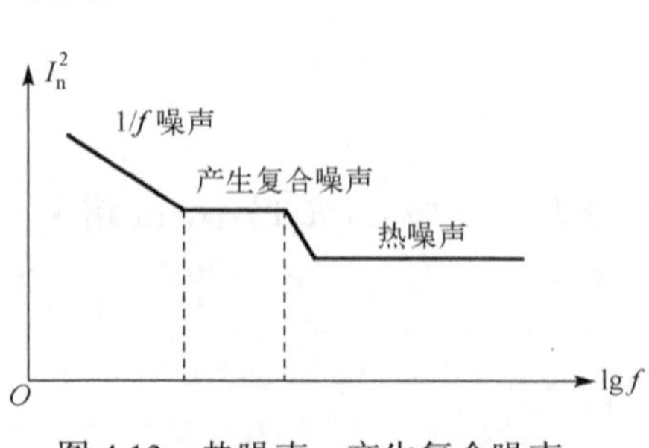

图4.13 热噪声、产生复合噪声、1/f噪声与调制频率的关系

【例 4.6】

某光敏电阻与负载电阻 $R_L = 2\text{k}\Omega$ 串接入 12 V 直流电源上，无光照时 R_L 上输出电压为 20mV，有光照时 R_L 上输出电压为 2 V．(1) 问光敏电阻的暗电流阻值和亮电阻阻值为多少？(2) 若光敏电阻的光电导灵敏度为 6×10^{-6} S/lx，求光敏电阻上所受的光照度．

解　(1) 无光照时，串联电路中的电流为

$$I_d = \frac{U_L}{R_L} = \frac{20\times10^{-3}}{2\times10^3} = 10^{-5}(\text{A})$$

则暗电流电阻为

$$R_d = \frac{12-U_L}{I_d} = \frac{12-20\times10^{-3}}{10^{-5}}\Omega = 1.198\text{M}\Omega$$

有光照时，串联电路中的电流为

$$I_L = \frac{2}{2\times10^3}\text{A} = 1\text{mA}$$

则亮电流电阻为

$$R = \frac{12-U_L}{I_L} = \frac{12-2}{10^{-3}}\Omega = 10\text{k}\Omega$$

(2) 该光敏电阻的光电导为

$$g = g_L - g_d = \frac{1}{R} - \frac{1}{R_d} = \frac{1}{10\times10^3} - \frac{1}{1.198\times10^6} = 9.92\times10^{-5}(\Omega^{-1})$$

由光电导灵敏度

$$S_g = \frac{g}{E}$$

得

$$E = \frac{g}{S_g} = \frac{9.92\times10^{-5}}{6\times10^{-6}} = 16.5(\text{lx})$$

图 4.14 是光触自锁继电开关的电路图，此开关可安装在保险箱里，当亮光进入暗箱内部时，继电器开关可以触发电路并输出报警．电路中 R_1、光敏电阻、R_V 构成电位分压器．通过调节 R_V 阻值可控制光敏电阻的灵敏度．由于暗光时，光敏电阻为高阻值，Q 基极偏压为零，所以继电器 QC 不动作；当强光照射装置时，光敏电阻阻值下降至很小，于是 Q_1、Q_2 触发导通，QC 继电器动作．继电器的一组触点将电路接通，使电路始终处于工作状态，直到按下复位按钮 SW.

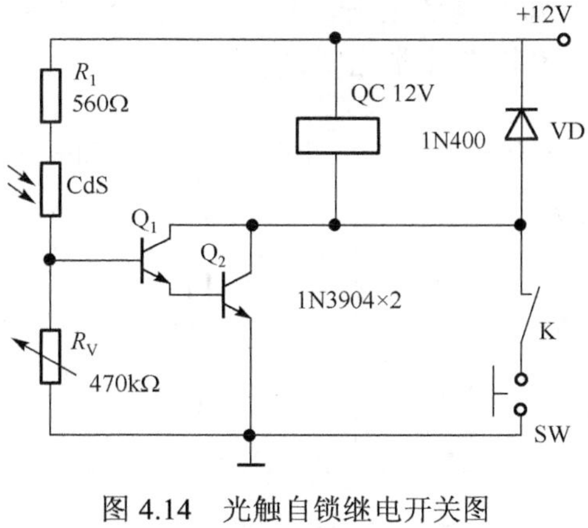

图 4.14　光触自锁继电开关图

4.4 光 电 池

利用 PN 结的光伏特性制作的光电探测器我们称为光伏探测器. 与光电导探测器不同，光伏探测器的工作特性要复杂一些，通常有光电池与光电二极管之分. 零偏压 PN 结光伏探测器为光伏工作模式，此时为光电池；反偏电压 PN 结光伏探测器为光导工作模式，此时为光电二极管. 硅光电池主要可用于制作光电探测器件及电源.

4.4.1 工作原理

光电池按材料分有硅、硒、硫化镉、砷化镓和无定型材料的光电池等. 按结构分，有同质结和异质结光电池等. 光电池中最典型的是同质结硅光电池. 国产同质结硅光电池因衬底材料导电类型不同而分成 2CR 系列和 2DR 系列两种. 2CR 系列硅光电池是以 N 型硅为衬底，P 型硅为受光面的光电池. 受光面上的电极称为前极或上电极，为了减少遮光，前极多做成梳状. 衬底方面的电极称为后极或下电极. 为了减少反射光，增加透射光，一般都在受光面上涂有 SiO_2 或 MgF_2、Si_3N_4、SiO_2-MgF_2 等材料的防反射膜，同时也可以起到防潮、防腐蚀的保护作用，硅光电池结构如图 4.15 所示.

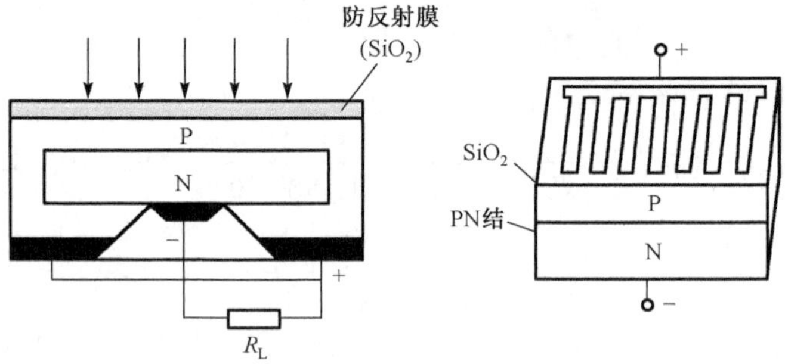

图 4.15 硅光电池结构示意图

4.4.2 技术特性

1. 短路电流和开路电压

短路电流及开路电压为光电池的两个非常重要的工作状态，它们分别对应短路电流 $R_L = 0$ 以及开路电压 $R_L = \infty$.

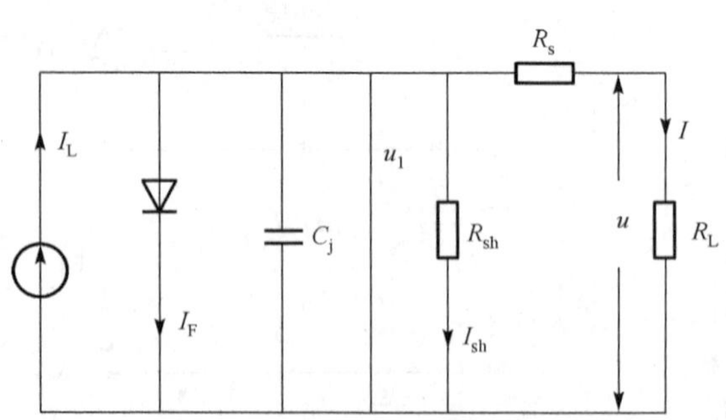

图 4.16 光电池的等效电路

图 4.16 为光电池的等效电路，其中 I_L 为光电流，I_F 为二极管电流；I_{sh} 为 PN 结漏电流，R_{sh} 为等效漏电阻；C_j 为结电容；R_s 为引出电极-管芯接触电阻；R_L 为负载电阻.

光电池工作时共有三股电流：光生电流 I_L、在光生电压 V_L 作用下的 PN 结正向电流 I_F、流经外电路的电流 I. I_L 和 I_F 都流经 PN 结内部，但方向相反. 根据 PN 结整流方程，在正向偏压 V 作用下，通过结的正向电流为

$$I_F = I_S(e^{\frac{qV}{k_0T}} - 1) \tag{4.31}$$

这里，I_S 是反向饱和电流.

假设用一定强度的光照射光电池，因存在吸收，光强度随着光透入的深度按指数规律下降，因而光生载流子产生率 Q 也随光照深入而减小，即产生率 Q 是 x 的函数. 为了简化，用 $\bar{Q}$ 表示在结的扩散长度(L_P+L_N)内非平衡载流子的平均产生率，并设扩散长度 L_P 内的空穴和 L_N 内的电子都能扩散到PN结面而进入另一边. 这样光生电流 I_L 应该是

$$I_L = q\bar{Q}A(L_P + L_N) \tag{4.32}$$

式中，A 是PN结面积；q 是电子电量. 光生电流 I_L 从N区流向P区，与 I_F 反向.

如光电池与负载电阻接成通路，通过负载的电流应为

$$I = I_L - I_F = I_L - I_S(e^{\frac{qV}{k_0T}} - 1) \tag{4.33}$$

这就是负载电阻上电流与电压的关系，也就是光电池的伏安特性，其曲线如图4.17所示. 图中曲线1和2分别为无光照和有光照时光电池的伏安特性.

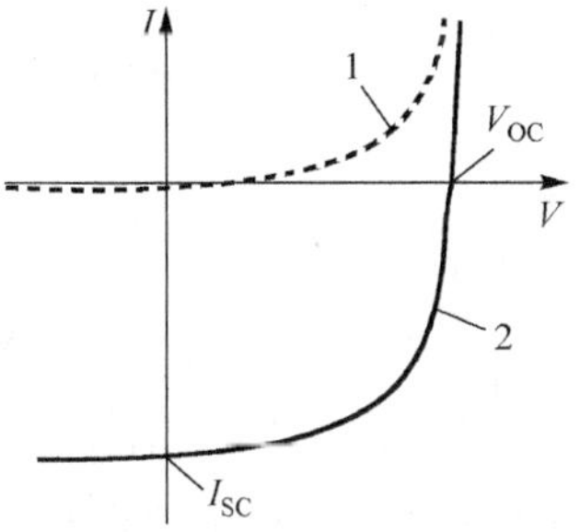

图4.17 光电池的伏安特性

由(4.33)式可得

$$V = \frac{k_0T}{q}\ln\left(\frac{I_L - I}{I_S} + 1\right) \tag{4.34}$$

在PN结开路的情况下($R=\infty$)，两端的电压即为开路电压 V_{OC}. 这时，流经 R 的电流 $I=0$，即 $I_L = I_F$. 将 $I=0$ 代入上式，得开路电压为

$$V = \frac{k_0T}{q}\ln\left(\frac{I_L}{I_S} + 1\right) \tag{4.35}$$

如将PN结短路($V = 0$)，因而 $I_F = 0$，这时所得的电流为短路电流 I_{SC}. 显然，短路电流等于光生电流，即

$$I_{SC} = I_L \tag{4.36}$$

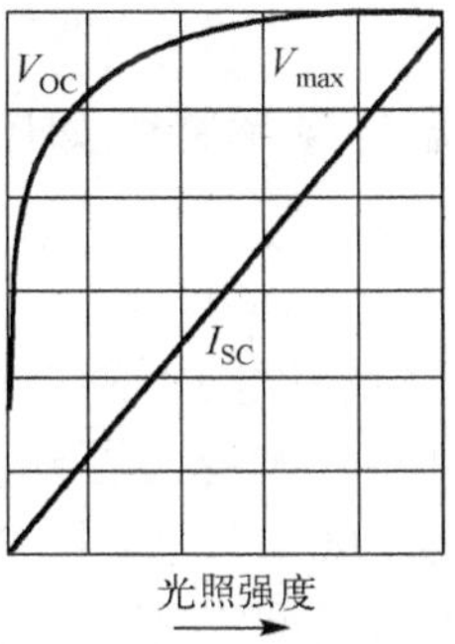

图4.18 V_{OC} 和 I_{SC} 随光照强度的变化

V_{OC} 和 I_{SC} 是光电池的两个重要参数，可讨论短路电流 I_{SC} 和开路电压 V_{OC} 随光照强度的变化规律. 显然，两者都随光照强度的增强而增大；所不同的是 I_{SC} 随光照强度线性地上升，而 V_{OC} 则呈对数式增大，见图4.18. 但是，V_{OC} 并不随光照强度无限地增大. 当光生电压 V_{OC} 增大到PN结势垒消失时，即得到最大光生电压 V_{max}. 因此，V_{max} 应等于PN结势垒高度 V_D，与材料掺杂程度有关. 实际情况下，V_{max} 与禁带宽度 E_g 相当. 一般而言，单片硅光电池的开路电压为0.45～0.6V.

【例 4.7】

有一光电池，在输入光通量为 20 μlm 时，其开路电压为 30 V，短路电流为 60 μA，试求出最佳负载电阻 R_M.

解 $R_M = \frac{V_{OC}}{I_{SC}} = \frac{30}{60\times 10^{-6}}\Omega = 500\text{k}\Omega$.

2. 光谱特性、频率响应及温度特性

1) 光电池的光谱特性

光电池的光谱特性主要由材料及制作工艺决定. 为了比较对不同波长光的响应程度，规定在入射光能量保持一个相同值的条件下，研究光电池的短路电流与入射光波长的关系. 不同材料有不同的光谱响应范围，例如，硅光电池的光谱响应范围从可见光到近红外(0.4～1.1μm)，峰值波长为 0.8～0.9μm；硒光电池的光谱响应范围与人的视觉接近，在 0.4～0.7μm，峰值波长 0.54μm 附近. 这两种光电池的光谱响应特性曲线如图 4.19 所示.

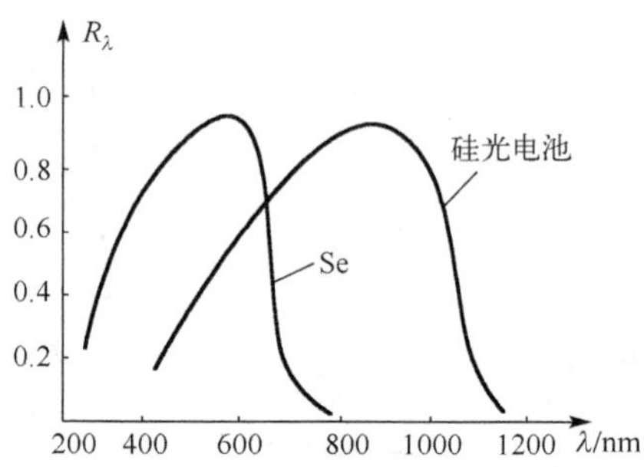

图 4.19 光电池的光谱响应特性曲线

硅光电池除了一般情况下的光谱响应特性，在 PN 结结深较浅(一般为 0.4μm)的情况下，由于入射光更容易到达 PN 结，因此短波长光从表面进入材料后受到的吸收小，因而提高了短波长的光被材料吸收的概率，所以吸收峰值发生变化，向短波长偏移(约在 0.6μm 附近)，这种光电池称为蓝硅光电池.

2) 频率响应

光电池作为测量、计数、接收元件时常采用调制光输入. 光电池的频率特性就是指输出电流随调制光频率变化的关系. 频率特性与材料、结构尺寸和使用条件有关. 当光电池作为探测器件使用时，频率特性是一个很重要的参数. 由于光敏面比较大，结电容也比较大，光电池的内阻在光照较小时也比较大，这些都使电路的时间常数加大，所以频率响应不高. 例如，硅光电池的截止频率只有几十千赫. 此外，负载电阻也影响到光电池的频率响应，负载电阻大时响应时间也增大，从而使频率特性变差.

硅光电池具有较高的频率响应，而硒光电池则较差，两种器件频率特性如图 4.20 所示.

3) 温度特性

除了受入射光频率的影响外，温度对光电池的影响也很大. 随着温度的不断增加，开路电压下降，短路电流上升，如图 4.21 所示. 在强光照射时要注意器件本身的温升，一般情况下，硒光电池的结温不应超过 50℃，硅光电池的结温不应超过 200℃，否则，光电池的晶格结构会遭到破坏，从而毁坏光电池. 开路电压与短路电流均随温度而变化，它将关系到应用光电池的仪器设备的温度漂移，影响到测量或控制精度等主要指标. 当光电池作为测量元件时，最好能保持温度恒定，或采取温度补偿措施.

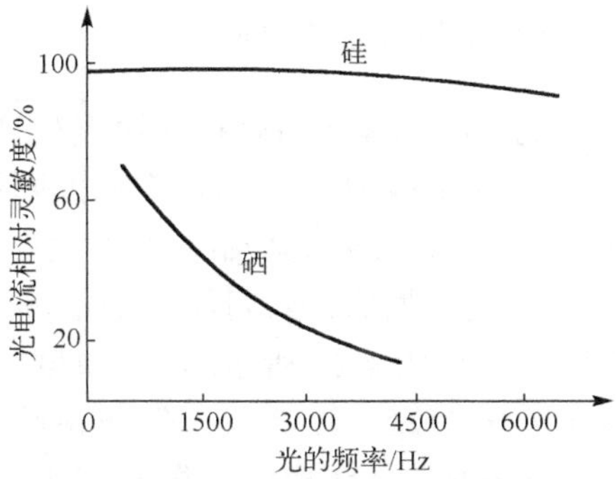

图 4.20　光电池的频率特性

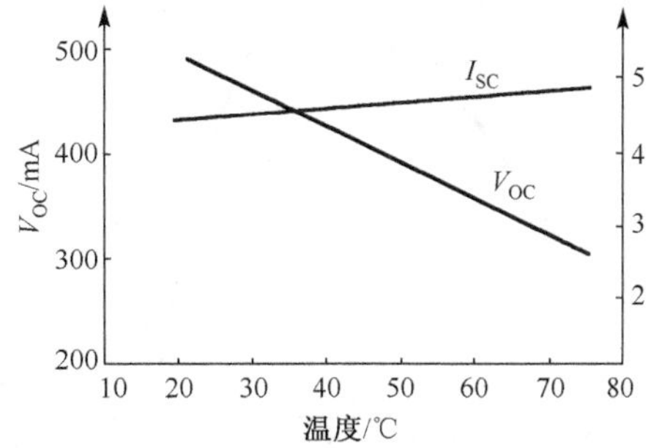

图 4.21　光电池温度特性曲线

4.4.3 太阳能电池

太阳能电池是光电池的一种，其原理和光电池的原理相同，即基于光生伏打效应的原理. 太阳能电池如图 4.22(a)所示，其结构原理如图 4.22(b)所示的结构. 为了增加采光面积，太阳能电池一般由一个大面积硅 PN 结组成. 太阳能电池可作为长期电源，现已在人造卫星及宇宙飞船中广泛使用. 太阳能电池的主要优点是环保和无需长距离输电；主要缺点是输出电压要受天气变化影响. 太阳能电池主要考虑的是输出功率要大.

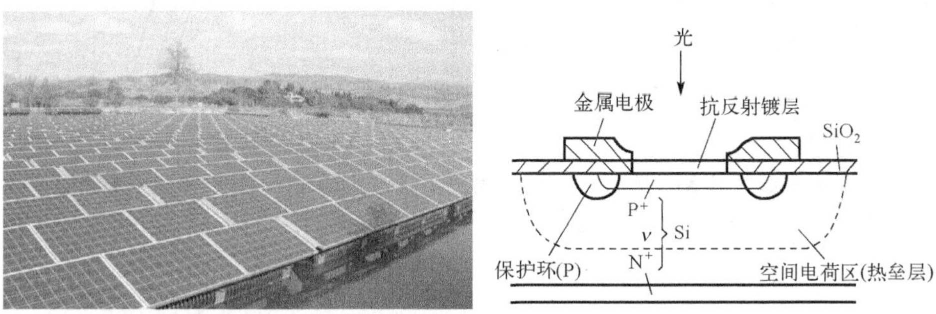

太阳能电池制作的工艺流程

(a) 太阳能电池　　(b) 结构示意图

图 4.22　太阳能电池及结构示意图

由于采用材料不同，太阳能电池分为硅太阳能电池和化合物半导体太阳能电池. 硅加热熔化后慢慢冷却变成晶体，根据冷却的方法不同分为单晶硅太阳能电池、多晶硅太阳能电池和非晶硅太阳能电池. 化合物半导体电池采用的材料是两种以上元素的半导体，如 GaAs、InP、CdS、CdTe、$CuInSe_2$ 等.

1. 光谱特性

V_{OC} 为太阳能电池的开路电压，一节太阳能电池的开路电压为 0.5～0.8V. I_{SC} 为太阳能电池的短路电流，短路电流大小随光强度不同而异. 太阳能电池的变换效率为输出能量与入射能量之比. 对于不同的光谱，将光能变换为电能的比例不同，光谱特性表示太阳能电池入射单位光子时能产生多少个电子(空穴)，用百分数表示，图 4.23 为硅太阳能电池的相对光谱响应.

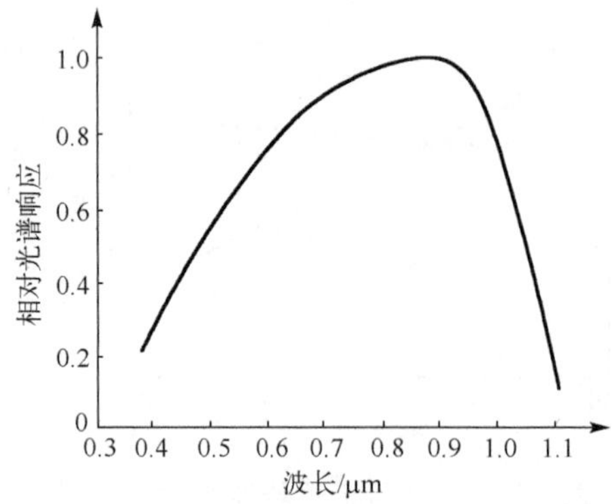

图 4.23　硅太阳能电池的相对光谱响应曲线

2. 光照特性和温度特性

太阳能电池的输出特性与光照度(光的强度)的关系，如图 4.24 所示，可以看出太阳能电池的开路电压 V_{OC}、短路电流 I_{SC} 以及最大功率 P_{max} 均随照度增大而增大. 太阳能电池的输出也随温度而变化，如图 4.25 所示. 随着温度的升高，太阳能电池的短路电流增大，但是超过短路电流，开路电压减小，转换效率降低，因此，使用太阳能电池时要降低太阳能电池的温度以提高转换效率.

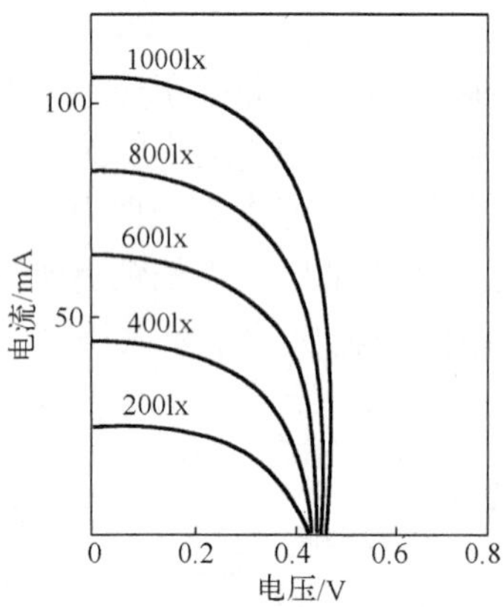

图 4.24　荧光灯各种照度时太阳能电池的输出特性图

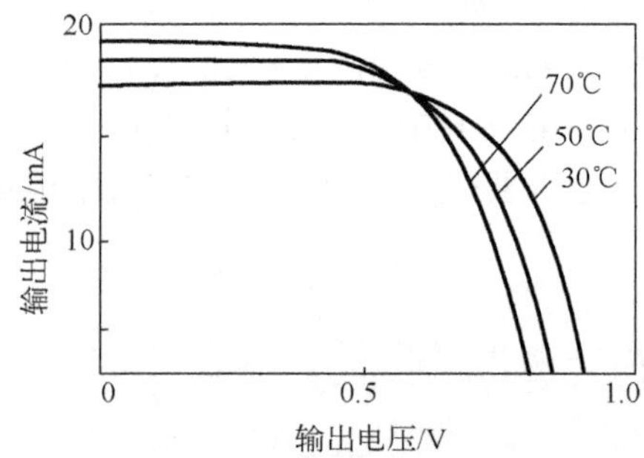

图 4.25　不同温度时非晶硅太阳能电池的电流–电压特性

3. 工作点

实际用太阳能电池为电子设备供电时，太阳能电池的工作点由负载的阻抗决定，太阳能电池工作点是负载的 *I-V* 特性曲线与太阳能电池的 *I-V* 特性曲线的交点，如图 4.26(a)所示. 太阳能电池实际工作点对应的电压与电流分别称为工作电压和工作电流，该值必须与最佳工作电压与电流相一致，即工作点要选在最佳工作点附近. 由于工作点随照度变化较大，为保证最低照度下能使电子设备正常工作，太阳能电池工作电压的选择一般要低于通常照度时的最佳工作电压.

光电池用以探测脉动光信号的变换电路，如图 4.26(b)所示. 为了分析方便，令入射光功率为正弦脉动形式，即

$$P = P_0 + P_m \sin \omega t \tag{4.37}$$

式中，P_0 为平均值在最大 P_0+P_m 和最小 P_0-P_m 之间的脉动. 在脉动光电信号情况下，直流负载线通过原点，斜率为 $\tan\theta = 1/R_b = G_b$ 的直线，如图 4.26(a)所示，Q 为静态或直流工作点，R_L 为工作负载电阻，R_b 为直流负载. 光电池的交流负载为 R_L 和 R_b 并联的等效电阻，

因此，交流负载线是通过 Q 点，斜率为 $\tan\beta = 1/R_b+1/R_L = G_b+G_L$ 的直线. 如图 4.26(a)可见，正弦交流输出电压的峰值 u_{Hm} 应为

$$u_{Hm} = \frac{i_{Hm}}{G_b + G_L} = \frac{S(P'' - P_0)}{G_b + G_L} \tag{4.38}$$

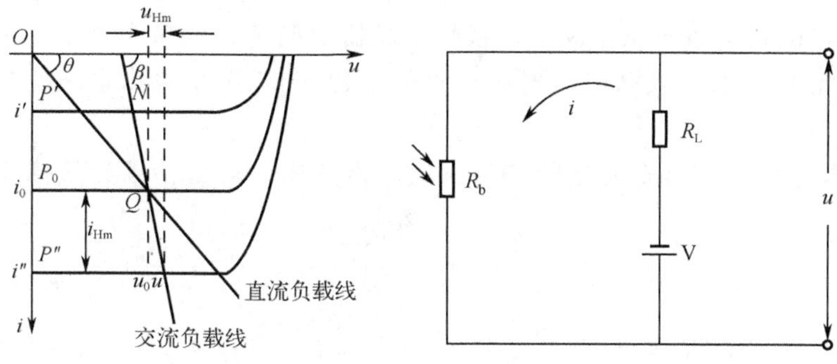

图 4.26 (a)接负载时太阳能电池的工作点；(b)脉动光信号的变换电路

i_{Hm} 为负载峰值电流，S 为光电池灵敏度. 于是，负载电阻 R_L 上的功率为

$$P_H = \frac{1}{2}G_L u_{Hm}^2 = \frac{1}{2}G_L\left[\frac{S(P'' - P_0)}{G_b + G_L}\right]^2 \tag{4.39}$$

现在，根据最大输出功率条件和输出线性度要求讨论 R_L 和 R_b 的设计方法. 把 P_H 分别对 G_b 和 G_L 求偏微分，获得最大功率的条件为 $G_b = G_L$.

图 4.25(a)可知 Q 点电压为

$$u_0 = \frac{i_0}{G_b} \tag{4.40}$$

$$u_{Hm} = (i'' - i_0)\frac{1}{G_b + G_L} = (i'' - i_0)\frac{1}{2G_b} \tag{4.41}$$

$$i_{Hm} = \frac{1}{2}(i'' - i_0) = \frac{1}{2}S(P'' - P_0) \tag{4.42}$$

$$u_{max} = u_0 + u_{Hm} = \frac{i_0}{G_b} + (i'' - i_0)\frac{1}{2G_b} \tag{4.43}$$

所以

$$G_b = \frac{i'' + i_0}{2u_{max}} = \frac{S(P'' + P_0)}{2u_{max}} \tag{4.44}$$

为了保证输出特性的线性度，一般取

$$u_{max} = 0.6u_{OC}, \qquad R_b = \frac{1.2u_{OC}}{S(P'' + P_0)} \tag{4.45}$$

输出功率有效值为

$$P_m=\frac{1}{2}i_{Hm}u_{Hm}=\frac{1}{8}S^2(P''-P_0)^2R_b \tag{4.46}$$

【例 4.8】

已知 Si 光电池，在$1000W/m^2$光照下，开路电压$u_\infty=0.55V$，光电流$i_\varphi=12mA$. (1) 求在$(200\sim700)W/m^2$光照下，保证线性电压输出的负载电阻和电压变化值；(2) 如果取反偏压$V=0.3V$，求负载电阻和电压变化值；(3) 如果希望输出电压变化量为0.5V，如何实现？

解 (1) 本题目是交变光电信号下的探测，为了保证输出特性的线性度

$$R_b=\frac{1.2u_{OC}}{S(P''+P_0)}$$

通过已知条件，即可得$R_L=R_b=\frac{1.2u_{OC}}{S(P''+P_0)}$，$SP=i_\varphi$，$S=\frac{i_\varphi}{P}$，$P=d\times M$.

从而

$$P''=d\times M'',\quad P_0=d\times M_0$$

代入公式得

$$R_L=R_b=\frac{1.2u_{OC}}{\frac{i_\varphi}{d\times M}(d\times M''+d\times M_0)}=\frac{1.2u_{OC}}{\frac{i_\varphi}{M}(M''+M_0)}$$

$u_{OC}=u_\infty$，$M=1000W/m^2$，$M_0=\frac{200+700}{2}=450(W/m^2)$，$M''=450+700=1150(W/m^2)$

解得

$$R_L=34.38$$

从而

$$U_{Mm}=2U_{Hm}=\frac{2S(P''-P_0)}{2G_L}=S(P''-P_0)R_b$$

将$R_b=\frac{1.2u_{OC}}{S(P''+P_0)}$代入

$$U_{Mm}=S(P''-P_0)\frac{1.2u_{OC}}{S(P''+P_0)}=1.2u_{OC}\frac{P''-P_0}{P''+P_0}$$

代入数据求解得

$$U_{Mm}=1.2u_{OC}\frac{P''-P_0}{P''+P_0}=0.29V$$

(2) 若取反偏压$V=0.3V$，则相当于开路电压u_{OC}减去0.3V，故将上面过程中u_{OC}换成0.25V代入公式求解即可.

(3) 此时题目相当于已知$U_{MM}=0.5V$，求u_{OC}的过程. 由

$$U_{MM} = 1.2u_{OC}\frac{P'' - P_0}{P'' + P_0}$$

得

$$u_{OC} = \frac{U_{MM}(P'' + P_0)}{1.2(P'' - P_0)} = \frac{0.5\times(1150+450)}{1.2\times(1150-450)} = 0.95(V)$$

故应加一个 1.37V 的正偏压.

4.4.4 石墨烯太阳能电池

石墨烯是由单层碳原子紧密堆积形成六角蜂窝状晶格的二维材料，它具有独特的电学与光学性能，如单层石墨烯的透光率高达 97.7%，载流子迁移率高达 $10^5 cm^2/(V\cdot s)$，还具有良好的力学性能和柔韧性. 这些优异的性能使石墨烯成为太阳能电池的理想材料.

1. 基本结构

石墨烯/硅肖特基结太阳能电池的结构和能带如图 4.27 所示. 通常采用 N-Si 作为基底，将单层或多层石墨烯直接覆盖在 N-Si 上. 由于石墨烯与硅的功函数存在差异，石墨烯与硅接触会形成肖特基结，从而产生强度较大的内建电场. 当入射光被硅吸收时，光生载流子被内建电场分离，其中光生空穴在石墨烯处收集，光生电子在电极处收集.

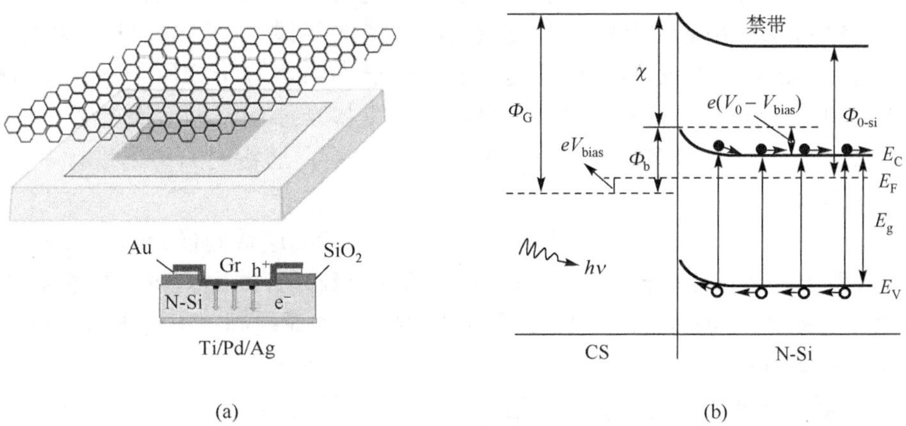

图 4.27 (a) 石墨烯/硅肖特基结太阳能电池的结构图；(b) 能带示意图

2. 制造工艺

石墨烯/硅肖特基结太阳能电池的制造工艺，如图 4.28 所示，首先在 N 型 Si 上沉积一层 SiO_2，然后刻蚀 SiO_2 和 N 型 Si，再在两边镀上金属电极 Au，之后给器件覆膜石墨烯(一般是使准备好的石墨漂浮在清水中用镊子夹住玻片，利用水分子的范德瓦耳斯力使石墨烯贴合在空穴传输层表面，之后自然晾干半小时)，将覆膜好的器件放在加热板上，烘烤去除石墨烯里面的水分，使石墨烯更紧密地与空穴传输层贴合. 最后在20～80℃丙酮中浸泡5～20min 去除石墨烯表面的杂质.

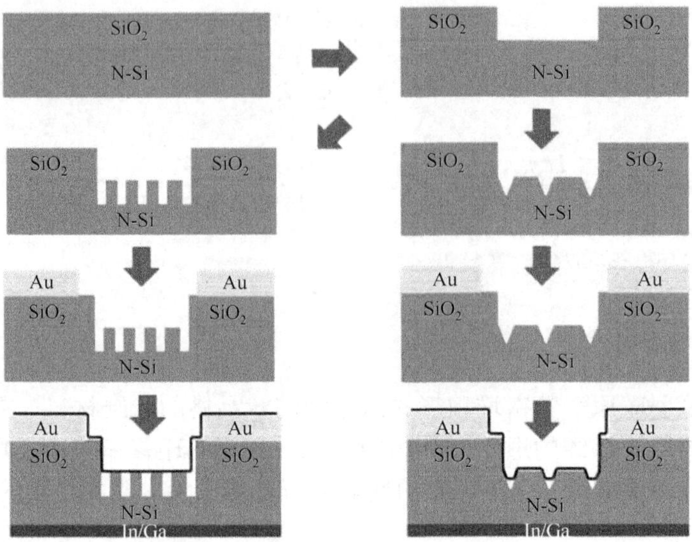

图 4.28 石墨烯/硅肖特基结太阳能电池的制造工艺制备示意图

3. 性能参数

1) 石墨烯掺杂

对石墨烯进行掺杂不仅可以大幅提高石墨烯的电导率，还可以提高其功函数，被认为是最有效地提高石墨烯/硅肖特基结太阳能电池性能的手段. 石墨烯的掺杂机制主要有吸附掺杂和晶格掺杂两种. 吸附掺杂通常是在石墨烯表面吸附分子或原子，并且与掺杂剂进行电荷交换，不会破坏石墨烯的结构. 晶格掺杂则是掺杂原子代替了石墨烯晶格中的碳原子，例如，氮原子、氧原子等. 由于采用 N-Si 制造电池，通常对石墨烯进行 P 型掺杂.

2) 优化石墨烯的层数

除了掺杂会影响石墨烯的功函数和电导率外，石墨烯的层数同样会影响石墨烯的功函数和电导率. 开路电压和短路电流明显依赖于石墨烯的层数，开路电压随着石墨烯的层数的增加而单调增加，这是因为石墨烯的功函数随着层数的增加而提高，可有效提高势垒高度.

3) 微纳结构设计

在商业太阳能电池中，通常对硅片进行绒面处理以降低器件的反射率，石墨烯/硅肖特基结太阳能电池同样适用这种策略，选择不同的刻蚀剂可以获得不同的纳米结构或微结构. 截至目前，纳米线、多孔硅、倒金字塔、金字塔、纳米柱等结构已被证实能有效地降低器件的反射率，提高器件的性能.

4) 引入减反射膜

除了对硅设计纳米结构或微结构以外，采用减反射膜也可以降低器件的反射率. 目前，许多材料已被用于器件的减反射膜设计，例如，TiO_2、聚甲基丙烯酸甲酯(PMMA)、氧化石墨烯、V_2O_5、MoO_x、Al_2O_3、MgF_2、ZnS 等. 减反射膜的折射率和厚度是影响减反射效果的两个重要指标，理想的减反射膜的折射率和膜厚可以根据 $n=\sqrt{n_{air}\cdot n_{Si}}$（$n_{air}$ 和 n_{Si} 分别为空气和硅的折射率）和 $d=\lambda/(4n)$ (λ为波长) 选择.

4.5 光电二极管

光电二极管与光电池所不同的是其为工作在反偏电压状态下的 PN 结光伏探测器. 光电二极管大致可分为 4 种类型，即 PN 结型(也称 PD)、PIN 结型、雪崩型和肖特基结型. 用得最多的是用硅材料制成的 PN 结型，它的价格也最便宜. 其他几种响应速度高，主要用于光纤通信及计算机信息传输.

4.5.1 硅光电二极管

1. 结构

光电二极管的受光面一般都涂有 SiO_2 防反射膜，而 SiO_2 中又常含有少量的钠、钾、氢等正离子，如图 4.29 所示. SiO_2 是电介质，这些正离子在 SiO_2 中是不能移动的，但是它们的静电感应却可以使 P-Si 表面产生一个感应电子层. 这个电子层与 N-Si 的导电类型相同，可以使 P-Si 表面与 N-Si 连通起来. 当管子加反偏压时，从前极流出的暗电子流，除了有 PN 结的反向漏电子流外，还有通过表面感应电子层产生的漏电子流，从而使从前极流出的暗电子流增大.

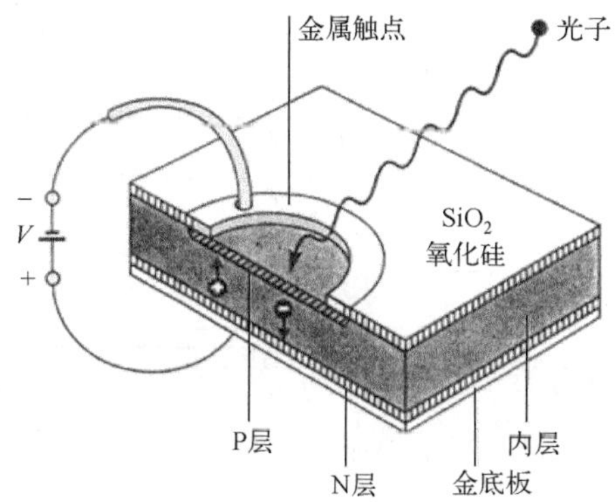

图 4.29 硅光电二极管结构示意图

光电二极管和光电池一样，其基本结构也是一个 PN 结. 和光电池相比，重要的不同点是结面积小，因此其频率特性特别好. 光生电动势与光电池相同，但输出电流普遍比光电池小，一般为几微安到几十微安.

光电二极管的 PN 结装在管的顶部，上面有一个透镜制成的窗口，以便入射光集中在 PN 结. 光电二极管使用时往往工作在反向偏置状态，其偏置电路一般采用图 4.30 所示的形式.

2. 光谱响应特性和光电灵敏度

Si 光电二极管光谱响应范围为 0.4～1.1μm，峰值响应波长约为 0.9μm，图 4.31 给出了常温下几种常见光电二极管的光谱响应曲线. 根据光谱特性曲线以及实际所需要的条件，我们可以合理地选择出我们所需的光电二极管.

硅光电二极管的电流灵敏度主要取决于其量子效率 η_λ. 通常将其峰值响应波长的电流灵敏度作为光电二极管的电流灵敏度. 硅光电二极管的电流响应率通常在 0.4～05μA/μW.

3. 伏安特性

在偏压一定的情况下，入射光的强度发生变化，光电二极管的电流随之变化，如图 4.32(a)所示. 当没有光照射时，此时电流为暗电流. 为了分析更为方便，我们通常会把其伏安特性曲线做线性化处理，如图 4.32(b)所示. 其中，Q 为直流工作点，g、g' 和 G_L

为各斜线与水平轴夹角的正切，其中 g 是光电二极管的内电导，其值等于管子内阻的倒数；g' 是光电二极管的临界电导. 显然，如果光电二极管的内电导超过 g' 值，则表明光电二极管已进入饱和导通状态；G_L 为负载电导，其值等于负载电阻的倒数.

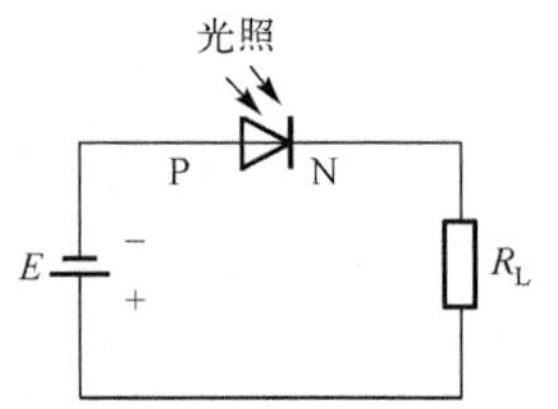

图 4.30　光电二极管的电路连接图

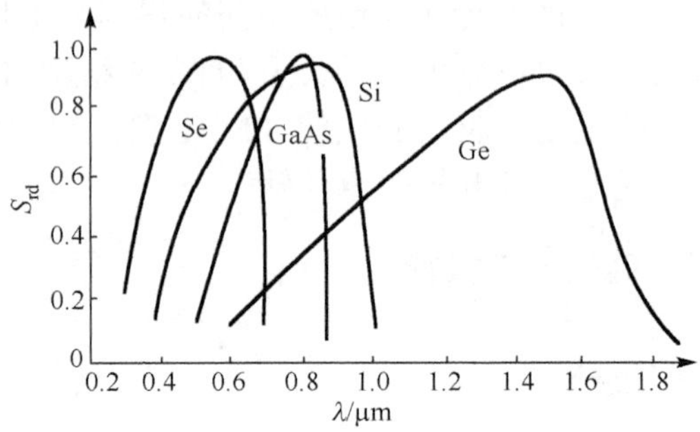

图 4.31　常见光电二极管的光谱响应

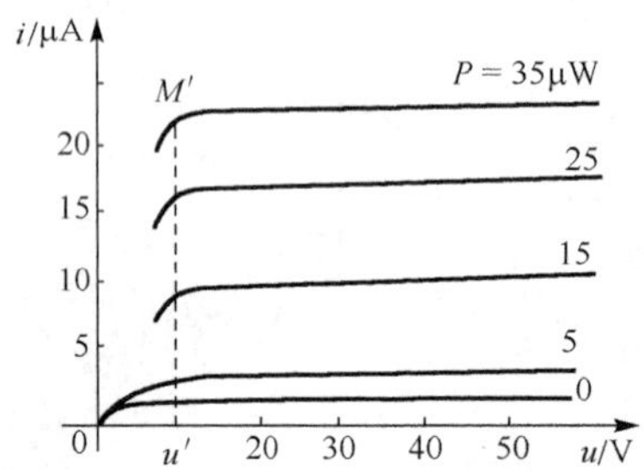

(a) 光电二极管的伏安特性

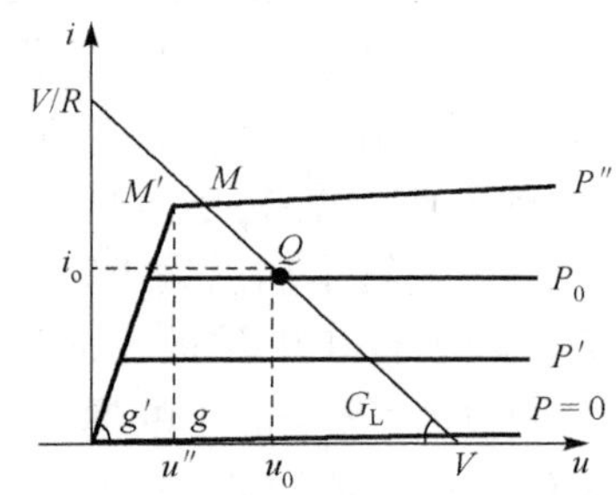

(b) 伏安特性曲线线性化处理

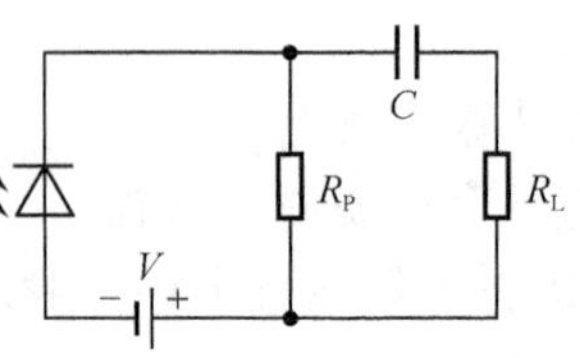

(c) 光电二极管的探测电路

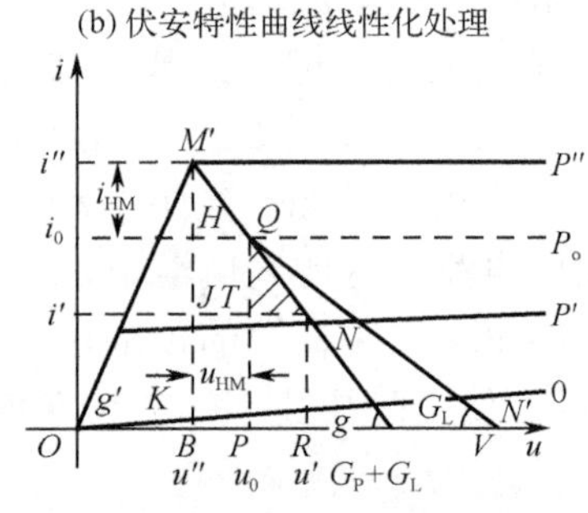

(d) 伏安特性曲线及工作点的确定

图 4.32　光电二极管伏安特性

对交变光信号探测，假定光功率做正弦脉动，即 $P = P_0 + P_m \sin \omega t$，我们关心的问题有：①给定入射功率时的最佳功率输出条件；②给定反偏电压 V 时的最佳功率输出条件.

光电二极管的探测电路和工作伏安特性，如图 4.32(c) 和 (d) 所示.

1) 给定入射功率时的最佳功率输出条件

从图 4.32(d) 可见，在入射光功率 P''、P_0、P' 已知的情况下，为使光电二极管得到充分利用，交流负载线斜率为 G_L+G_P，应通过 M' 点. 图中阴影三角形 QTN 的面积表示 G_L 和 G_P 并联时所获得的功率值. 显然，为了取得更大的功率，希望 G_L+G_P 值小，V 值大. 由图 4.32(d) 可得

$$i' = \overline{BK} + \overline{KM'} = gu' + SP' \tag{4.47}$$

$$i'' = gu'' + SP'' \tag{4.48}$$

$$i_0 = gu_0 + SP_0 = (V - u_0)G_P \tag{4.49}$$

由三角形 $M'HQ$ 可以看出

$$i' - i_0 = (G_L + G_P)(u_0 - u') \tag{4.50}$$

有

$$u_0 = \frac{S(P' - P_0)}{G_P + G_L + g} + u'$$

则输出电压幅值 u_{Hm}

$$u_{Hm} = u_0 - u' = \frac{S(P' - P_0)}{G_P + G_L + g} \tag{4.51}$$

输出功率为

$$P_H = \frac{1}{2}G_L u_{Hm}^2 = \frac{1}{2}G_L\left[\frac{S(P' - P_0)}{G_P + G_L + g}\right]^2 \tag{4.52}$$

将 P_H 对 G_L 和 G_P 求偏微分，可得最大输出功率条件

$$G_L = G_P + g \tag{4.53}$$

在允许范围内尽量增大 V 值，在最大功率条件下（$G_L + G_P + g = 2(G_P + g)$）有

$$u_0 = \frac{S(P' - P_0)}{2(G_P + g)} + u' \tag{4.54}$$

$$u_0 = \frac{G_P V - SP_0}{G_P + g} \tag{4.55}$$

可得

$$G_P = \frac{S(P' + P_0) + 2gu'}{2(V - u')}$$

这就是在给定 V 值下，最佳负载电导的基本公式.

2）给定反偏电压 V 时的最佳功率输出条件

沿 $ORNTQ$ 的路径可得

$$i_0 = g(u' + 2u_{Hm}) + SP'' + (G_L + G_P)u_{Hm} \tag{4.56}$$

再由△QDN'得

$$i_0 = G_P[V - (u' + u_{Hm})] \tag{4.57}$$

所以

$$u_{Hm} = \frac{(V - u')G_P - (SP'' + u')}{2(G_P + g) + G_L}$$

输出功率为

$$P_H = \frac{1}{2}G_L u_{Hm}^2 = \frac{1}{2}G_L\left[\frac{(V-u')G_P - S(P''+u')}{2(G_P+g)+G_L}\right]^2$$

将 P_H 对 G_L 和 G_P 求偏微分，可得最大输出功率条件

$$G_L = 2(G_P + g) \tag{4.58}$$

G_P 取大些的值.

4. 频率响应特性

硅光电二极管较其他光电二极管频率特性好，因此适宜于快速变化的光信号探测. 光电二极管的频率特性响应主要由三个因素决定：①光生载流子在耗尽层附近的扩散时间；②光生载流子在耗尽层内的漂移时间；③与负载电阻 R_L 并联的结电容 C_i 所决定的电路时间常数.

【例 4.9】

某光电二极管的结电容 $C_j = 5\text{pF}$，要求带宽为 10MHz. (1) 试问：允许的最大负载电阻为多少？(2) 若输出信号电流为 $10\mu\text{A}$，只考虑电阻的热噪声时，室温时信噪电流有效值之比为多少？(3) 如电流灵敏度为 0.6A/W，求噪声等效功率 NEP.

解 (1) 由 $f = \dfrac{1}{2\pi\tau_{RC}}$ 得

$$\tau_{RC} = \frac{1}{2\pi f} = \frac{1}{2\pi\times10\times10^6} = 1.6\times10^{-8}(\text{s})$$

即 PN 结电容 C_j 和管芯电阻 R_i 及负载电阻 R_L 构成的时间常数 τ_{RC}，其中普通 PN 结硅光电二极管的管芯内阻 R_i 约为 250Ω，有

$$\tau_{RC} = C_j(R_i + R_L)$$

则允许的最大负载电阻为

$$R_L = \frac{\tau_{RC}}{C_j} - R_i = \frac{1.6\times10^{-8}}{5\times10^{-12}} - 250 = 2950(\Omega)$$

(2) 热噪声均值电流为

$$I_N^2 = 4kT\cdot\Delta f / R = \frac{4\times1.38\times10^{-23}\times300\times10\times10^6}{2950} = 5.6\times10^{-17}(\text{A}^2)$$

信噪比

$$\frac{S}{N} = \frac{I_S^2}{I_N^2} = \frac{(10\times10^{-6})^2}{5.6\times10^{-17}} = 1.8\times10^6$$

$$\left(\frac{S}{N}\right)_{\text{dB}} = 10\lg\frac{I_S^2}{I_N^2} = 62.6\text{dB}$$

(3) 由电流灵敏度 $S_I = \dfrac{I_0}{\phi}$，得

$$\phi = \frac{I_0}{S_I} = \frac{10 \times 10^{-6}}{0.6} = 1.67 \times 10^{-5} (\mathrm{W})$$

噪声等效功率

$$\mathrm{NEP} = \frac{\phi}{S/N} = \frac{1.67 \times 10^{-5}}{1.8 \times 10^{6}} = 9.3 \times 10^{-12} (\mathrm{W})$$

4.5.2 PIN 硅光电二极管

考虑到光电二极管的频率响应特性，人们设计了一种在 P 区和 N 区之间相隔一本征层(I 区)的 PIN 光电二极管，以此来减小载流子扩散时间和结电容.

PIN 光电二极管在设计时为改善其性能需要使光吸收只发生在 I 区，这就完全消除了扩散电流的影响. 在光纤通信系统的应用中，常采用 InGaAs 材料制成 I 区和 InP 材料制成 P 区及 N 区的 PIN 光电二极管，如图 4.33 所示. InP 材料的带隙为 1.35eV，大于 InGaAs 的带隙，对于波长在 1.3～1.6μm 范围的光是透明的，而 InGaAs 的 I 区对 1.3～1.6μm 的光表现为较强的吸收，几微米的宽度就可以获得较高响应度. 在器件的受光面一般要镀增透膜以减弱光在端面上的反射. InGaAs 的光探测器一般用于 1.3μm 和 1.55μm 的光纤通信系统中.

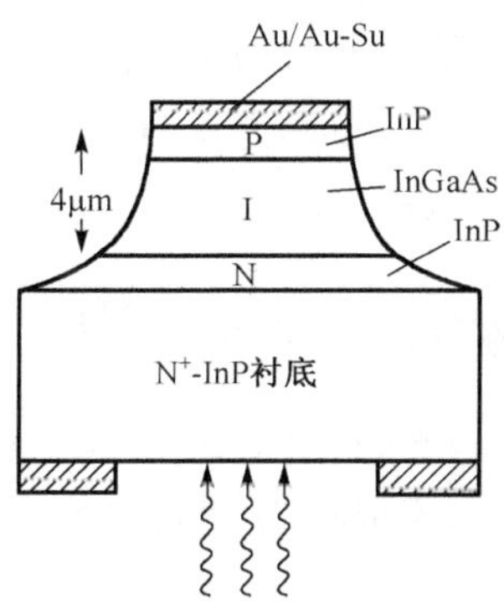

图 4.33 InGaAs PIN 光电二极管的结构

从光电二极管的工作原理可以知道，只有当光子能量 $h\nu$ 大于半导体材料的禁带宽度 E_g 时才能产生光电效应，即 $H\nu > E_g$. 因此对于不同的半导体材料，均存在着相应的下限频率 ν_c 或上限波长 λ_c，λ_c 亦称为光电二极管的截止波长. 只有入射光的波长小于 λ_c 时，光电二极管才能产生光电效应. Si-PIN 的截止波长为 1.06μm，故可用于 0.85μm 的短波长光探测；Ge-PIN 和 InGaAs-PIN 的截止波长为 1.7μm，所以它们可用于 1.3μm、1.55μm 的长波长光探测. 当入射光波长远小于截止波长时，光电转换效率会大大下降. 因此，PIN 光电二极管是对一定波长范围内的入射光进行光电转换，这一波长范围就是 PIN 光电二极管的波长响应范围. 响应度和量子效率表征了二极管的光电转换效率.

1. 响应度 R

定义为

$$R = I_P / P_{\mathrm{in}} \tag{4.59}$$

式中，P_{in} 为入射到光电二极管上的光功率；I_P 为在该入射功率下光电二极管产生的光电流.

2. 量子效率η

还可以定义为

$$\eta = \text{光电转换产生的有效电子–空穴对数/入射光子数} \tag{4.60}$$

响应速度是光电二极管的一个重要参数. 响应速度通常用响应时间来表示. 响应时间为光电二极管对矩形光脉冲的响应——电脉冲的上升或下降时间. 响应速度主要受光生载流子的扩散时间、光生载流子通过耗尽层的渡越时间及其结电容的影响.

光电二极管的线性饱和指的是它有一定的功率探测范围，当入射功率太强时，光电流和光功率将不成正比，从而产生非线性失真. PIN 光电二极管有非常宽的线性工作区，当入射光功率低于 mW 量级时，器件不会发生饱和.

无光照时，PIN 作为一种 PN 结器件，在反向偏压下也有反向电流流过，这一电流称为 PIN 光电二极管的暗电流. 它主要由 PN 结内热效应产生的电子–空穴对形成. 当偏置电压增大时，暗电流增大. 当反向偏压增大到一定值时，暗电流激增，发生了反向击穿(即为非破坏性的雪崩击穿，如果此时不能尽快散热，就会变为破坏性的齐纳击穿). 发生反向击穿的电压值称为反向击穿电压. Si-PIN 的典型击穿电压值为 100 多伏. PIN 工作时的反向偏置都远离击穿电压，一般为 10～30V.

【例 4.10】

画出 PIN 光电二极管加了正常工作电压的能带图(图 4.34). 由其工作原理说明：其频率特性为什么比普通光电二极管好，其灵敏度为什么比普通的光电二极管的灵敏度高?

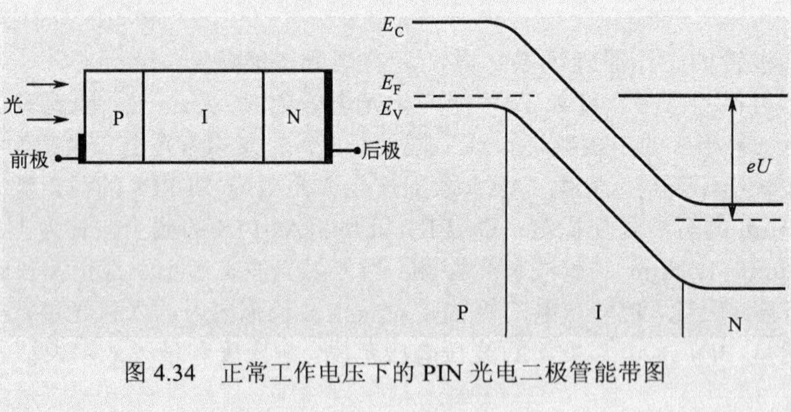

图 4.34 正常工作电压下的 PIN 光电二极管能带图

解 PIN 管加反向电压时，势垒变宽，并在整个本征区展开，耗尽层宽度基本上是 I 区的宽度，光照到 I 层激发产生光生电子–空穴时，在内建电场和反向电场作用下，电子向 N 区运动，而空穴向 P 区运动，形成光生电流. 光生电流通过负载，从而在外电路会形成电流. 由于 I 层比 PN 结宽得多，光生的电子–空穴比 PN 结的光生电子–空穴多得多，因此输出的光生电流较大，灵敏度有所提高.

时间响应特性主要取决于结电容、载流子渡越耗尽层所需要的时间.

由于 PIN 管耗尽层变宽，从而增大了结电容之间的距离，结电容变小，而且耗尽层的厚度随反向电压的增加而加宽，因而结电容随着外加反向偏压的增大变得更小. 又由于I层的电阻率高，能承受很高的电压，I层电场很强，对少数载流子起加速作用，虽然渡越距离增大一些，但少数载流子的渡越时间相对还是短了. 因此PIN光电二极管，由于结电容小，载流子渡越耗尽层时间短，时间特性好，频带宽度可达10GHz.

4.5.3 雪崩光电二极管

雪崩光电二极管为具有内增益的一种光生伏打器件，它利用光生载流子在强电场内的定向运动产生雪崩效应，以获得光电流的增益，其结构如图4.35所示.

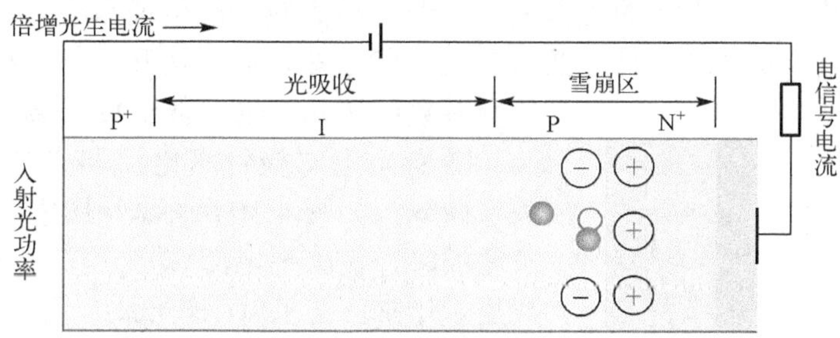

图4.35 雪崩光电二极管结构示意图

在雪崩过程中，光生载流子在强电场的作用下进行高速定向运动，具有很高动能的光生电子或空穴与晶格原子碰撞，使晶格原子电离产生二次电子-空穴对；二次电子-空穴对在电场的作用下获得足够的动能，又使晶格原子电离产生新的电子-空穴对，此过程像“雪崩”似的继续下去. 电离产生的载流子数远大于光激发产生的光生载流子，这时雪崩光电二极管的输出电流迅速增加，其电流倍增系数定义为

$$M = I / I_0 \tag{4.61}$$

式中，I为倍增输出电流；I_0为倍增前的输出电流.

雪崩倍增系数M与碰撞电离率有密切关系，碰撞电离率表示一个载流子在电场作用下，漂移单位距离所产生的电子-空穴对数目. 实际上电子电离率α_N和空穴电离率α_P是不完全一样的，它们都与电场强度有密切关系. 由实验确定，电离率α与电场强度E近似有以下关系：

$$\alpha = A\mathrm{e}^{-\left(\frac{b}{E}\right)^m} \tag{4.62}$$

式中，A、b、m都为与材料有关的系数.

假定$\alpha_N = \alpha_P = \alpha$，可以推出

$$M = \frac{1}{1 - \int_0^{X_D} \alpha \mathrm{d}x} \tag{4.63}$$

式中，X_D为耗尽层的宽度. 上式表明，当

$$\int_0^{X_D} \alpha \mathrm{d}x \to 1 \tag{4.64}$$

时，$M \to \infty$. 因此称上式为发生雪崩击穿的条件. 其物理意义是：在电场作用下，当通过

耗尽区的每个载流子平均能产生一对电子-空穴对时，就发生雪崩击穿现象. 当$M \to \infty$时，PN结上所加的反向偏压就是雪崩击穿电压U_{BR}.

在反向偏压略低于击穿电压时，也会发生雪崩倍增现象，不过这时的M值较小，M随反向偏压U的变化可用经验公式近似表示为

$$M = \frac{1}{1-(U/U_{BR})^n} \tag{4.65}$$

式中，指数n与PN结的结构有关. 对N^+P结，$n \approx 2$；对P^+N结，$n \approx 4$. 由上式可见，当$U \to U_{BR}$时，$M \to \infty$，PN结将发生击穿.

适当改变雪崩光电二极管的工作偏压，便可得到较大的倍增系数. 目前，雪崩光电二极管的偏压分为低压和高压两种，低压在几十伏左右，高压达几百伏. 雪崩光电二极管的倍增系数可达几百倍，甚至数千倍.

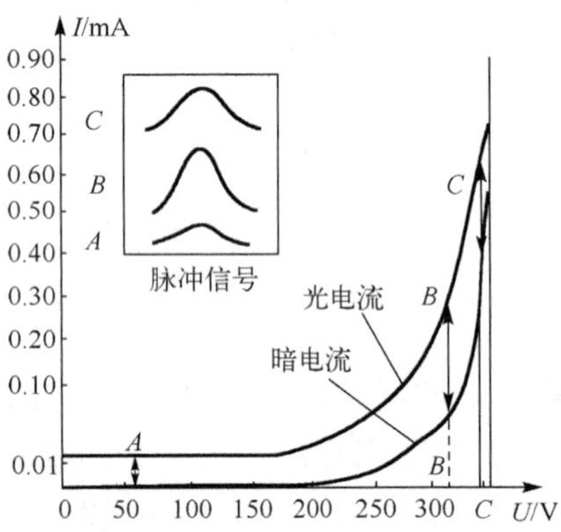

图 4.36 雪崩光电二极管暗电流、光电流与偏置电压的关系

雪崩光电二极管暗电流和光电流与偏置电压的关系曲线，如图4.36所示. 从图中可看到，当工作偏压增加时，输出亮电流(即光电流和暗电流之和)按指数显示增加. 当在偏压较低时，不产生雪崩过程，即无光电流倍增. 所以，当光脉冲信号入射后，产生的光电流脉冲信号很小(如A点波形). 当反向偏压升至B点时，光电流便产生雪崩倍增效应，这时光电流脉冲信号输出增大到最大(如B点波形). 当偏压接近雪崩击穿电压时，雪崩电流维持自身流动，使暗电流迅速增加，光激发载流子的雪崩放大倍率却减小. 即光电流灵敏度随反向偏压增加而减小，如在C点处光电流的脉冲信号减小. 换句话说，当反向偏压超过B点后，由于暗电流增加的速度更快，有用的光电流脉冲幅值减小，所以最佳工作点在接近雪崩击穿点附近. 有时为了降低暗电流，会把工作点向左移动一些，虽然灵敏度有所降低，但是暗电流和噪声特性有所改善.

雪崩击穿点附近电流随偏压变化的曲线较陡，当反向偏压有较小变化时，光电流将有较大变化. 另外，在雪崩过程中PN结上的反向偏压容易产生波动，将影响增益的稳定性. 所以，在确定工作点后，对偏压的稳定性要求很高.

【例 4.11】

表中列出了国外一种C30916E型的硅雪崩光电探测器的特性参数.

光敏面直径/mm	电流灵敏度/(A/W)	暗电流/nA	结电容/pF	等效噪声功率/(fW/$\sqrt{Hz}$)	响应时间/ns	工作电压/V
1.5	70	100	3	8	2	275～425

根据表中参数：(1)计算D^*值；(2)说明工作电压为什么要达到几百伏，如果低于或者超过工作电压，将会出现什么情况？

解 (1)计算D^*值

$$D^* = \frac{\sqrt{A_d \Delta f}}{\text{NEP}} = \frac{\sqrt{A_d}}{\text{NEP} / \sqrt{\Delta f}} = \frac{\sqrt{3.14 \times (0.15/2)^2}}{8 \times 10^{-15}} = 1.67 \times 10^{13} (\text{cm} \cdot \text{Hz}^{1/2} \cdot \text{W}^{-1})$$

(2) 当外加电压较低时，器件没有电流倍增现象；当偏压增加到接近但略低于击穿电压 U_B 时，器件有很大的倍增；当偏压继续增加超过 U_B 以后，暗电流的雪崩电流急剧上升导致器件会发生击穿，因而器件输出很大的噪声电流.

4.6 光电三极管

在光电二极管基础上，为了获得内增益，我们可以利用三极管的电流放大原理，这就是光电三极管，如图 4.37 所示.

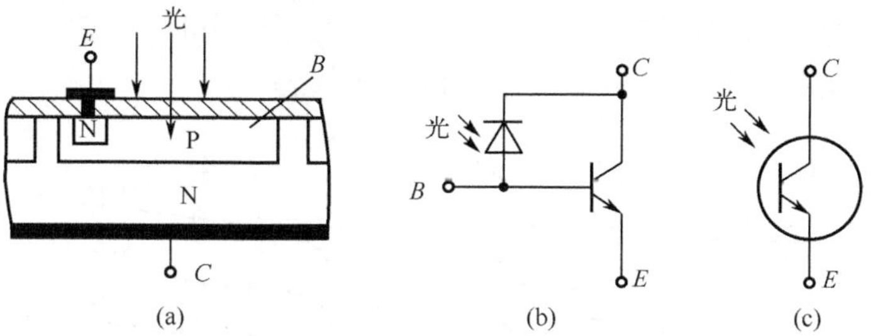

图 4.37 光电三极管结构图

当光线照射到集电结时就会产生电子-空穴对，由于集电结处于反向偏置，在结内有很强的内建电场，这些光生电子-空穴对被很强的电场分离，电子漂移到集电极，空穴漂移到基极，基区内电荷的变化改变了发射结电势，造成电子由发射区向基区注入，由于发射区电子是多数载流子，发射区结正偏，因此扩散作用大于漂移运动，大量电子越过发射结到达基区，在基区扩散受到内建电场作用到达集电极，当基极没有引线时，集电极电流等于发射极电流.

4.6.1 光照特性

光电二极管的光照特性是线性的，适合探测等方面的应用；三极管近似线性，如图 4.38 所示，当光照足够大(几千勒克斯)时，会出现饱和现象，因此既可作为线性转换元件，也可作为开关元件.

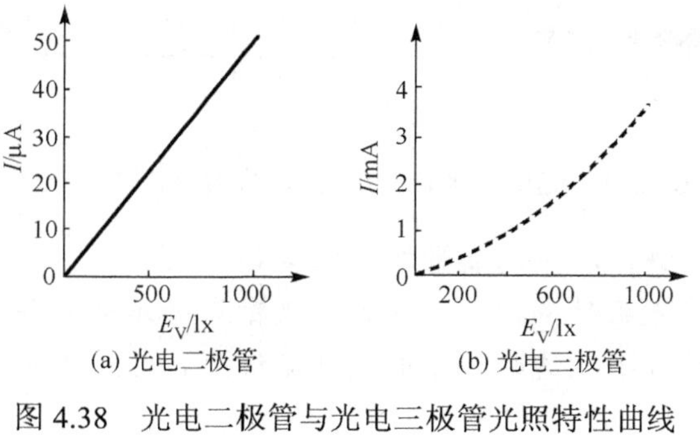

图 4.38 光电二极管与光电三极管光照特性曲线

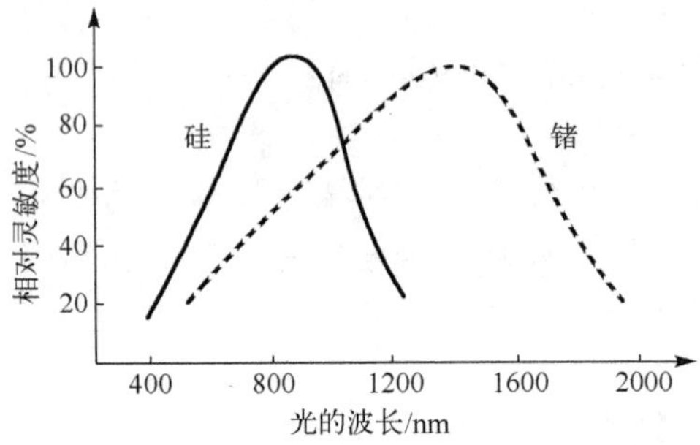

图 4.39　光电三极管光谱特性

4.6.2　光谱特性

光照度一定时，光电流与入射光频率(波长)之间的关系即为光谱特性. 光电二极管和光电三极管均存在一个最佳灵敏度的峰值波长，如图 4.39 所示. 在可见光或探测赤热状物体时，一般选用硅管；但对红外线进行探测时，则采用锗管比较合适.

4.6.3　伏安特性

二极管的电流与所加偏压几乎无关，所以可以作为恒流源，如图 4.40 所示. 三极管的偏压对光电流有明显的影响，当光照度保持一定，偏压较小时，光电流随着偏压的增大而增大；偏压大到一定程度时，光电流处于近似饱和状态.

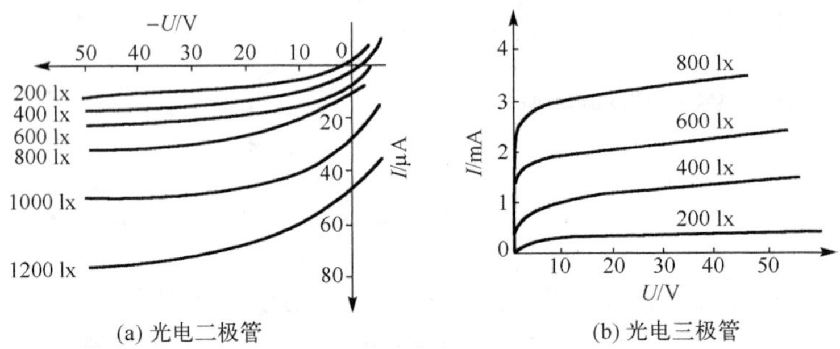

图 4.40　光电二极管与三极管的伏安特性曲线

【例 4.12】

图 4.41 为光电三极管的基本结构及所加电压. 画出光电三极管在没加电压，无光照；加电压，无光照和加电压，有光照三种情况的能带图，并说明其工作原理.

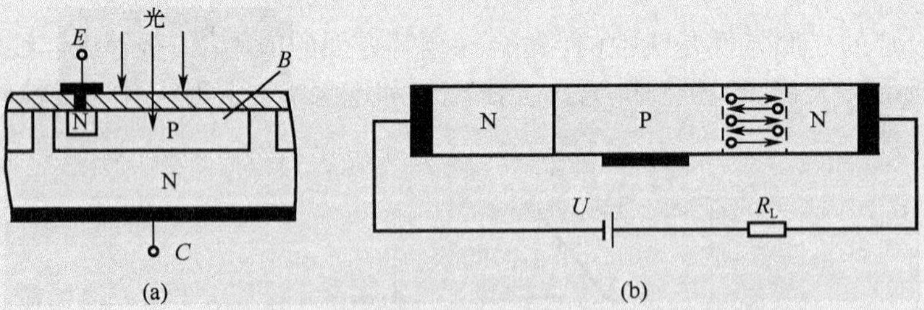

图 4.41　光电三极管的(a)基本结构及(b)所加电压

解　根据题意，三种情况下的能带图如图 4.42 所示.

当光电三极管不受光照时，相当于一般三极管基极开路状态，这时集电结处于反向偏压，因此集电结电流较小，这时的集电极电流称为光电三极管的暗电流.

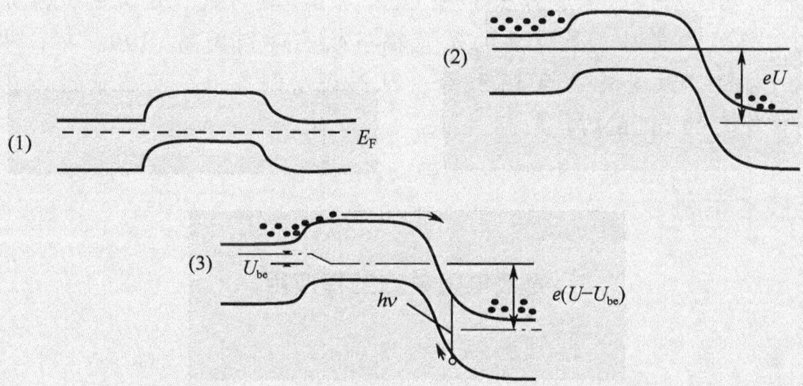

图 4.42 光电三极管的三种情况下的能带图

当光线照射到集电结时就会产生电子-空穴对，由于集电结处于反向偏置，在结内有很强的内建电场，这些光生电子-空穴对被很强的电场分离，电子漂移到集电极，空穴漂移到基极，基区内电荷的变化改变了发射结电势，造成电子由发射区向基区注入，由于发射区电子是多数载流子，发射区结正偏，因此扩散作用大于漂移运动，大量电子越过发射结到达基区，在基区扩散受到内建电场作用到达集电极，当基极没有引线时，集电极电流等于发射极电流，即

$$I_c = I_e = (1+\beta) I_p \tag{4.66}$$

式中，β 为电流放大倍数；I_p 为所对应的光电二极管的电流. 在光电三极管中，集电结是光电转换部分，而集电极、基极和发射极又构成一个有放大作用的晶体管. 相当于一个基极-集电极组成光电二极管加上一个普通的晶体放大管.

光电科学家

蓝光之父——中村修二

中村修二，美籍日裔科学家. 由于发明了高效蓝色发光二极管，其与日本科学家赤崎勇、天野浩共同获得 2014 年诺贝尔物理学奖.

图 4.43 中村修二

红色与绿色发光二极管出现超过了半个世纪，蓝光二极管才被发明出来. 尽管科研人员付出了巨大的努力，但产生蓝色光源的技术挑战仍然持续了超过 30 年之久. 蓝光二极管的发明扫除了 LED 用于照明的最大技术障碍，也让被誉为“人类历史上第四代照明”的 LED 灯呼之欲出.

1989 年，天野浩等人利用有机化学气相外延获得了 P 型 GaN 薄膜，他们采用掺杂的 Mg 作为受主杂质，并利用低能电子束辐射处理来获得低阻的 P 型 GaN. 1992 年，中村修二等人采用了不同的技术路线，利用氮气环境下退火，而非电子束辐射来制作出 P 型 GaN 薄膜，利用氮气退火的优点是经济、方便，处理薄膜的均匀性好，同时，最重要的是光辐射效率得到提高. 1992 年，中村修二利用 MOCVD 的双气流法，改变其中的 In 组分，从而成功制备出了高质量的具有带-带跃迁辐射的从绿色到紫外光的 InGaN 薄膜.

工程与技术案例

光敏电阻电路工程应用

【背景】

1) 光控开关电路

图 4.44 是一种光控开关电路，这一光控开关电路可以用在一些楼道、路灯等公共场所. 通过光敏电阻器，它在天黑时会自动开灯，天亮时自动熄灭. 电路中，VS_1 是晶闸管，R_1 是光敏电阻器.

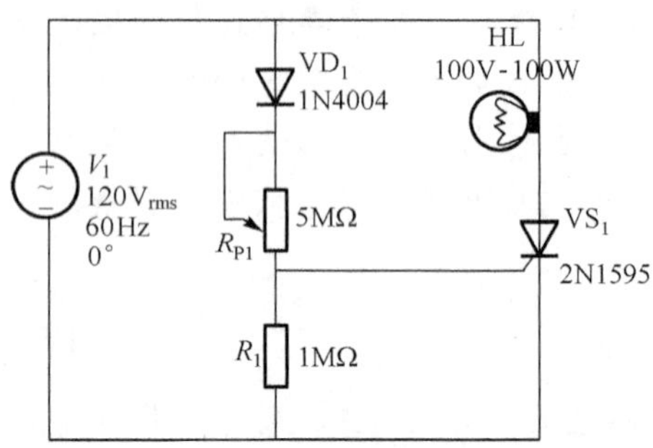

图 4.44　光控开关电路

当光线亮时，光敏电阻器 R_1 阻值小，220V 交流电压经光电二极管 VD_1 整流后的单向脉冲性直流电压在 R_{P1} 和 R_1 分压后的电压小，加到晶闸管 VS_1 控制极的电压小，这时晶闸管 VS_1 不能导通，所以灯 HL 回路无电流，灯不亮. 当光线暗时，光敏电阻器 R_1 阻值大，R_{P1} 和 R_1 分压后的电压大，加到晶闸管 VS_1 控制极的电压大，这时晶闸管 VS_1 进入导通状态，所以灯 HL 回路有电流流过，灯点亮.

2) 灯光亮度自动调节电路

图 4.45 是灯光亮度自动调节电路，这一电路能根据外界光线的强弱来自动调节灯光亮度. 电路中，VS_1 是晶闸管，N 是氖管，HL 是灯，R_3 是光敏电阻器.

电路中，晶闸管 VS_1 和二极管 $VD_1 \sim VD_4$ 组成全波相控电路，用氖管 N 作为 VS_1 的触发管. 220V 交流电通过负载 HL 加到 $VD_1 \sim VD_4$ 桥式整流电路中，整流后的单向脉冲直流电压加到晶闸管 VS_1 阳极和阴极之间，VS_1 导通与截止受控制极上的电压控制. 整流后的电路还加到各电阻和电容上. 直流电压通过 R_1 和 R_{P1} 对电容 C_1 进行充电，C_1 上充到的电压通过氖管 N 加到晶闸管 VS_1 控制极上，当 C_1 上电压上升到一定程度时，氖管 N 启辉，将电压加到晶闸管 VS_1 控制极上，使晶闸管 VS_1 导通，灯 H_1 点亮. 电容 C_1 上平均电压的大小决定了晶闸管 VS_1 交流电一个周期内平均导通时间的长短，从而决定了灯的亮度. 当外界亮度高时，光敏电阻器 R_3 阻值小，C_1 的充电电压低，晶闸管 VS_1 平均导通时间短，HL 灯光就暗. 当外界亮度低时，光敏电阻器 R_3 阻值大，C_1 的充电电压高，晶闸管 VS_1 平均导通时间长，HL 灯光就亮. 由于 R_3 的阻值是随外界光线强弱自动变化的，所以灯 HL 的亮度也是受外界光线强弱自动控制的. 调节可变电阻器 R_{P1} 阻值可以改变对电容 C_1 的充电时间常数，即改变 VS_1 的导通角，调节 HL 灯光的亮度.

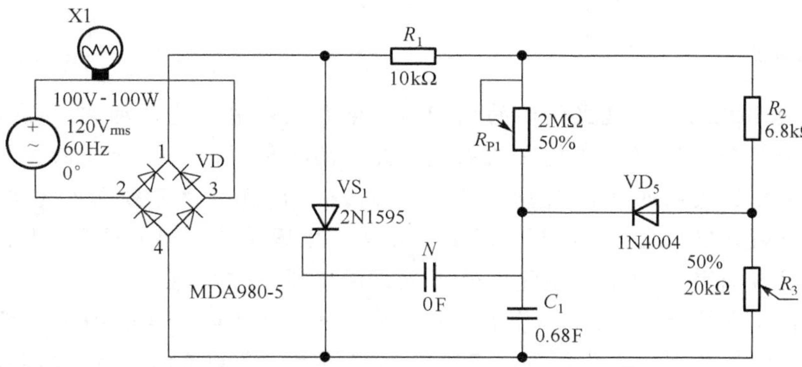

图 4.45　灯光亮度自动调节电路

【案例分析】

光敏电阻阻值具有随光照强度增加而减小的特点，光敏电阻通过接收不同强度的光照改变自身阻值，使电路中的电阻值变化，其他电阻上的分压变化，电路支路短路或开路等改变，从而使得光敏电阻在各种电路控制中得到了广泛的应用.

【应用延伸】

光敏电阻作为光电器件，还可用于照相机测光系统、报警系统、自动窗帘、起爆爆炸装置等中.

太阳能马路的设计

【背景】

为有效扩大太阳能电池板的有效受光面积，美国一家公司就想到将太阳能电池板放于公路的路面上，既可以拓宽光照面积，又不影响车辆的正常通行. 这个设想得到很多科研工作者的认可. 在此也设计了一条宽 22.5m、长约 2000m 的四车道的太阳能马路(图 4.46)，并计算了太阳能发电系统的发电量. 此太阳能马路的结构主要分为三层，最上面一层用来作为承重结构，采用全钢化玻璃板进行铺设. 中间一层为太阳能并网发电系统，主要由太阳能电池板、逆变器、蓄电池和控制器组成. 最下面一层的结构主要是泡沫板，用来防止来自土壤的湿气侵蚀发电系统.

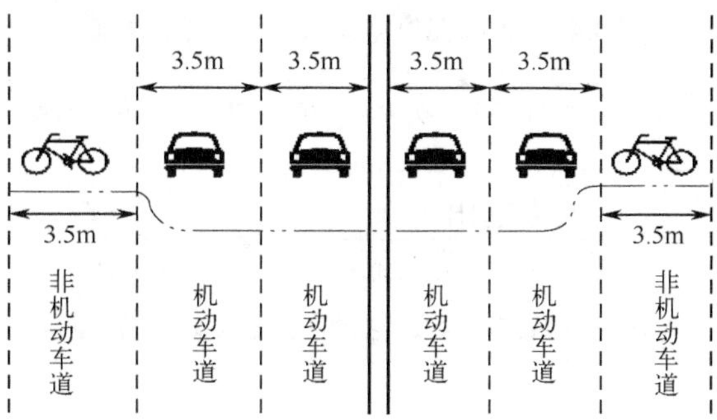

图 4.46　太阳能马路概况

【案例分析】

太阳能发电系统结构：这里论述的太阳能发电系统采用的是“光-电”直接转换方式，根据是否与电网连接，可将太阳能发电系统划分为两种类型，第一种是独立型，第二种是系统联系型(也称交流电网联系系统)．独立型系统经常被用于可独立发电的房屋进行供电，这种情况一般是农牧区、别墅区、温室大棚等与电网连接困难的地区．如图 4.47 所示，独立型系统的主要部件中除了太阳能电池阵列、逆变器、控制器等器件，最主要的便是蓄电池的使用．在没有其他电量来源的情况下，蓄电池存储的电能是阴雨天和夜间供电的唯一来源．利用太阳能电池转换并得到的直流功率可供直流负载直接使用，如果是交流负载，就要使用逆变器将直流功率转化成交流功率．这些直流功率还可被直接供给蓄电池进行充电，这样，在光线较弱的情况下，蓄电池可以通过放电为负载提供必需的功率．为防止负荷电压的波动，还应该设置控制器来调节电压，一般可单独安装或与逆变器合一．

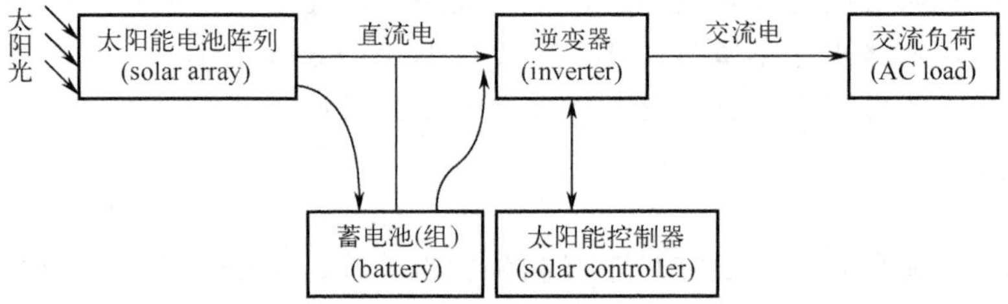

图 4.47　太阳能发电系统基本结构(原型)

图 4.48 所示系统的主要特点是当阳光充足时，太阳能电池阵列所产生的功率远大于负载的需要，可以通过自动控制系统将电能输送到电网中，也就是用电网出售电力，业内称为“逆潮流”运行．同时，如果遇到阴雨天或夜间，太阳能发电系统也可以接收来自电网提供的电力，即向电力公司买电，对电力公司而言，是正常地向用户供电，称为“正潮流”．

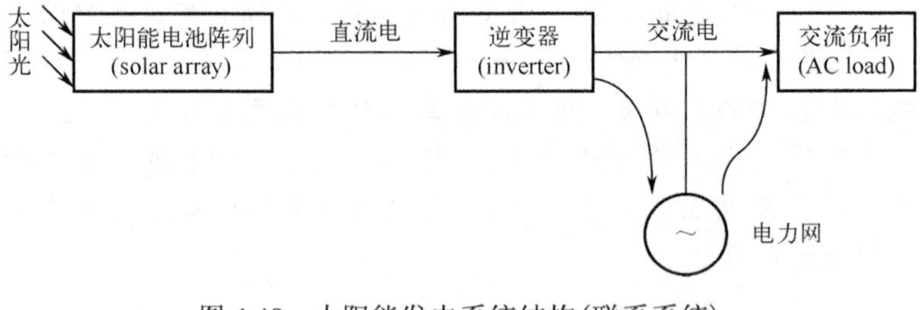

图 4.48　太阳能发电系统结构(联系系统)

根据以上设计，这里使用一种简单方式对此太阳能马路的发电量进行了简单的估算．根据电池板转换效率定义

$$\text{转换效率}\,\eta_1(\%)=\frac{\text{最大输出电量}}{\text{日照强度}\times\text{受光面积}}\times 100\%=\frac{Q_{\max}[\mathrm{J}]}{Q[\mathrm{J/m^2}]\times A[\mathrm{m^2}]}\times 100\%$$

可以知道，理论年发电量(设为 $Q_{理}$)可以由电池板吸收太阳能量 $Q_{吸}$和电池板转换效率计算得出

$$Q_{理}=Q_{吸}\times\eta_1$$

太阳能发电系统的总发电量可以由理论发电量和发电系统的总效率计算得到

$$Q = Q_{理} \times \eta$$

【应用延伸】

太阳能马路的设计包括：①太阳能发电的基本结构设计；②太阳能电池方阵转换及效率计算；③有效扩大太阳能电池板的有效受光面积.

练 习 题

一、选择题

1．按照调制方式分类，光调制可以分为强度调制、相位调制、频率调制、波长调制以及(　　)等，所有这些调制过程都可以归结为将一个携带信息的信号叠加到载波光波上.

A．偏振调制　　B．共振调制　　C．电角度调制　　D．振幅调制

2．利用外界因素对于光纤中光波相位的变化来探测各种物理量的探测器，称为(　　).

A．相位调制型探测器　　B．相位结合型探测器

C．相位振动型探测器　　D．相位干涉型探测器

3．半导体激光发光是由(　　)之间的电子-空穴对复合产生的，激励过程是使半导体中的载流子从平衡状态激发到非平衡状态的激发态.

A．原子　　B．分子　　C．离子　　D．能带

4．固体激光器是以固体为工作物质的激光器，也就是以掺杂的离子型(　　)和玻璃作为工作物质的激光器.

A．石英晶体　　B．高纯硅　　C．绝缘晶体　　D．压电晶体

5．光探测器是光纤传感器构成的一个重要部分，它的性能指标将直接影响传感器的性能. 光纤传感器对光探测器的要求包括以下哪几个？(　　)

A．线性好，按比例地将光信号转换为电信号

B．灵敏度高，能响应微小的输入光信号，输出较大的电信号

C．产品结构简单，易维护

D．性能稳定，噪声小

6．光纤传感器中常用的光探测器有以下哪几种？(　　)

A．光电二极管　　B．光电倍增管　　C．光敏电阻　　D．固体激光器

7．红外探测器的性能参数是衡量其性能好坏的依据. 其中响应波长范围(或称光谱响应)，是表示探测器的(　　)响应率与入射的红外辐射波长之间的关系.

A．电流　　B．电压　　C．功率　　D．电阻

8．光子探测是利用某些半导体材料在入射光的照射下，产生(　　). 使材料的电学性质发生变化. 通过测量电学性质的变化，可以知道红外辐射的强弱.

A．光子效应　　B．霍尔效应　　C．热电效应　　D．压电效应

9．当红外辐射照射在某些半导体材料表面上时，半导体材料中有些电子和空穴可以从原来不导电的

束缚状态变为能导电的自由状态，使半导体的导电率增加，这种现象叫(　　).

A．光电效应　　B．光电导现象　　C．热电效应　　D．光生伏打现象

10．利用温差电势现象制成的红外探测器称为(　　)红外探测器，因其时间常数较大，响应时间较长，动态特性较差，调制频率应限制在 10Hz 以下.

A．热电偶型　　B．热释电型　　C．热敏电阻型　　D．热电动型

二、是非题

11．红外线与可见光、紫外线、X 射线、微波以及无线电波一起构成了完整的无限连续的电磁波谱.

12．红外辐射在大气中传播时，由于大气中的气体分子、水蒸气等物质的吸收和散射作用，所以辐射在传播过程中逐渐衰减.

13．热敏电阻型红外探测器的热敏电阻是由锰、镍、钴等氧化物混合烧结而制成的，热敏电阻一般制成圆柱状，当红外辐射照射在热敏电阻上时，其温度升高，内部粒子的无规则运动加剧，自由电子的数目随温度升高而增加，所以其电阻增大.

14．当光辐射照在某些材料的表面上时，若入射光的光子能量足够大，就能使材料的电子逸出表面，向外发射出电子，这种现象叫内光电效应或光电子发射效应.

15．红外探测器的透镜系统和发射镜系统的差别主要在于前者具有较高的极限分辨率(散射圈较小).

16．辐射出射度表征辐射源单位面积所发出的辐射功率.

17．当红外辐射照射在某些半导体材料的 PN 结上时，在结内电场的作用下，自由电子移向 P 区，空穴移向 N 区. 如果 PN 结开路，则在 PN 结两端便产生一个附加电势，称为光生电动势.

18．光电池是利用光生伏打效应，直接将光能转换为电能的光电器件.

19．热辐射光纤温度探测器是利用光纤内产生的热辐射来探测温度的一种器件.

20．当恒定的红外辐射照射在热释电探测器上时，探测器才有电信号输出.

三、填空题

21．红外辐射俗称红外线，它是一种人眼看不见的光线，但实际上它与其他任何光线一样，也是一种客观存在的物质. 任何物质，只要它的温度高于________，就会有红外线向周围空间辐射.

22．红外无损探测是 20 世纪 60 年代以后发展起来的新技术，它通过测量________来鉴定金属或非金属材料的质量，探测内部缺陷的________.

23．一般情况下，当红外辐射突然照射或消失时，红外探测器的输出信号不会马上到达最大值或下降为零，而是要经过一段时间以后，才能达到最大值或降为零，当红外探测器的输出达到最终稳态时，所需要的时间称为红外探测器的________.

24．比探测率又叫________，也叫探测灵敏度，实质上就是当探测器的敏感元件面积为单位面积($A_0=1\text{cm}^2$)，放大器的带宽 $\Delta f=1\text{Hz}$ 时，单位功率的辐射所获得的信号电压与噪声电压之比.

25．热释电型红外探测器是由具有极化现象的________或被称作“铁电体”的材料制成，铁电体的极化强度(单位表面积的束缚电荷)与温度有关. 通常其表面俘获大气中的浮游电荷而保持电平衡状态.

26．内光电探测器可分为________________.

27．红外探测器的性能参数是衡量其性能好坏的依据，其中主要包括________.

28．红外技术广泛应用于工业、军事等领域中，目前采用了红外技术的应用有________.

29．实验表明，波长在________μm 之间的电磁波被物体吸收时，可以显著地转变为热能.

30．研究发现，太阳光谱各种单色光的热效应从紫色光到红色光是逐渐增大的，而且最大的热效应出现在________的频率范围内.

四、简答题

31．简述概念：外光电效应、内光电效应、光生伏打效应.

32．请比较光电二极管与光电池的异同.

33．说明光敏电阻的敏感机理.

34．简述光电池的工作原理.

五、计算题

35．用波长为 0.83μm，强度为 3mW 的光照射在硅光电池，设其反射系数为 15%，量子效率为 1，并设全部光生载流子能到达电极. 画出 PN 结光电池有光生电压的能带图. 求光生电流；当反向饱和电流为 10^{-8}A 时，求 $T = 300$K 时的开路电压.

六、复杂工程与技术题

36．内蒙古自治区地处我国的正北部，其太阳能资源非常丰富. 据统计，该地区太阳能年总辐射量在 4500～6900MJ/m^2，年总日照时间在 2600～3400h，是全国日照时间较长、辐射量很高的地区. 若选取内蒙古自治区呼和浩特市(东经 111.73°，北纬 40.83°)作为太阳能马路预定建设地点，试计算马路的发电量.

第 5 章　光电成像

当今社会是信息化社会，光电探测技术是现代信息获取的主要手段之一，是支撑信息化社会发展的核心技术. 随着光电探测和成像技术的迅猛发展，其在军事和民用领域占有越来越重要的地位，引起了业内人士的普遍关注. 而成像转换过程有四个方面的问题需要研究：能量(物体、光学系统和接收器的光度学、辐射度学性质，解决能否探测到目标的问题)、成像特性(能分辨的光信号在空间和时间方面的细致程度，对于多光谱成像还包括它的光谱分辨率)、噪声(决定接收到的信号不稳定的程度或可靠性)、信息传递速率(决定能被传递的信息量大小). 图 5.1 为 CCD 成像系统框图.

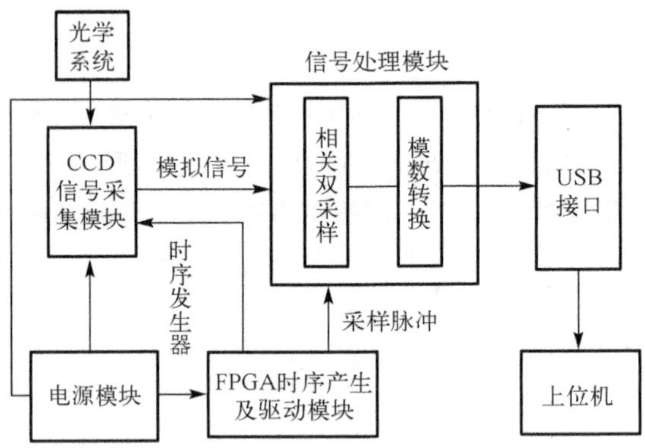

图 5.1　CCD 成像系统框图

本章主要介绍电荷耦合器件(charge coupled device，CCD)、互补金属氧化物半导体器件(CMOS)、红外焦平面器件(IRFPA)的基本原理，以及红外成像、夜视技术等基本内容.

5.1　工作原理

5.1.1　CCD 的结构与原理

CCD 的突出特点是以电荷作为信号，其不同于其他大多数器件是以电流或电压作为信号. CCD 的基本功能是电荷的存储和电荷的转移. 因此，CCD 工作过程的主要问题是信号电荷的产生、存储、传输和检测.

CCD 有两种基本类型：一是电荷包存储在半导体与绝缘体之间的界面，并沿界面传输，这类器件称为表面沟道 CCD(surface channel charge coupled device，SCCD)；二是电荷包存储在离半导体表面一定深度的体内，并在半导体内沿一定方向传输，这类器件称为体沟道或埋沟道器件(bulk channel charge coupled device，BCCD). 下面以 SCCD 为主讨论 CCD 的基本工作原理.

1. CCD 的基本结构

构成 CCD 的基本单元是 MOS(金属-氧化物-半导体)结构. 如图 5.2(a)所示，它是在 P 型 Si 衬底表面上用氧化的办法生成 1 层厚度为 1000～1500Å 的 SiO_2，再在 SiO_2 表面蒸镀-金属层(多晶硅)，在衬底和金属电极间加上 1 个偏置电压，就构成 1 个 MOS 电容器. 当有 1 束光线投射到 MOS 电容器上时，光子穿过透明电极及氧化层，进入 P 型 Si 衬底，衬底中处于价带的电子将吸收光子的能量而跃入导带. 光子进入衬底时产生的电子跃迁形成电子-空穴对，电子-空穴对在外加电场的作用下，分别向电极的两端移动，这就是信号电荷. 这些信号电荷存储在由电极组成的“势阱”中.

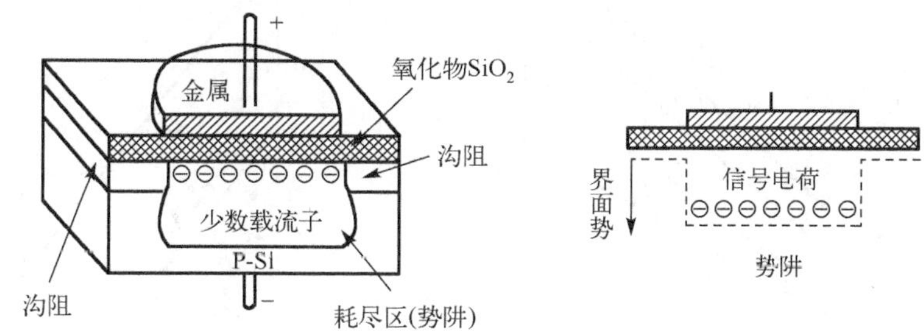

(a) (b)

图 5.2 CCD 的基本单元

2. 电荷存储

如图 5.3(a)所示，在栅极 G 施加正偏压 U_G 之前，P 型半导体中空穴(多数载流子)的分布是均匀的. 当栅极施加正偏压 U_G(此时 U_G 小于 P 型半导体的阈值电压 U_{th})后，空穴被排斥，产生耗尽区，如图 5.3(b)所示. 偏压继续增加，耗尽区将进一步向半导体体内延伸. 当 $U_G > U_{th}$ 时，半导体与绝缘体界面上的电势(常称为表面势，用 Φ_S 表示)变得如此之高，以致将半导体体内的电子(少数载流子)吸引到表面，形成一层极薄的(约 $10^{-2}\mu m$)电荷浓度很高的反型层，如图 5.3(c)所示. 反型层电荷的存在表明了 MOS 结构存储电荷的功能. 然而，当栅极电压由零突变到高于阈值电压时，轻掺杂半导体中的少数载流子很少，不能立即建立反型层. 在不存在反型层的情况下，耗尽区将进一步向体内延伸，而且，栅极和衬底之间的绝大部分电压降落在耗尽区上. 如果随后可以获得少数载流子，那么耗尽

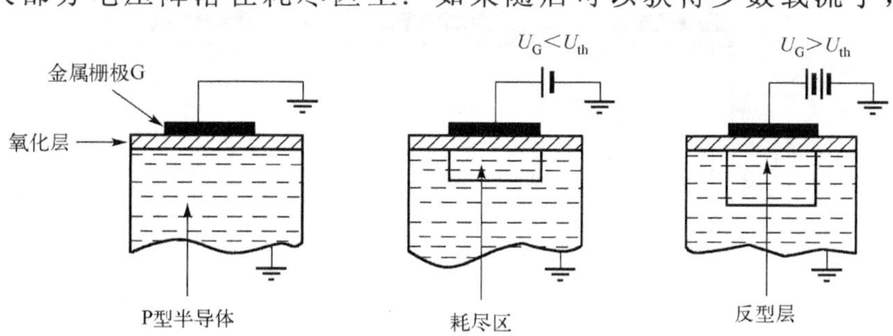

(a) 栅极电压为零 (b) 栅极电压小于阈值电压 (c) 栅极电压大于阈值电压

图 5.3 单个 CCD 栅极电压变化对耗尽区的影响

区将收缩，表面势下降，氧化层上的电压增加. 当提供足够的少数载流子时，表面势可降低为半导体材料费米能级 Φ_F 的两倍. 例如，对于掺杂浓度为 $10^{15}cm^{-3}$ 的 P 型半导体，费米能级为 0.3V. 耗尽区收缩到最小时，表面势 Φ_S 下降到最低伏值 0.6V，其余电压降在氧化层上.

表面势 Φ_S 随反型层电荷浓度 Q_{INV}、栅极电压 U_G 的变化如图 5.4 和图 5.5 所示. 图 5.4 中的曲线表示的是在掺杂浓度为 $10^{21}cm^{-3}$ 的情况下，对于氧化层的不同厚度不存在反型层电荷时，表面势 Φ_S 与栅极电压 U_G 的关系曲线. 图 5.5 为栅极电压不变的情况下，表面势 Φ_S 与反型层电荷浓度 Q_{INV} 的关系曲线.

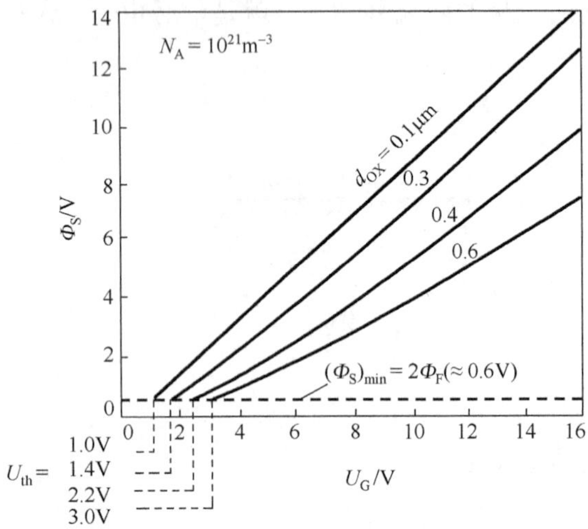

图 5.4 表面势与栅极电压 U_G 的关系(P 型硅杂质浓度 $N_A=10^{21}cm^{-3}$，反型层电荷 $Q_{INV}=0$)

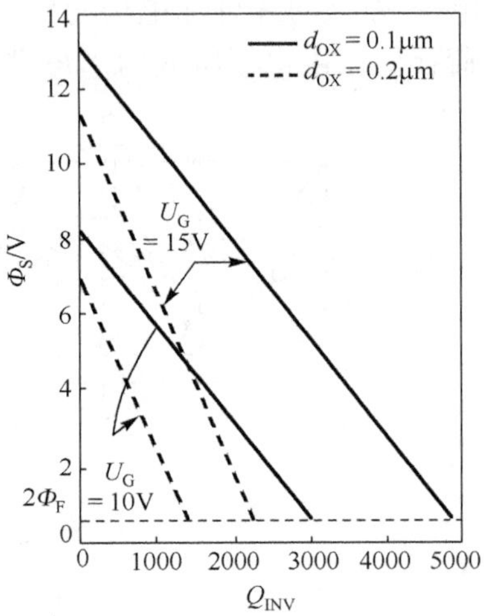

图 5.5 表面势 Φ_S 与反型层电荷浓度 Q_{INV} 的关系

曲线的直线性好，说明表面势 Φ_S 与反型层电荷浓度 Q_{INV} 有着良好的反比例线性关系. 这种线性关系很容易用半导体物理中的“势阱”概念描述. 电子之所以被加有栅极电压 U_G 的 MOS 结构吸引到氧化层与半导体的交界面处，是因为那里的势能最低. 在没有反型层电荷时，势阱的“深度”与栅极电压 U_G 的关系恰如 Φ_S 与 U_G 的线性关系，如图 5.6(a) 空势阱的情况. 图 5.6(b) 为反型层电荷填充 1/3 势阱时，表面势收缩，表面势 Φ_S 与反型层电荷浓度 Q_{INV} 之间的关系. 当反型层电荷足够多，势阱被填满时，Φ_S 降到 $2\Phi_F$. 此时，表

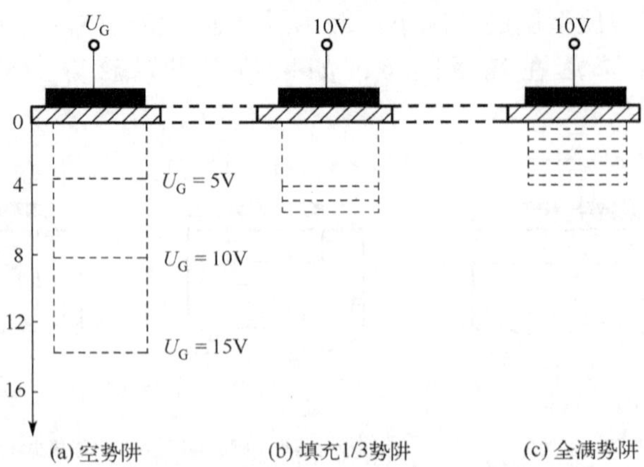

图 5.6 势阱

面势不再束缚多余的电子，电子将产生“溢出”现象. 这样，表面势可作为势阱深度的量度，而表面势又与栅极电压 U_G、氧化层的厚度 d_{OX} 有关，即与 MOS 电容容量 C_{OX} 和 U_G 的乘积有关. 势阱的横截面积取决于栅极电极的面积 A. MOS 电容存储信号电荷的容量

$$Q = C_{OX}U_G \cdot A \tag{5.1}$$

3. 电荷耦合

图 5.7 表示一个三相 CCD 中电荷转移的过程. 假定开始时有一些电荷存储在偏压为 10V 的第一个电极下面的深势阱里，其他电极均加有大于阈值的较低电压(如 2V). 设图 5.7(a)为零时刻(初始时刻). 经过 t_1 时刻后，各电极上的电压变为如图 5.7(b)所示，第一个电极仍保持为 10V，第二个电极上的电压由 2V 变到 10V，因为这两个电极靠得很紧(间隔只有几微米)，它们各自的对应势阱将合并在一起，原来在第一个电极下的电荷变为这两个电极下的势阱所共有，如图 5.7(c)所示. 若此后电极上的电压变为如图 5.7(d)所示，第一个电极电压由 10V 变为 2V，第二个电极电压仍为 10V，则共有的电荷转移到第二个电极下面的势阱中，如图 5.7(e)所示. 由此可见，深势阱及电荷包向右移动了一个位置.

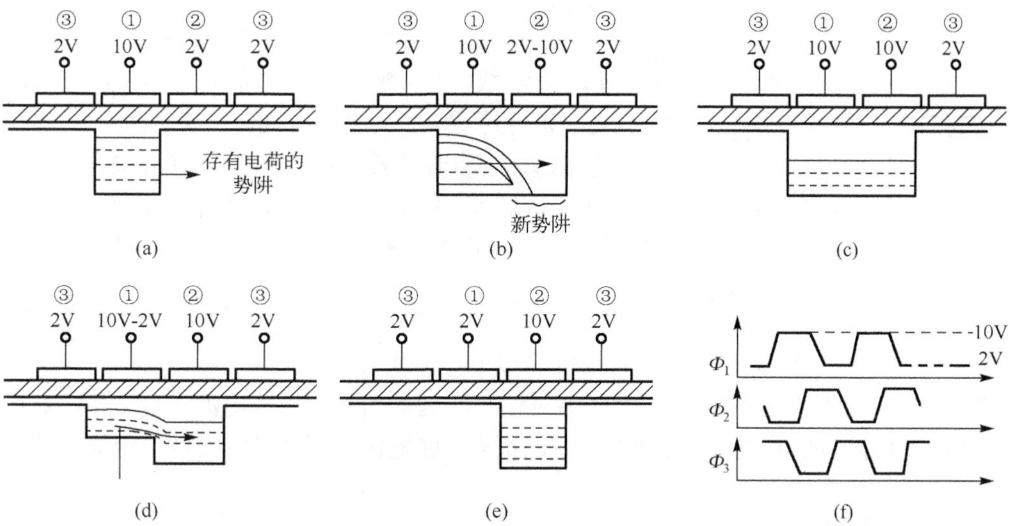

图 5.7 三相 CCD 中电荷转移的过程

(a)初始状态；(b)电荷由①电极向②电极转移；(c)电荷在①、②电极下均匀分布；(d)电荷继续由①电极向②电极转移；(e)电荷完全转移到②电极；(f)三相交叠脉冲

通过将一定规则变化的电压加到 CCD 各电极上，电极下的电荷包就能沿半导体表面按一定方向移动. 通常把 CCD 电极分为几组，每一组称为一相，并施加同样的时钟脉冲. CCD 的内部结构决定了使其正常工作所需要的相数. 图所示的结构需要三相时钟脉冲，其波形图如图 5.7(f)所示，这样的 CCD 称为三相 CCD. 三相 CCD 的电荷耦合(传输)方式必须在三相交叠脉冲的作用下，才能以一定的方向逐单元地转移.

电极结构的一个关键问题是 CCD 电极间隙. 如果电极间隙比较大，两相邻电极间的势阱将被势垒隔开，不能合并，电荷也不能从一个电极向另一个电极完全转移，CCD 便不能在外部脉冲作用下正常工作. 能够产生完全耦合条件的最大间隙一般由具体电极结构、表面态密度

等因素决定. 理论计算和实验证实，为了不使电极间隙下方界面处出现阻碍电荷转移的势垒，间隙的长度应小于3μm. 这大致是同样条件下半导体表面深耗尽区宽度的尺寸. 如果氧化层厚度、表面态密度不同，结果也会不同. 但对于绝大多数CCD，1μm的间隙长度是足够小的.

4. 电荷的注入和检测

1) 电荷的注入

(1) **光注入** 当硅照射到CCD硅片上时，在栅极附近的半导体体内产生电子-空穴对，其多数载流子被栅极电压排开，少数载流子则被收集在势阱中形成信号电荷. 光注入方式又可分为正面照射式与背面照射式. 图 5.8 所示为背面照射式光注入的示意图. CCD 摄像器件的光敏单元为光注入方式. 光注入电荷

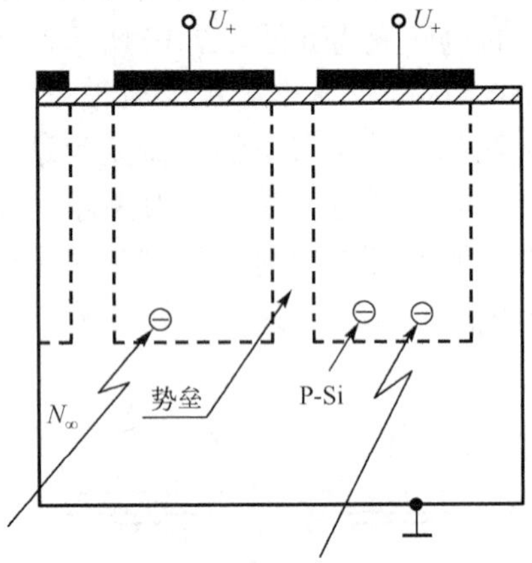

图 5.8 背面照射式光注入

$$Q_{IP}=\eta q\Delta n_{eo}AT_C \tag{5.2}$$

式中，η 为材料的量子效率；q 为电子电荷量；Δn_{eo} 为入射光的光子流速率；A 为光敏单元的受光面积；T_C 为光注入时间.

由(5.2)式可以看出，当 CCD 确定以后，η、q 及 A 均为常数，注入到势阱中的信号电荷 Q_{IP} 与入射光的光子流速率 Δn_{eo} 及注入时间 T_C 成正比. 注入时间 T_C 由 CCD 驱动器的转移脉冲的周期 T_{SH} 决定. 当所设计的驱动器能够保证其注入时间稳定不变时，注入到 CCD 势阱中的信号电荷只与入射辐射的光子流速率 Δn_{eo} 成正比. 在单色入射辐射时，入射光的光子流速率与入射光谱辐通量的关系为 $\Delta n_{e\lambda}=\dfrac{\Phi_{e\lambda}}{h\nu}$，$h$、$\nu$、$\lambda$ 均为常数. 因此，在这种情况下，光注入的电荷量与入射的光谱辐亮度 $\Phi_{e\lambda}$ 呈线性关系.

(2) **电注入** 所谓电注入就是 CCD 通过输入结构对信号电压或电流进行采样，然后将信号电压或电流转换为信号电荷. 电注入的方法很多，这里仅介绍两种常用的电流注入法和电压注入法.

(a) 电流注入法.

如图 5.9(a)所示，由 N^+扩散区和 P 型衬底构成注入二极管. IG 为 CCD 的输入栅，其上加适当的正偏压以保持开启并作为基准电压. 模拟输入信号 U_{IN} 加在输入二极管 ID 上. 当 Φ_2 为高电平时，可将 N^+区(ID 极)看作 MOS 晶体管的源极，IG 为其栅极，而 Φ_2 为其漏极. 当它工作在饱和区时，输入栅下沟道电流为

$$I_S=\mu\frac{W}{L_G}\cdot\frac{C_{OX}}{2}(U_{IN}-U_{IG}-U_{th})^2 \tag{5.3}$$

式中，W 为信号沟道宽度；L_G 为输入栅 IG 的长度；μ 是载流子表面迁移率；C_{OX} 为输入栅 IG 电容.

经过 T_C 时间注入后，Φ_2 下势阱的信号电荷量为

$$Q_S=\mu\frac{W}{L_G}\cdot\frac{C_{OX}}{2}(U_{IN}-U_{IG}-U_{th})^2T_C \tag{5.4}$$

可见这种注入方式的信号电荷 Q_S 不仅依赖于 U_{IN} 和 T_C，而且与输入二极管所加偏压的大小有关. 因此，Q_S 与 U_{IN} 的线性关系很差.

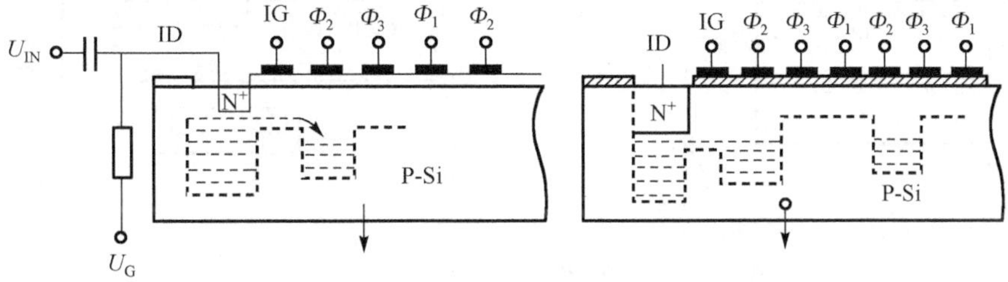

(a) 电流注入法 (b) 电压注入法

图 5.9 电注入方式

(b) 电压注入法.

如图 5.9(b) 所示，电压注入法与电流注入法类似，也是把信号加到源极扩散区上，所不同的是输入 IG 电极上加有与 Φ_2 同相位的选通脉冲，但其宽度小于 Φ_2 的脉宽. 在选通脉冲的作用下，电荷被注入到第一个转移栅 Φ_2 下的势阱里，直到势阱的电势与 N^+ 区的电势相等时，注入电荷才停止. Φ_2 下势阱中的电荷向下一级转移之前，由于选通脉冲已经终止，输入栅下的势垒开始把 Φ_2 下和 N^+ 的势阱分开，同时，留在 IG 下的电荷被挤到 Φ_2 和 N^+ 的势阱中. 由此而引起起伏，不仅产生输入噪声，而且使信号电荷 Q 与 U_{ID} 的线性关系变坏. 这种起伏可以通过减小 IG 电极的面积来克服. 另外，选通脉冲的截止速度减慢也能减小这种起伏. 电压注入法的电荷注入量 Q 与时钟脉冲频率无关.

2) 电荷的检测(输出方式)

在 CCD 中，信号电荷在转移过程中与时钟脉冲没有任何电容耦合，而在输出端则不可避免. 因此，选择适当的输出电路可以尽可能地减小时钟脉冲容性地馈入输出电路的程度. 目前，CCD 的输出方式主要有电流输出、浮置扩散放大器输出和浮置栅放大器输出.

(1) **电流输出** 如图 5.10(a) 所示，当信号电荷在转移脉冲的驱动下向右转移到末极电极(图中 Φ_2 电极)下的势阱中后，Φ_2 电极上的电压由高变低时，由于势阱提高，信号电荷将通过输出栅(加有恒定的电压)下的势阱进入反向偏置的二极管(图中 N^+ 区). 由 U_D、电阻 R、衬底 P 和 N^+ 区构成的反向偏置二极管相当于无限深的势阱. 进入反向偏置二极管中的电荷，将产生输出电流 I_D，且 I_D 的大小与注入二极管中的信号电荷量成正比，而与电阻 R 成反比. 电阻 R 是制作在 CCD 内的电阻，阻值是常数. 所以，输出电流 I_D 与注入二极管中的电荷量呈线性关系，且

$$Q_S = I_D \mathrm{d}t \tag{5.5}$$

I_D 的存在使得 A 点的电势发生变化，I_D 增大，A 点电势降低. 所以可以用 A 点的电势来检测二极管的输出电流 I_D，用隔直电容将 A 点的电势变化取出，再通过放大器输出.

图中的场效应管 T_R 为复位管. 它的主要作用是将一个独处周期内输出二极管没有来得及输出的信号电荷通过复位场效应管输出. 因为在复位场效应管复位栅为正脉冲时复位场效应管导通，它的动态电阻远小于偏置电阻 R，所以二极管中的剩余电荷被迅速抽走，A 点的电势恢复到起始的高电平.

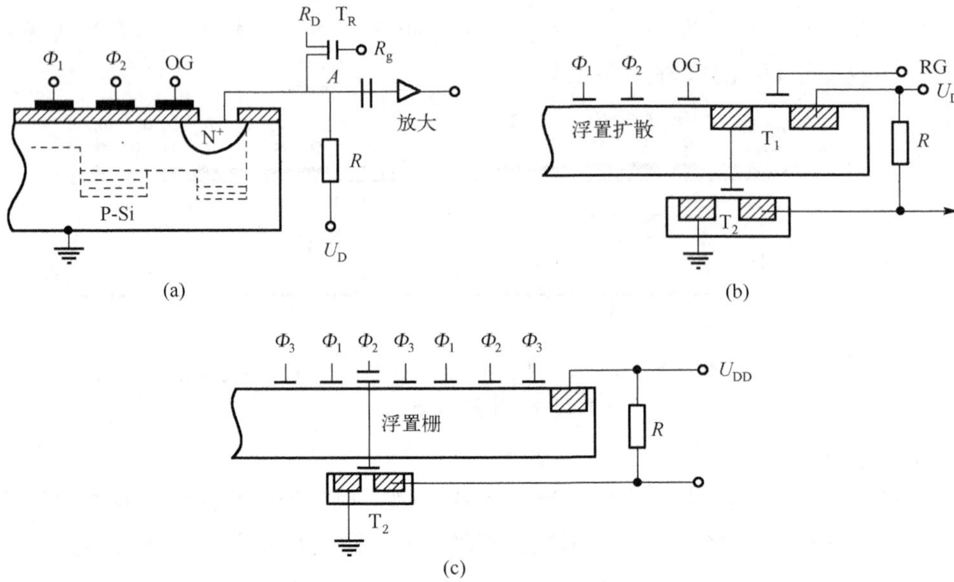

图 5.10　电荷输出电路

(2) **浮置扩散放大器输出**　由图 5.10(b)所示，前置放大器与 CCD 同在一个硅片上，T_1 为复位管，T_2 为放大管. 复位管在 Φ_2 下的势阱未形成之前，在 RG 端加复位脉冲 Φ_R，使复位管导通，把浮置扩散区剩余电荷抽走，复位到 U_{DD}. 而当电荷到来时，复位管截止，由浮置扩散区收集的信号电荷来控制 T_2 的栅极电势变化. 设电势变化量为 ΔU，则有

$$\Delta U = \frac{Q_S}{C_{FD}} \tag{5.6}$$

式中，C_{FD} 是与浮置扩散区有关的总电容. 如图 5.11 所示，总电容包括浮置二极管势垒电容 C_d 和 OG、DG 与 FD 间的耦合电容 C_1、C_2，及 T_1 管的输入电容 C_g，即

$$C_{FD} = C_d + C_1 + C_2 + C_g \tag{5.7}$$

经放大器放大 K_V 倍后，输出的信号

$$U_0 = K_V \Delta U \tag{5.8}$$

以上两种输出机构均为破坏性的一次性输出.

(3) **浮置栅放大器输出**　如图 5.11 所示，T_2 的栅极不是直接与信号电荷的转移沟道相连接，而是与沟道上面的浮置栅相连接. 当信号电荷转移到浮置栅下面的沟道时，在浮置栅上感应出镜像电荷，以此来控制 T_2 的栅极电势，以达到信号检测与放大的目的. 如图 5.12 所示可以实现电荷在转移过程中进行非破坏性检测，由转移到 Φ_2 下的电荷所引起的浮置栅上电压的变化为

$$\Delta U_{FG} = \frac{|Q_S|}{\frac{C_d}{C_1}(C_j + C_{\Phi_2} + C_g) + (C_{\Phi_2} + C_g)} \tag{5.9}$$

式中，C_{Φ_2} 为 FG 与 Φ_2 间的氧化层电容.

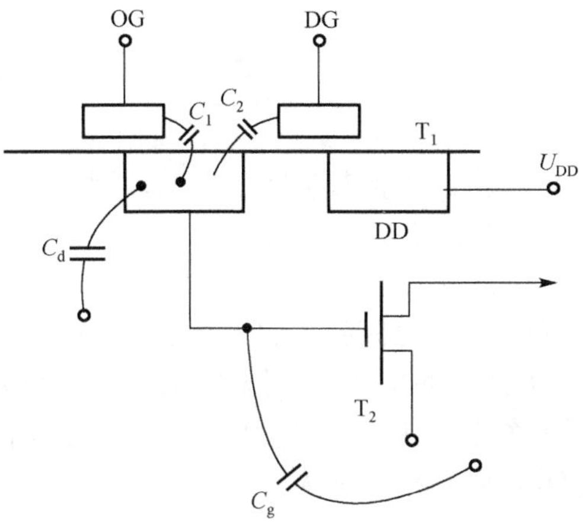

图 5.11　浮置扩散区 FD 的等效电容

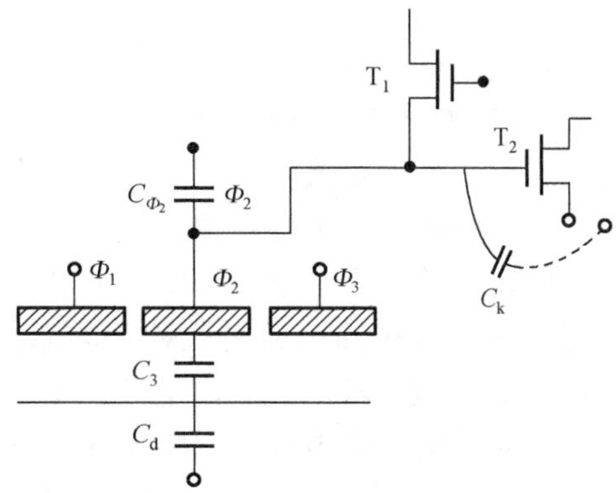

图 5.12　浮置栅放大器输出的等效电容

当绘出了浮置栅放大器的复位电路及有关电容分布情况时，ΔU_{FG} 可以通过 MOS 晶体管 T_2 放大输出.

【例 5.1】

如图 5.13 所示为 CCD 电势平衡法输入结构图，说明其工作原理.

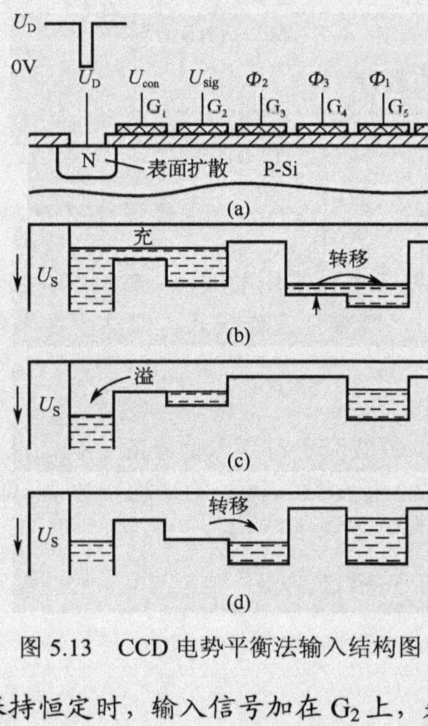

图 5.13　CCD 电势平衡法输入结构图

解　当输入电压 U_D 保持恒定时，输入信号加在 G_2 上，先在输入二极管上加低电势脉冲. 由于 $U_{G_2}>U_D$，电荷注满势阱. 再在二极管上加高电势脉冲，使之处于强反偏态，则 G_2 存储阱中的多余电荷向二极管区倒流，直到 $V_{SG_1}=V_{SG_2}$，此时 $U_G=U_{G_2}$，$U_S=U_{SG_1}=U_{SG_2}$，因平衡时 G_1 下无电荷，$U_{G_1}=U_{SG_1}$，所以 $U_S=U_{G_1}$，由此可得 $Q_S=C_{OX}(U_{G_2}-U_{G_1})$，因为 U_{G_1} 固定，所以 Q_S 同信号电压 U_{G_2} 成正比.

5. CCD的基本特性参数

1) 光电转换特性

在 CCD 中，电荷包是由入射光子被硅衬底吸收产生的少数载流子形成的，因此，它具有良好的光电转换特性. 它的光电转换因子 γ 可达到 99.7%.

2) 转移效率 η 和转移损失率 ε

电荷转移效率是表征 CCD 性能好坏的重要参数. 一次转移后到达下一个势阱中的电荷与原来势阱中的电荷之比称为转移效率. 例如，在 t=0 时，注入到某电极下的电荷为 $Q(0)$；在时间 t 时，大多数电荷在电场作用下向下一个电极转移，但总有一小部分电荷由于某种原因留在该电极下. 若被留下来的电荷为 $Q(t)$，则转移效率为

$$\eta=\frac{Q(0)-Q(t)}{Q(0)}=1-\frac{Q(t)}{Q(0)} \tag{5.10}$$

转移损失率为

$$\varepsilon=\frac{Q(t)}{Q(0)} \tag{5.11}$$

理想情况下 η 应等于 1，但实际上电荷在转移中有损失，所以 η 总是小于 1 的(常为 0.9999 以上). 一个电荷为 $Q(0)$ 的电荷包，经过 n 次转移后，所剩下的电荷为

$$Q(n)=Q(0)\eta^n \tag{5.12}$$

n 次转移前后电荷量之间的关系为

$$\frac{Q(n)}{Q(0)}=\eta^n \tag{5.13}$$

如果 η=0.99，经 24 次转移后，$\frac{Q(n)}{Q(0)}=78\%$，而经过 192 次转移后，$\frac{Q(n)}{Q(0)}=14\%$. 由此可见，提高转移效率 η 是电荷耦合器件实用的关键. 影响电荷转移效率的主要因素是界面态对电荷的俘获. 为此，常采用“胖零”工作模式，即让“零”信号也有一定的电荷.

3) 工作频率 f

(1) 工作频率的下限

为了避免由于热产生的少数载流子对注入信号的干扰，注入电荷从一个电极转移到另一个电极所使用的时间 t 必须小于少数载流子的平均寿命 τ，即

$$t<\tau \tag{5.14}$$

在正常工作条件下，对于三相 CCD

$$t=\frac{T}{3}=\frac{1}{3f} \tag{5.15}$$

故

$$f>\frac{1}{3\tau} \tag{5.16}$$

(2) 工作频率的上限

当工作频率升高时，若电荷本身从一个电极转移到另一个电极所需要的时间 t 大于驱

动脉冲使其转移的时间$\frac{T}{3}$，那么，信号电荷跟不上驱动脉冲的变化，将会使转移效率大大下降. 为此，要求$t\leqslant\frac{T}{3}$，即

$$f\leqslant\frac{1}{3t} \tag{5.17}$$

这就是电荷自身的转移时间对驱动脉冲频率上限的限制. 由于电荷转移的快慢与载流子迁移率、电极长度、衬底杂质浓度和温度等因素有关，因此对于相同的结构设计，N 沟 CCD 比 P 沟 CCD 的工作频率高.

4) 光谱响应

CCD 接收光的方式有正面光照与背面光照两种. 由于 CCD 的正面布置着很多电极，电极的反射和散射作用使得正面照射的光谱灵敏度比背面照射时低，即使是透明的多晶硅电极也会因为电极的吸收以及在整个硅-二氧化硅界面上的多次反射引起某些波长的光产生干涉现象，出现若干个明暗条纹，使光谱响应曲线出现若干个峰与谷，即发生起伏. 为此，ICCD 常采用背面照射的方法. 背面光照方式比正面光照的光谱响应要好得多. 采用硅衬底的 ICCD 的光谱响应范围为 0.3～1.1μm，平均量子效率为 25%，绝对响应 K 为 0.1～0.2A/W.

另外，读出结构也可使量子效率再降低一半. 例如，在垂直隔列传输结构中，转移沟道必须遮光，以免产生拖影，使量子效率降低.

5) 动态范围

动态范围反映了器件的工作范围，它的数值可以用输出端的信号峰值电压与均方根噪声电压之比表示. 动态范围由势阱中可存储的最大电荷量和噪声决定的最小电荷量之比决定. 由于 CCD 的噪声不断减小，动态范围已超过 1000%.

6) 势阱中的最大信号电荷量

CCD 势阱中可容纳的最大信号电荷量取决于 CCD 的电极面积及器件结构(SCCD 还是 BCCD)、时钟驱动方式及驱动脉冲电压的幅度等因素. Q 可近似用下式表示：

$$Q=C_{\mathrm{OX}}U_{\mathrm{G}}A \tag{5.18}$$

式中，C_{OX} 为单位氧化膜面积的电容量；U_{G} 为栅极电压；A 为 CCD 电极的有效面积.

7) 噪声

在 CCD 中有以下几种噪声源：①电荷注入器件引起的噪声；②电荷转移过程中，电荷量的变化引起的噪声；③检测时产生的噪声.

CCD 的平均噪声值如表 5.1 所示，与 CCD 传感器有关的噪声如表 5.2 所示.

表 5.1 CCD 的平均噪声值

噪声的种类	噪声电平(电子数)
输入噪声	400
转移噪声 SCCD	1000
转移噪声 BCCD	100
输出噪声	400
总均方根载流子变化	
SCCD	1150
BCCD	570

表 5.2　与 CCD 传感器有关的噪声

噪声源	大小	代表值(均方根载流子)
光子噪声	N_S	100，$N_S=10^{-4}$
暗电流噪声	N_{DC}	1000，$N_S=10^6$
光学胖零噪声	N_{FZ}	100，$N_{DC}=1\%N_{Smax}$
电子胖零噪声	$400C_{IN}$	300，$N_{FZ}=10\%N_{Smax}$
		100，$C_{IN}=0.1pF\ (N_{Smax}=10^6)$
输出噪声	$400\sqrt{C_{out}}$	200，$C_{out}=0.25pF$

(1)光子噪声：由于光子发射是随机过程，因而势阱中收集的光电荷也是随机的，这就成为噪声源．由于这种噪声源与 CCD 传感器无关，而取决于光子的性质，因而成为摄像器件的基本限制因素．这种噪声主要对于低光强下的摄像有影响．

(2)暗电流噪声：与光子发射一样，暗电流也是一个随机过程，因而也成为噪声源．而且，若每个 CCD 单元的暗电流不一样，就会产生图形噪声．

(3)胖零噪声：包括光学胖零噪声和电子胖零噪声．光学胖零噪声由使用时的偏置光的大小决定，电子胖零噪声由电子注入胖零机构决定．

(4)输出噪声：这种噪声起因于输出电路复位过程中产生的热噪声．该噪声若换算成均方根值就可以与 CCD 的噪声相比较．

8)暗电流

暗电流是大多数摄像器件所共有的特性，是判断一个摄像器件好坏的重要标准，尤其是暗电流在整个摄像区域不均匀时更是如此．产生暗电流的主要原因如下．

(1)耗尽的硅衬底中电子自价带至导带的本征跃迁．

暗电流密度的大小由下式决定：

$$I_i = q\frac{n_i}{\tau_i}\chi_d \tag{5.19}$$

式中，q 为电子电荷量；n_i 为载流子浓度；τ_i 为载流子寿命；χ_d 为耗尽区宽度．

(2)少数载流子在中性体内的扩散．

在 P 型材料中，每单位面积内由于这种原因而产生的暗电流

$$I_b = \frac{qn_i^2}{N_A\tau_n}L_n = \frac{6.6}{N_A}\left(\frac{\mu}{\tau_n}\right)^{1/2}\ (\mathrm{A/cm^2}) \tag{5.20}$$

式中，N_A 为空穴浓度；L_n 为扩散长度；μ 为电子迁移率；n_i 为本征载流子浓度．

(3) $Si\text{-}SiO_2$ 界面引起的暗电流．

$Si\text{-}SiO_2$ 界面引起的暗电流

$$I_S = 10^{-3}\delta_S N_{SS} \tag{5.21}$$

式中，δ_S 为界面态的俘获截面；N_{SS} 为界面态密度．

大多数情况下，以第三种原因产生的暗电流为主，而得到在室温下低达 5nA/cm^2 的暗电流密度．但是，在许多器件中，有许多单元，每平方厘米可能有几百纳安的局部暗电流密度．这个暗电流的来源是一定的体内杂质，产生引起暗电流的能带间复合中心．为了减

少暗电流，应采用缺陷尽可能少的晶体和减少玷污.

另外，暗电流还与温度有关. 温度越高，热激发产生的载流子越多，因而，暗电流越大. 据计算，温度每降低 10℃，暗电流可降低 1/2.

9) 分辨率

分辨率是图像传感器的重要特性. 根据奈奎斯特抽样定理，CCD 的极限分辨率是空间抽样频率的一半. 因此，CCD 的分辨率主要取决于 CCD 芯片的像素数，其次还受到转移传输效率的影响.

从频谱分析的角度看，CCD 摄像器件在垂直和水平两方向都是离散取样方式. 根据取样定理，取样后的信号频谱幅度如下：

$$\sin\left(n\pi\frac{\tau_s}{T_s}\right)/\,n\pi\frac{\tau_s}{T_s}=\sin(n\pi f_s\tau_s)/\,n\pi f_s\tau_s \tag{5.22}$$

式中，τ_s 为取样脉冲宽度，即一个感光单元的宽度；T_s 为取样周期，即一个像素的宽度（含两侧的不感光部分）.

当 $n=T_s/\tau_s$ 时，谱线包络达到第一零点，这也是孔径光阑限制了高频信号，使之幅度下降的结果. 适当选择 τ_s，使近 $f_s/2$ 处的频谱幅度下降不多，但又使频谱混叠部分减小. 可见，在 CCD 中感光单元的宽度和像素宽度有个最佳比例，像素的尺寸和像素的宽度以及像素的数量都是决定 CCD 分辨率的主要因素.

线阵 CCD 固体摄像器件向更多位光敏单元发展，像元位数越高的器件具有的分辨率越高.

二维面阵 CCD 的输出信号一般遵守电视系统的扫描方式. 它在水平方向和垂直方向上的分辨率是不同的，水平分辨率要高于垂直分辨率. 分辨率通常用电视线（TVL）表示. 电视线评价方法表明，在一幅图像上，在水平方向能够分辨出的黑白条数为其分辨率.

为提高 CCD 的水平分辨率，可采用以下措施.

(1) 增加光敏单元数量，提高取样频率，减小频谱混叠部分.

(2) 采用前置滤波即采用光学低通滤波器降低 CCD 上光学图像的频谱宽度，以减小频谱混叠.

10) 灵敏度

灵敏度是面阵 CCD 摄像器件的重要参数，就是单位光功率所产生的信号电流（单位为 mA/W），也可称为 CCD 的响应度，指单位曝光量 CCD 像元输出的信号电压. 它反映了 CCD 摄像器件对可见光的灵敏度.

CCD 的灵敏度还与以下因素有关.

(1) 开口率为感光单元面积与一个像素总面积之比，对灵敏度影响很大，开口率大小与 CCD 类型有关，FT 式 CCD 开口率最大.

(2) 感光单元电极形式和材料对进入 CCD 内的光量和 CCD 的灵敏度影响较大，例如，多晶硅吸收蓝光，电极多和面积大都会影响光的透过率.

(3) CCD 内的噪声也影响灵敏度.

现在的 CCD 摄像器件通过对以上三点的改进和增加芯片上的透镜等措施，使灵敏度提高到光圈 F8、景物照度 2000lx、白色反衬率 89.9%，让摄像机输出 $0.7V_{PP}$ 电压，信噪比达 60dB（PAL 制）.

【例 5.2】

某三相线阵 CCD 衬底材料的热生少数载流子寿命 $\tau=10^{-6}$s，电荷从一个电极转移到下一个电极需 5×10^{-8}s．(1)若该线阵 CCD 的转移效率为 99.9%，求转移损失率；(2)该线阵 CCD 时钟频率的上、下限为多少？

解 (1)由电荷转移效率与电荷转移损失率的关系得

$$\varepsilon=1-\eta=1-99.9\%=0.1\%$$

(2)三相线阵 CCD 时钟频率上限为

$$f_{上}=\frac{1}{3\tau_g}=\frac{1}{3\times5\times10^{-8}}=6.67\times10^6(\text{Hz})$$

频率下限为

$$f_{下}=\frac{1}{3\tau_i}=\frac{1}{3\times10^{-6}}=3.33\times10^5(\text{Hz})$$

5.1.2 CMOS 的结构与原理

采用 CMOS 技术可以将光电摄像器件阵列、驱动和控制电路、信号处理电路、模/数转换器、全数字接口电路等完全集成在一起，实现单芯片成像系统.

1. CMOS 像素结构

CMOS 像素结构可分为无源像素型(PPS)和有源像素型(APS).

1)无源像素结构

无源像素单元具有结构简单、像素填充率高及量子效率比较高的优点. 但是，由于传输线电容较大，CMOS 无源像素传感器的读出噪声较高，而且随着像素数目增加，读出速率加快，读出噪声变得更大.

2)有源像素结构

光电二极管型有源像素(PP-APS)大多数中低性能的应用，光栅型有源像素结构(PG-APS)成像质量较高.

CMOS 有源像素传感器的功耗比较小. 但与无源像素结构相比，有源像素结构的填充系数小，其设计填充系数典型值为 20%～30%. 在 CMOS 上制作微透镜阵列，可以等效提高填充系数.

2. CMOS 摄像器件结构

CMOS 摄像器件结构示意图如图 5.14 所示. 工作时，首先在外界光照射像素阵列时，产生信号电荷，根据需要选通相应的行像素单元，行像素内的信号电荷通过各自所在列的信号总线传输到对应的模拟信号处理器(ASP)及 A/D 变换器，转换成相应的数字图像信号输出. 行选通单元可以对像素阵列逐行扫描，也可以隔行扫描. 隔行扫描可以提高图像的场频，但降低了图像的清晰度. 行选通逻辑单元和列选通逻辑单元配合，可以实现图像的窗口提取功能，读出感兴趣窗口内像元的图像信息.

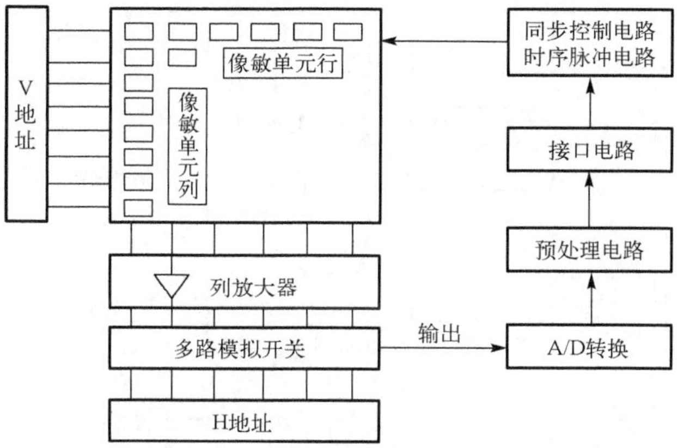

图 5.14 CMOS 摄像器件结构示意图

3. CMOS 与 CCD 器件的比较

CCD 摄像器件具有光照灵敏度高、噪声低、像素面积小等优点. 但 CCD 光敏单元阵列难与驱动电路及信号处理电路单片集成，不易于处理一些模拟和数字功能；CCD 阵列驱动脉冲复杂，需要使用相对高的工作电压，不能与深亚微米超大规模集成(VLSI)技术兼容，制造成本比较高.

CMOS 摄像器件具有集成能力强、体积小、工作电压单一、功耗低、动态范围宽、抗辐射和制造成本低等优点. 目前 CMOS 单元像素的面积已与 CCD 相当，CMOS 已可以达到较高的分辨率. 如果能进一步提高 CMOS 器件的信噪比和灵敏度，那么 CMOS 器件有可能在中低档摄像机、数码相机等产品中取代 CCD 器件.

【例 5.3】

如图 5.15 所示，描述光电门+FD 方式的 CMOS 成像器件的工作原理.

解 (1) T_x 为低电平，行复位线为低电平，光照射到 MOS 二极管上，光电荷积累在 MOS 的势阱中，进行光电信号积累.

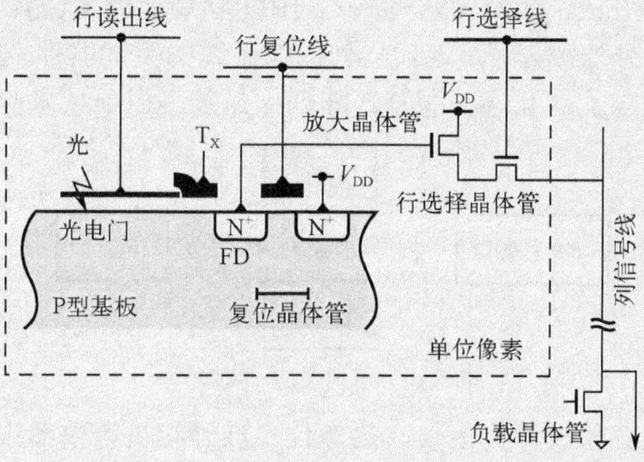

(a)构造与电路开始储存

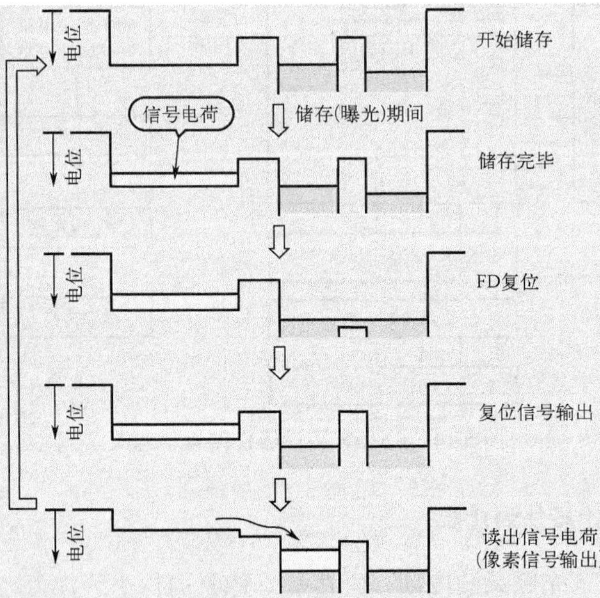

(b)动作的电位分布图

图 5.15　光电门+FD 方式的 CMOS 成像器件的结构

(2) 在光电信号积累的同时，进行上一帧积累信号的读出. 行选择线为高电平，该行的信号电压通过放大晶体管放大，加在该行的负载晶体管上，然后水平移位缓存器依次开启，把该行的信号电压输出.

(3) 该行信号输出完毕后，待该行的储存时间到了，行复位线为高脉冲电平，把上一帧积累在 FD 处的信号电荷抽走到电源 VDD 中去.

(4) 置行复位线为低电平，准备接收新的电荷包.

(5) T_x 为高电平，把积累在 MOS 二极管的信号电荷包转移到 FD 中. 转移完成后，T_x 变为低电平，准备进行新一帧信号积累，回到(1)的状态.

5.1.3　IRFPA 的结构与原理

红外焦平面阵列(infrared focal plane array，IRFPA)就是将 CCD、CMOS 技术引入红外波段所形成的新一代红外探测器，是现代红外成像系统的关键器件，其构成如图 5.16 所示. IRFPA 建立在材料、微电子、互连、探测器阵列、封装等多项技术基础之上.

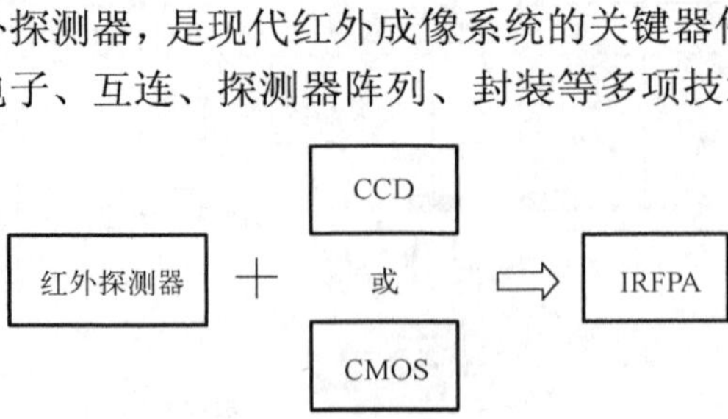

图 5.16　红外焦平面技术

红外焦平面器件是各种成像光谱仪、热像仪、红外相机等仪器中的核心部件，在红外搜索、红外跟踪等军事系统以及灾害监测、资源调查等民用领域均有广泛的应用.

1. IRFPA 的工作条件

IRFPA 通常工作于各个红外波段并多数探测常温背景环境中的目标. 典型的红外成像条件是在 300K 背景中探测温度变化为 0.1K 的目标. 用普朗克定律计算的各个红外波段 300K 背景的光谱辐射光子密度见表 5.3.

表 5.3 红外各波段 300K 背景中辐射光子密度及对比度

波长/μm	1～3	3～5	8～12
300K 背景辐射光子通量密度/($cm^2 \cdot s$)	≈10^{12}	≈10^{16}	≈10^{17}
光积分时间(饱和时间)/μs	10^6	10^2	10
对比度(300K 背景)	≈10%	≈3%	≈1%

表 5.3 同时列出了各个波段的辐射对比度，其定义为：背景温度变化 1K 所引起光子通量变化与整个光子通量的比值. 它随波长增长而减小. 所以，IRFPA 工作条件需要高背景、低对比度. 随波长的变长，背景辐射的光子密度增加，通常把光子密度高于 $10^{13}cm^2 \cdot s$ 的背景称为高背景条件. 因此，在 3～5μm 和 8～12μm 两个波段时，室温背景即可认为是高背景条件.

2. IRFPA 的分类

IRFPA 按结构可分为单片式和混合式；按照光学系统扫描方式可分为扫描型和凝视型，其读出电路有 CCD、MOSFET 和 CID 等类型；按制冷方式分，有制冷型和非制冷型，如图 5.17 所示.

(a) (b)

图 5.17 (a) 制冷型和 (b) 非制冷型

3. IRFPA 的结构

IRFPA 由红外光敏部分和信号处理部分组成. 其中红外光敏部分主要提供材料的红外光谱响应(如表5.4)，而信号处理部分则有利于电荷的存储与转移.

表 5.4 IRFPA 的材料通常对应着不同的响应波段

1～3μm 波段	代表材料：HgCdTe(碲镉汞)
3～5μm 波段	代表材料：HgCdTe、InSb(锑化铟)和 PtSi(硅化铂)
8～12μm 波段	代表材料：HgCdTe

单片式 IRFPA 主要有如下三类.

1) 非本征硅单片式 IRFPA

主要缺点是要求制冷，工作于 8～14μm 波段的器件要制冷到 15～30K，工作于 3～5μm 波段的器件要制冷到 40～65K；量子效率低，通常为 5%～30%；掺杂浓度的不均匀，使器件的响应度均匀性较差.

2) 本征单片式 IRFPA

将红外光敏部分与转移部分同做在一块窄禁带宽度的本征半导体材料上. 目前受重视的材料是 HgCdTe. 其优点是量子效率较高，缺点是转移效率低(η=0.9)，响应度均匀性差，且由于窄禁带材料的隧道效应限制了外加电压的幅度，则表面势不大，因此存储容量较小.

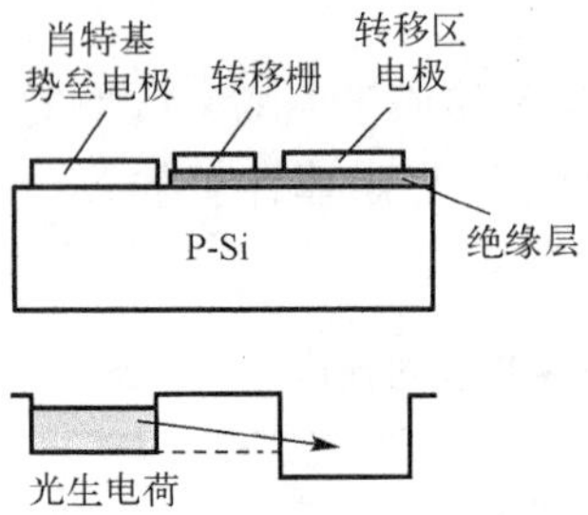

图 5.18　肖特基势垒单片式 IRFPA 结构原理

3) 肖特基势垒单片式 IRFPA

基于肖特基势垒的光电子发射效应，在同一硅衬底上制作可响应红外辐射的肖特基势垒阵列及信号转移部分. 肖特基势垒单片式 IRFPA 目前受重视的材料是 PtSi. 优点为发射过程取决于金属中的吸收，所以响应度均匀性较好；采用的硅衬底可制成高性能的 CCD 转移机构，但其量子效率比较低，其结构原理如图 5.18 所示.

4. 典型的 IRFPA

1) InSb IRFPA

InSb 是一种比较成熟的中波红外探测器材料. InSb IRFPA 是在 InSb 光伏型探测器基础上，采用多元器件工艺制成焦平面阵列，然后与信号处理电路进行集成.

已研制了采用前光照结构的 1×32、1×128、1×256、1×512 的线列 IRFPA 和采用背光照结构的 58×62、128×128、256×256、640×480、1024×1024 的面阵 IRFPA.

2) 硅肖特基势垒 IRFPA

硅肖特基势垒 IRFPA 目前已被广泛应用于近红外与中红外波段的热成像，它是目前唯一利用已成熟的硅超大规模集成电路技术制造的红外传感器，代表了当今应用于中红外波段的大面阵、高密度 IRFPA 的最成熟工艺. 已实现了 256×256、512×512、640×480、1024×1024、1968×1968 等多种型号的器件. 硅肖特基势垒 IRFPA 的像素目前可做到 17μm×17μm.

3) 非制冷 IRFPA

早在 20 世纪 70 年代就开始着手发展非制冷 IRFPA，1979 年美国得克萨斯仪器公司曾演示了 100×100 元的铌酸锶钡(SBN)热释电探测器阵列. 目前主要研究开发的材料是氧化钒(VO_2)、硅、多晶硅和非晶硅等. 非制冷 IRFPA 的像素目前可达到 28μm×28μm，如图 5.19 所示.

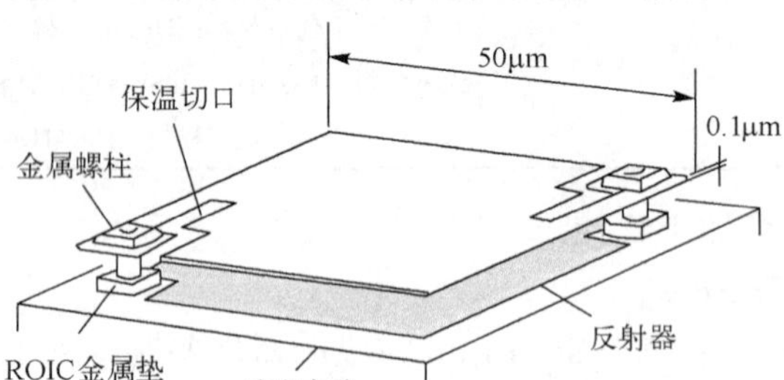

图 5.19　非制冷 IRFPA

【例 5.4】

IRFPA 与可见光 CCD 器件的差别有哪些？混合式 IRFPA 有哪两种结构？有哪两种连接方式？

答：IRFPA 和可见光 CCD 成像器件之间有如下几个主要的差别.

(1) 可见光 CCD 的探测器和多路传输器都是用硅材料来制作的，而工作于 3～5μm 和 8～14μm 大气窗口的高灵敏度 IRFPA，则要求探测器的禁带宽度为 0.1～0.25eV. 因此，IRFPA 一般是用窄禁带半导体作探测器，硅作多路传输器和处理器来制造，由此将产生很复杂的互连问题和材料问题.

(2) 一般的大地红外景物的红外图像对比度很低，背景很强，这使其主要受限于光子噪声. 由于使用了窄禁带半导体材料，需要得到最低的电子噪声使之尽可能达到光子噪声限，必须对 IRFPA 进行低温冷却. 因此，这种 IRFPA 器件都必须涉及一些与低温高性能模拟电路的电子设计有关的附加问题，如机械封装以及低温致冷器接口的杜瓦瓶电气连接问题.

(3) 由于入射在 MWIR(中波红外) 和 LWIR(长波红外) 成像系统焦平面上的红外辐射的主要特点在于具有很大的、占主要分量的环境背景辐射，因此大多数的红外图像的特点是高背景本底和低对比度. 这与背景辐射很小且对比度很高的近红外和可见光 CCD 图像正好相反. 因此，理想条件下的红外成像就受限于背景光子到达速率的涨落(光子噪声). 光子噪声通常被用作比较探测器噪声的参考点.

混合式 IRFPA 有倒装式和 Z 平面两种结构；连接方式有铟对接和环孔两种.

5.2 光电成像原理

景物在外界光辐射照射下，反射光(或自发光)经光电成像系统的光学系统在像面上形成与景物对应的图像，此时，位于像平面上具有空间扫描功能的光电摄像器件将二维空间的图像转变为一维的时序电信号，在经过放大和视频信息处理后送至显示器，在同步信号参与下显示出与景物对应的图像.

5.2.1 基本结构

根据接收系统对景物的分解方式，光电成像系统可分为三种类型，电子束扫描、光机扫描以及固体自扫描.

1. 电子束扫描方式

电子束扫描方式的光电成像系统采用的是各种电真空类型的摄像管，如图 5.20 所示. 在这种成像系统中，物空间的整个观察区域同时成像在摄像管的靶面上，再通过电子束将图像信息检出，在电子束所能触及的那一小单元区域便有信号输出. 在摄像管的偏转线圈控制下，电子束沿着靶面扫描，这样便一次性拾取了整个观察区域的图像信息. 电子束扫描方式的特点为光敏靶面对整个视场内的景物辐射同时接收，而由电子束的偏转运动实现对景物图像的分解.

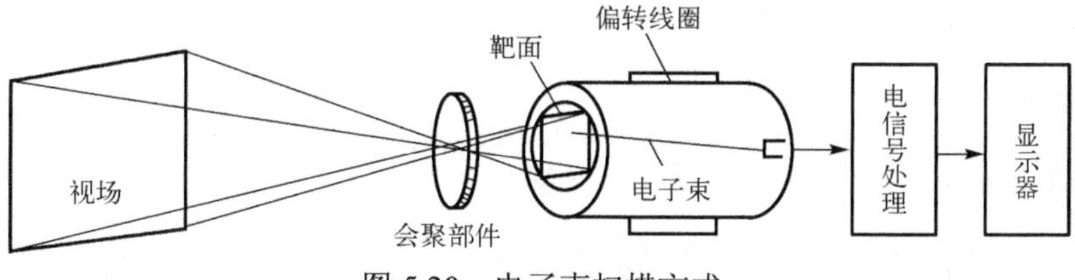

图 5.20　电子束扫描方式

2. 光机扫描方式

光机扫描机构主要用于单元探测器成像. 单元探测器与物空间单元相对应，当光学系统做方位偏转及俯仰偏转时，单元探测器所对应的物空间单元也在方位及俯仰方向上做相应移动. 通常系统需要观察的视场较大，如图 5.19 所示. 而为了能在有限的时间内观察一帧完整的视场，必须将瞬时视场在观察视场内按一定顺序进行扫描. 最常用的扫描形式是直线扫描，即将瞬时视场从左到右径向扫描，扫完一行后依次从上到下挪动一行再进行第二行扫描，这种上下挪动的扫描方式称为列扫描(即帧扫描). 如此一行一行地扫描下去直到所有帧完全扫描完成. 实际应用中常采取多元探测器来提高信号幅值或减少扫描时间.

常见的多元探测器的扫描方式有串联扫描、并联扫描以及串并联混合扫描三种方式，如图 5.21 所示.

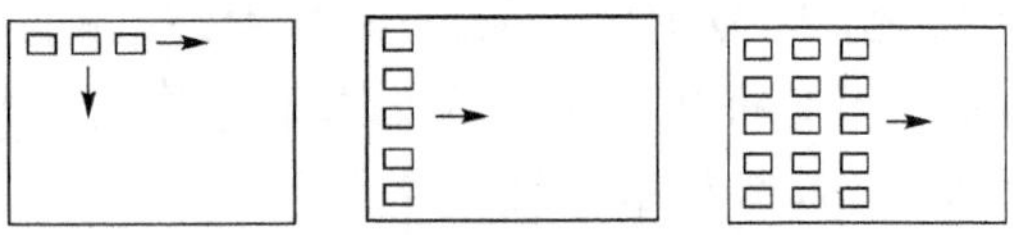

(a) 串联扫描　(b) 并联扫描　(c) 串并联混合扫描

图 5.21　多元探测器的三种扫描方式

3. 固体自扫描方式

固体自扫描方式的光电成像系统采用的是各种面阵固体摄像器件，如图 5.22 所示，例如，面阵 CCD、CMOS 摄像器材等. 面阵摄像器件中的每个单元对应于景物空间的一个相应小区域，整个面阵摄像器件对应所观察的景物空间. 固体自扫描方式的特点是面阵摄像器件对整个视场内的景物辐射同时接收，而通过对阵列中各单元器件的信号顺序采样来实现对景物图像的分解.

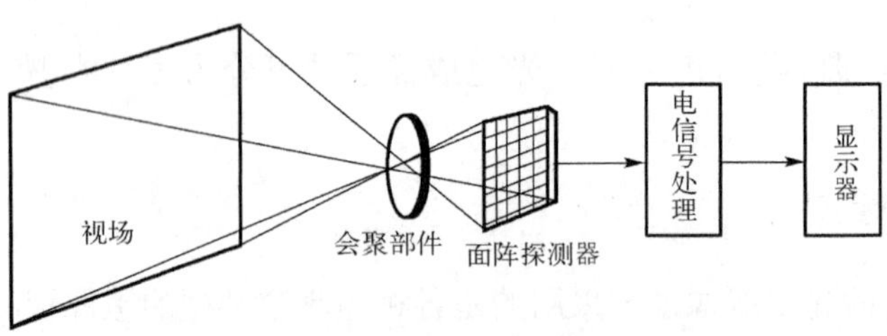

图 5.22　固体自扫描方式

对于扫描方式的分类并不是完全固定的，有时光电成像系统是不同扫描方式的结合，例如，线阵 CCD 成像系统，是俯仰光机扫描和方位固体自扫描的结合；部分光学遥感系统则是由光机扫描和面阵摄像器件的结合形成. 目前来看，在光电成像系统中占主导地位的主要是光机扫描与固体自扫描.

5.2.2　技术参数

1. 瞬时视场角 α、β

反映成像系统的空间分辨率，是探测器线性尺寸对系统物空间的两维张角，若探测器为矩形，尺寸为 $a\times b$：

$$\alpha=\frac{D_1}{f'},\qquad \beta=\frac{D_2}{f'} \tag{5.23}$$

则 $\alpha\times\beta$ 为一个分辨率单元，其大小反映了光电成像系统的空间分辨率高低.

2. 观察视场角 W_{H}、W_{V}

指光学系统所能观察到的物空间二维视场角总视场在垂直方向和水平方向的分量. 对于电子束扫描和固体自扫描系统，W_{H}、W_{V} 由摄像器件的光敏面积与 f' 决定.

3. 帧时 T_{f} 和帧速 $\dot{F}$

完成一帧扫描所需的时间称为帧时 T_{f}，单位时间完成的帧数称为帧速 $\dot{F}$（帧/s），因此

$$T_{\mathrm{f}}=1/\dot{F} \tag{5.24}$$

4. 扫描效率 η

光机扫描机构对景物扫描时，实际扫过的空间角度范围通常比观察视场角 W_{H}、W_{V} 要大. 观察视场完成一次扫描所需要的时间与扫描机构实际扫描所需的时间比为扫描效率 η，即

$$\eta=\frac{T_{\mathrm{fov}}}{T_{\mathrm{f}}} \tag{5.25}$$

式中，T_{fov} 是对视场完成一次扫描所需要的时间. 通常空间扫描包括了水平扫描和俯仰扫描，所以扫描效率也分为水平扫描效率 η_{H} 和俯仰扫描效率 η_{V}，它们存在如下关系：

$$\eta=\eta_{\mathrm{H}}\eta_{\mathrm{V}} \tag{5.26}$$

5. 滞留时间 τ_{d}

对光机扫描系统物空间一点扫过单元探测器所经历的时间称为滞留时间 τ_{d}，探测器在观察视场中对应的分辨单元数为

$$n=\frac{W_{\mathrm{H}}W_{\mathrm{V}}}{\alpha\beta} \tag{5.27}$$

根据 τ_{d} 的定义，有

$$\tau_{\mathrm{d}}=\frac{T_{\mathrm{f}}\eta}{n}=\frac{\alpha\beta\eta}{W_{\mathrm{H}}W_{\mathrm{V}}\dot{F}} \tag{5.28}$$

光电成像系统的综合性能参数是在以上各基本技术参数的基础上做进一步的综合分析得出的.

5.3 红外成像技术

红外成像光学系统满足基本要求：成像放大率、物像共轭位置一定的成像范围、像平面上有一定的光能量和分辨率.

5.3.1 性能参数

1. 焦距 f'

焦距 f' 决定光学系统的轴向尺寸，一般而言，f'越大，所成的像越大，光学系统一般也越大.

2. 相对孔径 D/f'

相对孔径定义为光学系统的入瞳直径 D 与焦距 f'之比，相对孔径的倒数称为 $F_{数}$，$F_{数}=\dfrac{f'}{D}$. 相对孔径决定红外成像光学系统的衍射分辨率及像面上的辐照度.

衍射分辨率

$$\sigma=\frac{3.83}{\pi}\cdot\frac{f'\lambda}{D}=1.22\frac{\lambda}{D/f'} \tag{5.29}$$

像面中心处的辐照度计算公式为

$$E'=K\pi L\cdot\sin^2 U'\cdot\frac{n'^2}{n^2} \tag{5.30}$$

3. 视场

在实际的红外成像系统中，分辨率和视场是相互矛盾的. 在摄像器件选定后，若要提高分辨率，则视场要求越小越好；若要降低分辨率，则需要更大的视场.

【例 5.5】

用凝视型红外成像系统观察 30km 远、10m×10m 的目标，若红外焦平面器件像元大小是 50μm×50μm，假设目标像占 4 个像元，则红外光学系统的焦距应为多少？若红外焦平面器件是 128×128 元，则该红外成像系统的视场角是多大？

解 由已知条件得到

$$\frac{10}{40\times10^3}=\frac{50\times10^{-3}\times2}{f'}$$

$$f'=400\text{mm}$$

水平及垂直视场角

$$\frac{50\times10^{-3}\times128}{400}\times2\times10^5\times\frac{1}{3600}\approx0.89^\circ$$

5.3.2 空间分辨率

红外成像系统(图 5.23)性能的综合量度指标——空间分辨率、温度分辨率. 对于空间分辨率，本节主要通过调制传递函数(MTF)进行描述，而温度分辨率则从噪声等效温差(NETD)、最小可分辨温差(MRTD)以及最小可探测温差(MDTD)等几个方面进行理论阐述.

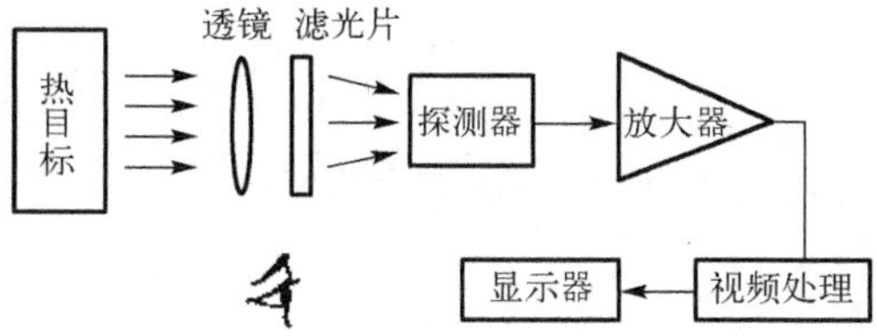

图 5.23 红外成像原理框图

1. MTF 基本概念

红外成像系统可以看作一个低通线性滤波器，给红外成像系统输入一个正弦信号(即给出一个光强正弦分布的目标)，输出仍然是同一频率的正弦信号(即目标成的像仍然是同一空间频率的正弦分布)，只不过像的对比有所降低，相位发生移动. 对比降低的程度和相位移动的大小都是空间频率的函数，被称为红外成像系统的对比调制传递函数(MTF)和相位传递函数(PTF)，这个函数的具体形式则完全由红外成像系统的成像性能所决定. 因此，传递函数客观地反映了成像系统的成像质量，红外成像系统存在一个截止频率，对这个频率，正弦目标的像的对比降低到 0. 目标经系统成像后一般会导致能量减少，对比降低和信息衰减.

分辨率就是将物体结构分解为线或点，这只是分解物体方法的一种. 另一种方法是将物体结构分解为各种频率的谱，即认为物体是由各种不同的空间频率组合而成的. 这样红外成像系统的特性就表现为它对各种物体结构频率的反映：透过特性、对比变化和相位推移. 空间频率定义为周期量在单位空间上变化的周期数，如图 5.24 所示. 设有亮暗相间的等宽度条纹图案，两相邻条形中心之间距离 T_x 称为空间周期(mm)，T_x 的倒数称为空间频率(单位是线对/毫米，即 lp/mm). 在红外成像系统中通常用单位弧度中的周期数来表示(c/mrad)，若观察点 O 与图案之间的距离为 R(m)，则 $\theta_x = T_x / R$ (单位 mrad)称为角周期，其倒数即为(角)空间频率 $f_x = 1/\theta_x = R/T_x$，同理，对于二位图像我们可以定义垂直方向的空间传递函数为 f_y.

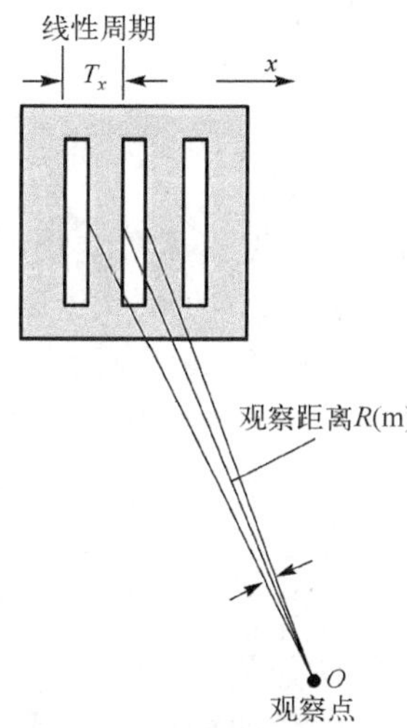

图 5.24 空间频率

物体的调制度(对比度)定义(图 5.25)

$$M_0 = \frac{b_1}{b_0}$$

如图 5.26 所示，光学系统对某一频率在 x 轴方向的 MTF 为

$$\mathrm{MTF}(f_x) = \frac{M_i}{M_0}$$

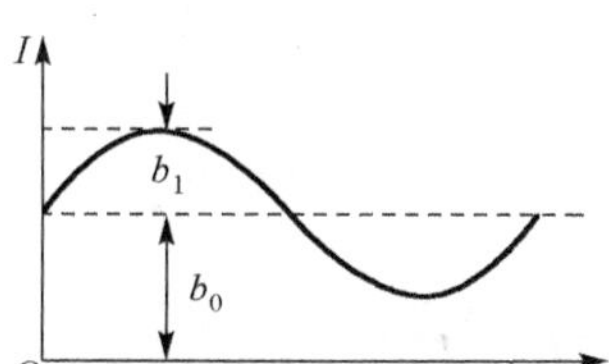

图 5.25 调制度的定义

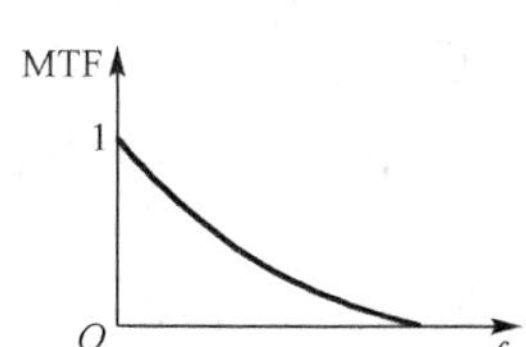

图 5.26 MTF 示意图

【例 5.6】

如图 5.27 所示，比较 A 管和 B 管的成像质量.

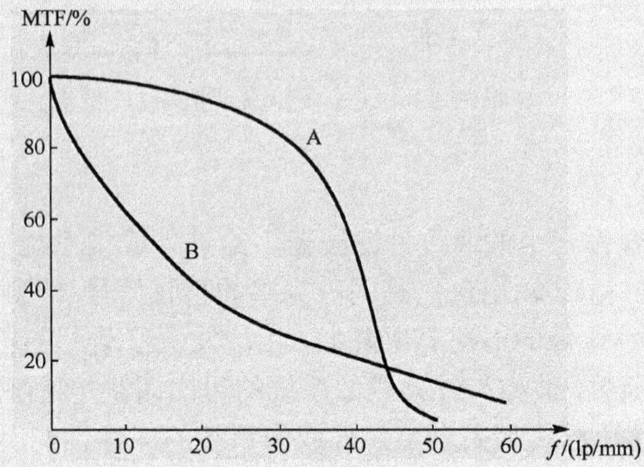

图 5.27　A、B 两管的 MTF 曲线

解　光学传递函数的定义是：像分布函数的傅氏变换与物分布函数的傅氏变换之比. 即

$$\mathrm{OTF}(f)=\frac{I'(f)}{I(f)}=T(f)\mathrm{e}^{-\mathrm{j}P(f)}$$

式中，$T(f)$被称为调制传递因子，它随空间频率f变化的函数称为调制传递函数(MTF)；$P(f)$被称为相位传递因子，它随空间频率f变化的函数称为相位传递函数(PTF).

对于正弦物$M(f)=C'(f)/C(f)$，即为正弦图案的对比传递系数. 其中，$C(f)$为正弦物的亮度对比度，$C'(f)$为像的亮度对比度.

对于方波，$R(f)=C'_r(f)/C_r(f)$，即为其对比传递系数. 其中，$C_r(f)$为方波图案物的对比，$C'_r(f)$为方波图案像的对比.

由 MTF 曲线可以看出，极限分辨率并不能充分地表征像管的成像性能，只有用完整的 MTF 曲线才能更好地评价像质，单从极限分辨力来看，B 管比 A 管要高，但实质上 A 管的成像比 B 管清晰得多，因为 A 管的中低频 MTF 较高，而图像信号大部分位于中低频，因而 A 管图像的细节亮度对比明显.

2. 红外成像过程中各个环节的 MTF

红外成像系统模型如前所述，根据线性滤波理论，对于由一系列具有一定频率特性(空间的或时间的)的分系统所组成的红外成像系统，只要逐个求出分系统的传递函数，其乘积就是整个系统的传递函数，即

$$\mathrm{MTF}=\mathrm{MTF}_{\mathrm{om}}\cdot\mathrm{MTF}_{\mathrm{o}}\cdot\mathrm{MTF}_{\mathrm{d}}\cdot\mathrm{MTF}_{\mathrm{e}}\cdot\mathrm{MTF}_{\mathrm{m}}\cdot\mathrm{MTF}_{\mathrm{eye}} \tag{5.31}$$

式中，光学系统：$\mathrm{MTF_o}$；探测器：$\mathrm{MTF_d}$；电子线路：$\mathrm{MTF_e}$；显示器：$\mathrm{MTF_m}$；大气扰动：$\mathrm{MTF_{om}}$；人眼：$\mathrm{MTF_{eye}}$.

【例 5.7】

一目标经红外成像系统成像后供人眼观察，在某一特征频率时，目标对比度为 0.5，大气的 MTF 为 0.9，探测器的 MTF 为 0.5，电路的 MTF 为 0.95，CRT 的 MTF 为 0.5，则在这一特征频率下，光学系统的 MTF 至少要多大？

解 因为 $\mathrm{MTF}=\mathrm{MTF_o}\cdot\mathrm{MTF_d}\cdot\mathrm{MTF_e}\cdot\mathrm{MTF_m}\cdot\mathrm{MTF_{om}}\cdot\mathrm{MTF_{eye}}$，所以

$$0.5\times0.95\times0.5\times0.9\times0.5\times\mathrm{MTF_o}\geqslant0.026$$

故

$$\mathrm{MTF_o}\geqslant0.24$$

5.3.3 温度分辨率

1. 噪声等效温差

用红外成像系统观察标准试验图案，当红外成像系统输出端产生的峰值信号与均方根噪声电压之比为 1 时的目标与背景之间的温差，我们称为噪声等效温差(NETD). NETD 是表征成像系统受客观信噪比限制的温度分辨率的一种量度. 用来测量 NETD 的标准试验图案如图 5.28 所示，目标与背景均为黑体，目标宽度 W 为红外成像系统分辨单元的数倍.

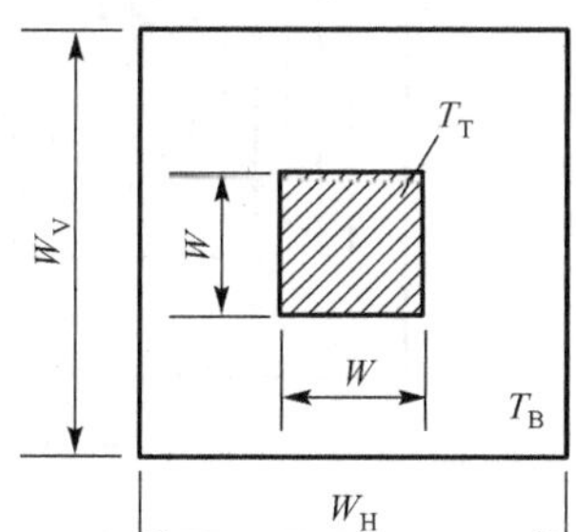

图 5.28 NETD 测试图案

假设目标与背景都是朗伯辐射体，先求出红外成像系统分辨单元接收到的辐射功率，再求出由于目标与背景温差引起的接收功率的差异，继而求得信号电压的变化量及信噪比，由定义可得到 NETD 的表达式.

对单元探测器光机扫描方式，其 NETD 表达式为

$$\mathrm{NETD}=\frac{\pi^{3/2}f'\sqrt{W_\mathrm{H}W_\mathrm{V}\dot{F}}}{2\sqrt{\eta}\alpha\beta A_\mathrm{o}\int_{\lambda_1}^{\lambda_2}\tau(\lambda)D^*(\lambda)\dfrac{\partial M_\lambda(T_\mathrm{B})}{\partial T}\mathrm{d}\lambda} \tag{5.32}$$

式中，f' 是光学系统的焦距；W_H、W_V 是观察视场角；$\dot{F}$ 是帧速；η 是扫描效率；α、β 是瞬时视场角；A_o 是入瞳面积；$\tau(\lambda)$ 是光学系统的光谱透过率；$D^*(\lambda)$ 是探测器的归一化探测度(比探测率)；$M_\lambda(T)$ 是目标的光谱辐射出射度；$\lambda_1\sim\lambda_2$ 是系统工作波段.

NETD、$\dot{F}$ 及 $\alpha\beta$ 是表征一个红外成像系统性能的三个主要特征参数，分别反映了系统的温度分辨率、信息传递速率及空间分辨率，其关系可表示为

$$\mathrm{NETD}\propto\frac{\sqrt{\dot{F}}}{\alpha\beta} \tag{5.33}$$

这三个特征参数在性能要求上是相互矛盾的，即存在制约关系.

NETD 反映的是客观信噪比限制的温度分辨率，没有考虑视觉特性的影响. 单纯追求低的 NETD 值并不意味着一定有很好的系统性能. 例如，增大工作波段的宽度，显然会使

NETD 减小. 但在实际应用场合，可能会由于所接收的日光反射成分的增加，使系统测出的温度与真实温度的差异增大. NETD 反映的是系统对低频景物(均匀大目标)的温度分辨率，不能表征系统用于观测较高空间频率景物时的温度分辨性能. NETD 具有概念明确、测量容易的优点，在系统设计阶段，采用 NETD 作为对系统诸参数进行选择的权衡标准是有用的.

2. 最小可分辨温差

最小可分辨温差(MRTD)是景物空间频率的函数，是表征系统受视在信噪比限制的温度分辨率的量度. MRTD 的测试图案如图 5.29 所示. 目标为四条带图案，高度为宽度 W 的七倍，目标与背景均为黑体. 由成像系统对某一组四条带图案成像，调节目标相对背景的温差，从零逐渐增大，直到在显示屏上刚能分辨出条带图案为止. 此时的温差就是在该组目标空间频率下的最小可分辨温差. 分别对不同空间频率的条带图案重复上述测量过程，可得到 MRTD 曲线，如图 5.30 所示.

MRTD 综合描述了在噪声中成像时，红外成像系统对目标的空间及温度分辨能力. MRTD 存在的问题主要是：它是一种带有主观成分的量度，测试结果会因人而异. 此外，未考虑人眼的 MTF 对信号的影响也是其不足之处.

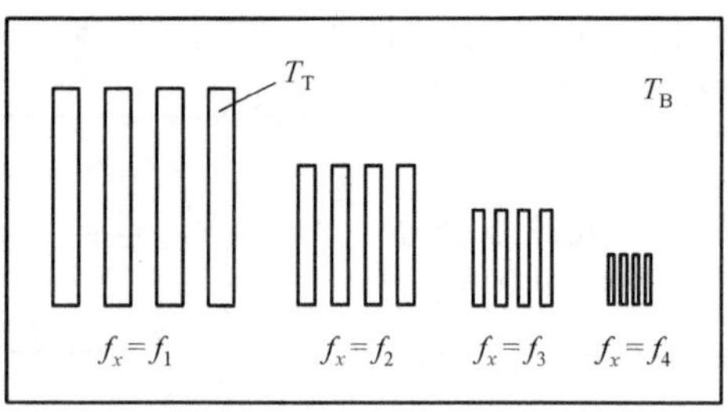

图 5.29 MRTD 的测试图案

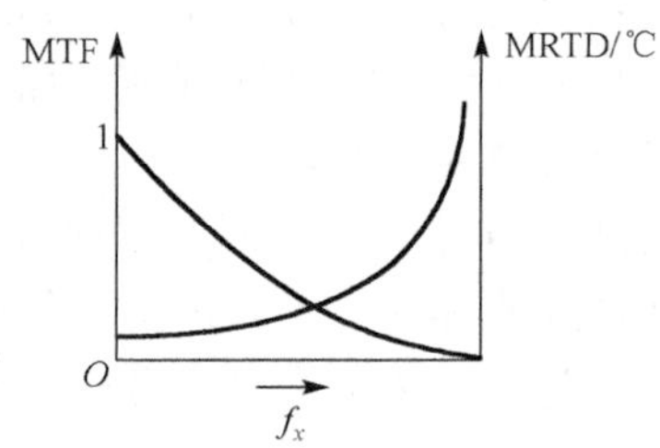

图 5.30 MRTD 曲线

3. 最小可探测温差

最小可探测温差(MDTD)是将NETD与MRTD的概念在某些方面做了取舍后而得出的. 具体地说，MDTD 仍是采用 MRTD 的观测方式，由在显示屏上刚能分辨出目标时所需的目标对背景的温差来定义. 但 MDTD 采用的标准图案是位于均匀背景中的单个方形目标，其尺寸 W 可调整，这是对 NETD 与 MRTD 标准图案特点的一种综合. MDTD 用来估算点源目标的可探测性是有价值的.

5.4 夜视技术

5.4.1 微光像增强器的工作原理与性能参数

1. 基本原理

光电阴极将光学图像转换为电子图像，电子光学成像系统(电极系统)将电子图像传递到荧光屏，在传递过程中增强电子能量并完成电子图像几何尺寸的缩放，荧光屏完成电光转换，即将电子图像转换为可见光图像，图像的亮度已被增强到足以引起人眼视觉，在夜间或低照度下可以直接进行观察.

微光像增强器结构由三部分组成：光电阴极、电子光学系统以及荧光屏，如图 5.31 所示.

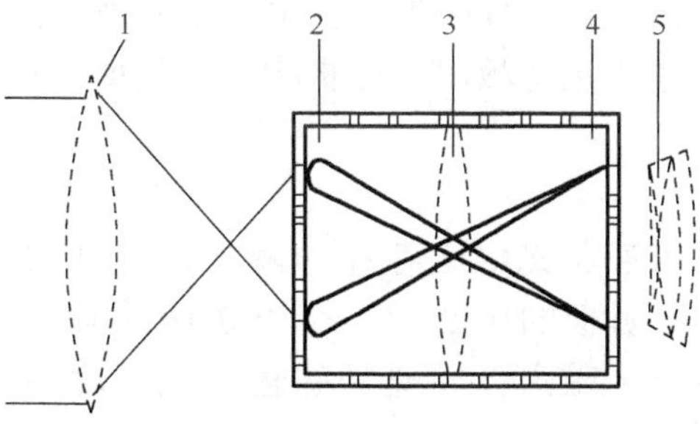

夜视技术的发展

图 5.31 微光像增强器结构示意图

1.物镜；2.光电阴极；3.电子透镜；4.荧光屏；5.目镜

2. 微光像增强器的性能参数

1) 光电阴极灵敏度

表征光电阴极发射(或转换)特性的参量是光电灵敏度，即像管光电阴极产生的光电流与入射辐射通量之比. 对微光器件，光灵敏度是指用色温(2856±50)K 的标准钨丝白炽灯(CIE 规定的标准“A”光源)照射光电阴极时，其上产生的光电流与入射光通量之比.

2) 暗背景光亮度和等效背景光照度

光电阴极无光照时，处于工作状态的像管荧光屏上的输出光亮度称为暗背景光亮度. 等效背景光照度是指产生和暗背景相等的输出光亮度在光电阴极上所需的输入光照度.

3) 有效直径

有效光电阴极直径是在像管输入端上与光电轴同心、能完全成像于荧光屏上的最大圆直径. 有效荧光屏直径是在像管输出端上与光电轴同心，并与有效光电阴极直径呈物像关系的圆直径. 一般将其表示为有效阴极直径/有效屏直径，如 18/18(单位 mm).

4) 放大率、畸变

像管的放大率是指荧光屏上输出像的几何大小与光电阴极上输入像的几何大小之比.

像管的畸变是距离光电轴中心不同位置处各点放大率不同的表征

$$D_r = \frac{\beta_r - \beta_c}{\beta_c} \times 100\%$$

式中，D_r 是与光电阴极中心距离为 r 处的畸变；β_r 是与光电阴极中心距离为 r 处的放大率；β_c 是光电阴极中心处的放大率. D_r 为正值时产生枕形畸变，为负值时产生桶形畸变.

5) 增益

用色温为(2856±50)K 的钨丝白炽灯照射像管的光电阴极，荧光屏输出的光通量与输入到光电阴极的光通量之比即为光通量增益.

6) 分辨率和调制传递函数

分辨率是指像管分辨相邻两个物点或像点的能力. 如果把矩形波空间频率图样投射到

光电阴极上，分辨率可用在荧光屏上能分辨的最高空间频率表示. 调制传递函数 MTF 是荧光屏上输出的正弦波图样的调制度与光电阴极上输入的正弦波图样的调制度之比.

7) 信噪比

信噪比是评定像管成像质量的综合指标. 像管在规定的工作条件下输出的信号与噪声之比即为信噪比. 像管的噪声源主要是：由暗背景引起的固定背景噪声；由于光子、光电子的量子特性引起的涨落量子噪声；由于微通道板等增益机构引起的增益噪声；由于荧光屏颗粒结构引起的颗粒噪声.

8) 光生背景

在有光输入时，处于工作状态的像管荧光屏上存在的随入射光强弱而变化的那部分附加光亮度，称为光生背景. 当光电阴极的中心用一个不透明的圆片遮掩，并均匀照明光电阴极时，荧光屏中心会出现一个暗斑，暗斑处的输出光亮度与取掉不透明圆片、用同一光源均匀照明光电阴极时荧光屏中心处的输出光亮度之比，即表示光生背景的大小.

3. 三代像增强器

一代管以三级级联增强技术为特征，增益高达几万倍，但体积大、质量重；二代管以微通道板(MCP)增强技术为特征，体积小、质量轻，但夜视距离无明显突破；三代管则采用了负电子亲和势(NEA) GaAs 光电阴极，使夜视距离提高 1.5～2 倍以上.

1) 第一代像增强器

第一代像增强器是以纤维光学面板作为输入、输出窗三级级联耦合的像增强器. 由于经过三级增强，因而第一代管具有很高的增益，图 5.32 为其结构示意图.

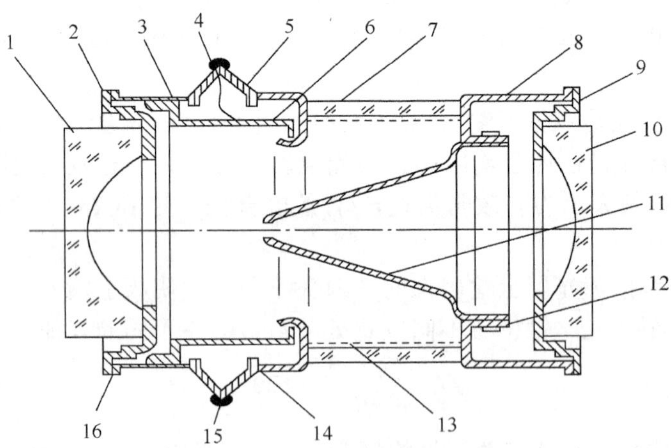

图 5.32　第一代像增强器结构

1.阴极面板(光纤板)；2.阴极面板盘(铁镍合金)；3.阴极外筒(可伐)；4.吸气丝；5.铜支管；6.阴极内筒(铁镍铬合金)；7.腰玻璃筒；8.阳极铜；9.荧光屏面板盘；10.荧光屏面板(光纤板)；11.锥电极；12.卡环；13.半导体涂层(Cr_2O_3)；14.钎焊；15.冷焊；16.氩弧焊

一代微光管及其单极管的结构特点：①单管采用多碱阴极，用光纤板做输入窗及输出窗，电极结构为双球面系统，荧光屏是 P-20. ②锥电极顶端呈圆弧形，它与球面阴极构成电子透镜，非常接近同心球系统，这样轴外点的主轨迹可视为对称轴，因为对称轴的电子轨迹受力相同，所以系统的像散很小. ③由于光纤面板可以做成平凹形，阴极曲率半径很小，所以场曲减少，加上曲面荧光屏，更有利于像质的提高. ④每一级是独立的单管，通过光纤板耦合. 如果某一级损坏，可以单独进行更换，方便制造，提高了成品率.

第一代微光管工作于被动观察方式. 与主动式夜视方式相比，其特点是隐蔽性好、无须自带红外光源、质量小、成品率高，便于大批量生产；技术上兼顾并解决了光学系统的平像场与同心球电子光学系统要求有球面物(像)面之间的矛盾，成像质量明显提高. 其缺点是怕强光，有晕光现象.

2) 第二代像增强器

利用 MCP 的像管称为第二代像增强器(二代管)，结构如图 5.33 所示. 锐聚焦类似单级一代管，但在管子的荧光屏前放置 MCP，称为二代倒像管；近贴聚焦在光阴极和荧光屏之间双近贴放置 MCP，荧光屏配置在纤维光学面板或光纤扭像器上，称为二代近贴管.

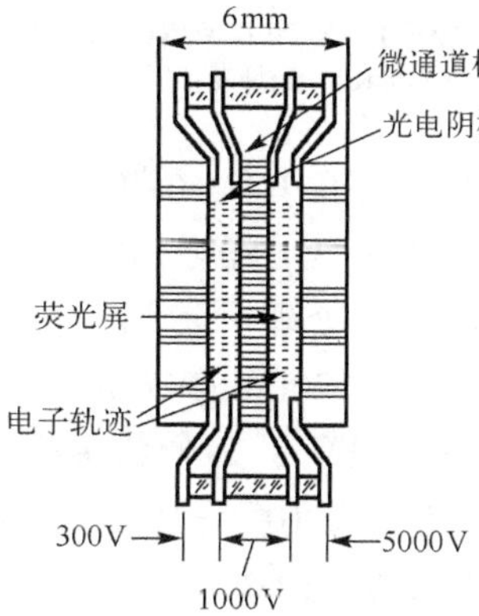

图 5.33　第二代像增强器结构

第二代微光像增强器

二代管采用了不同于一代管的增益机构——MCP，MCP 由上百万个紧密排列的空芯通道管组成. 通道芯径间距约 12μm，长径比为 40～60. 通道的内壁具有较高的二次电子发射特性，入射到通道的初始电子在电场作用下使激发出来的电子依次倍增，从而在输出端获得很高的增益. MCP 的两个端面镀镍，构成输入和输出电极.

与第一代像增强器相比，二代像增强器在性能上有了很大提高. ①它们的质量轻、体积小，如倒像管，其长度为第一代的 1/4～1/5，质量大约为 1/5，这对像增强器在军用夜视方面具有重要意义，可以做成夜视眼镜. ②增益连续可调. MCP 的增益取决于通道长度与直径之比、通道的二次发射系数以及两端所加电压. 因此，改变 MCP 两端的电压，就能调节像增强器的增益. 这样，可以在一个很宽的外界照度范围内来改变荧光屏的输出亮度，使人眼在最适宜的亮度下进行观察. ③自动防强光. MCP 有电流饱和特性，有突然来的强光时，不至于产生过大的电流灼伤荧光屏，同时，每一个通道作为一个独立的电子倍增器都可以饱和，而不影响周围的通道，这样就使 MCP 具有局部饱和特性，这种特性可以控制住视场范围内某些强度大的亮点.

3) 第三代像增强器

第三代像增强器是在二代近贴管的基础上，将三碱光电阴极置换为 GaAs NEA 光电阴极，如图 5.34 所示. NEA 光电阴极的制作过程极为复杂. 但光灵敏度性能较一、二代多碱光阴极提高了 2～3 倍. 光谱响应向红外延伸，与夜天光辐射光谱更匹配，视距增大 1.5～2 倍.

与第一代、第二代微光管相比，第三代管的制管过程具有如下工艺特点. ①砷化镓光阴极的制备工程，大部分在总装台外进行，事先选择好相应的阴极材料，做成阴极组件，

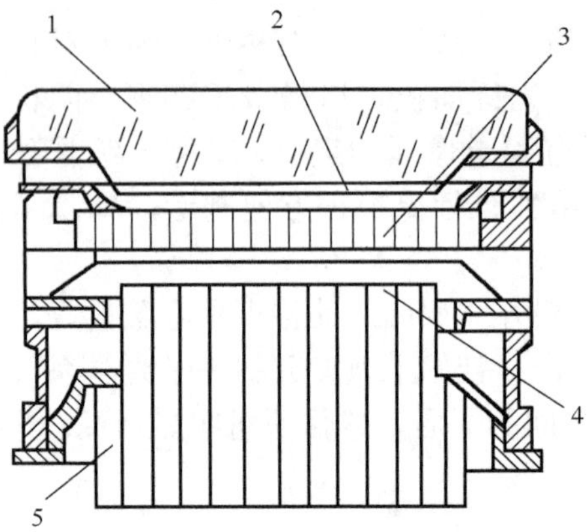

图 5.34 第三代像增强器结构

1. 阴极面板；2. GaAs/InGaAs NEA 阴极；3. MCP；4. 荧光屏；5. 光纤板

通过阴极材料和组件的质量控制和预筛选技术，可以大大提高总装成管的合格率. 例如，第二代管总装合格率一般为 20%～30%，而第三代管合格率最高可达 60%以上. ②必须选用高增益、低噪声、长寿命 MCP，并在 MCP 电子输入端面镀 Al_2O_3 离子阻挡膜. 这是因为 GaAs 光阴极灵敏度很高，其表面 Cs、O 层原子的电子态最易受到管中残余气体分子，尤其是正离子的轰击而破坏. 采用 Al_2O_3 离子阻挡膜后，可以阻止 MCP 电子倍增过程中产生的残余气体分子和正离子的反馈，从而保护了光阴极. 此外，Al_2O_3 膜的存在，自然损失掉输入电子的部分能量，导致 MCP 的增益有所降低，故需选用增益更高的 MCP. MCP 与 GaAs 光阴极一起工作在 10^{-9}Pa 真空环境下，因此，要求 MCP 还需能经受 550℃以上的烘烤除气(二代 MCP 为 380℃)和更严格的电子清刷，以彻底去除各微通道内的残余气体分子. 通过以上选择和处理，使第三代管中的雪花闪烁噪声很小；第三代管寿命为 5000～10000h，比第二代管(2000～3000h)的寿命长了很多. ③光阴极正常工作对真空环境的要求比第二代管光阴极提高了 2 个数量级. 通常，第二代管的真空度为 10^{-7}～10^{-8}Pa 即可，而 GaAs 光阴极则要求为 10^{-9}～10^{-10}Pa. 这样，对器件总装台、处理工艺和双冷铟封技术的超高真空性能提出了更高的要求.

【例 5.8】

某三级级联像增强管，三个光电阴极均为 S-25，它对标准光源的积分灵敏度 R=400μA/lm，三个荧光屏均为 P-20，它的发光效率为 50lm/W，各级电压均为 12kV，各级电子光学系统通过系数为 1，各级放大率为 1，具体参数参考表 5.5 和表 5.6. 在不考虑极间耦合损失的情况下：

(1)计算它对星光下绿色草木反射光的亮度增益 G_L.

(2)亮度增益的来源是什么？

(3)说明提高阴极长波响应对增加对比度和 G_L 的意义.

表 5.5 光谱匹配系数

光阴极		S-1	S-11	S-20	S-25
反射的辐射绿色草木	晴朗星光			0.0148	0.0631
	满月光			0.130	0.270
	标准红外光源	0.269			0.539
标准光源		0.516	0.06	0.112	0.227
P-11 荧光屏		0.217	0.914	0.877	0.953
P-20 荧光屏		0.395	0.427	0.583	0.782

表 5.6 光源的光视效能

光源光视效能 K	2856K 标准光源	标准红外光源	标准红外光源下的绿色草木	晴星下的绿色草木	满月光下的绿色草木	P-11 荧光屏	P-20 荧光屏	P-31 荧光屏
K/(lm/W)	23	130	19.9	5.45	59.2	140	476	421.3

解 (1)根据题意可知：$a_1=a_2=a_3=1$，$\eta_1=\eta_2=\eta_3=50\text{lm/W}$，$U_1=U_2=U_3=12\times10^3\text{V}$，

$$m_1=m_2=m_3=1$$

标准光源

$$\alpha_1=0.227,\qquad K_1=23$$

对星光下绿色草木的反射

$$\alpha_2=0.0631,\qquad K_2=5.45$$

对 P-20 荧光屏

$$\alpha_3=0.782,\qquad K_3=476$$

$$R_{\phi_1}=\frac{\alpha_2\cdot K_1}{\alpha_1\cdot K_2}R=\frac{0.0631\times 23}{0.227\times 5.45}\times 400=469.2\,(\mu\text{A/lm})$$

$$R_{\phi_2}=R_{\phi_3}=\frac{\alpha_3\cdot K_1}{\alpha_1\cdot K_3}R=\frac{0.782\times 23}{0.227\times 476}\times 400=66.58\,(\mu\text{A/lm})$$

$$G_{\text{L}}=\frac{a_1a_2a_3\times R_{\phi_1}\times R_{\phi_2}\times R_{\phi_3}\times U_1U_2U_3\times\eta_1\eta_2\eta_3}{m_1m_2m_3}$$

$$=\frac{1^3\times 469.2\times 66.58^2\times(12\times10^3)^3\times 50^3\times(10^{-6})^3}{1^3}=4.5\times10^5$$

所以，其亮度增益为 4.5×10^5.

(2)像管的亮度增益来源于高压的作用.

(3)提高阴极的长波响应，可增加对比度和 G_{L} 值.

因为：①对于同一光源，阴极长波响应大者，提供的 C 值大. ②对于同一阴极，光源偏向长波者，能提供较高 C 值. ③光电阴极提供的 C 值大于人眼.

5.4.2 摄像 CCD 器件的工作原理

现在，单独的 CCD 器件的灵敏度虽然可以在低照度环境下工作，但要将 CCD 单独应用于微光电视系统还不可能. 因此，可以将微光像增强器与 CCD 进行耦合，让光子在到达 CCD 器件之前使光子先得到增益. 微光像增强器与 CCD 有三种耦合方式.

1. 光纤光锥耦合方式

光纤光锥也是一种光纤传像器件，一头大、一头小，利用纤维光学传像原理，可将微光管光纤面板荧光屏(通常，有效尺寸为 18mm、25mm 或 30mm)输出的经过增强的图像，耦合到 CCD 光敏面(对角线尺寸通常是 12.7mm 和 16.9mm)上，从而可达到微光摄像的目的.

这种耦合方式的优点是荧光屏光能的利用率较高，理想情况下，仅受限于光纤光锥的漫射透过率(≥60%). 缺点是需要带光纤面板输入窗的 CCD; 对背照明模式 CCD 的光纤耦合，有离焦和 MTF 下降问题. 此外，光纤面板、光锥和 CCD 均为若干个像素单元阵列的离散式成像元件，因而，三阵列间的几何对准损失和光纤元件本身的疵病对最终成像质量的影响等都是值得认真考虑并给予严格对待的问题.

2. 中继透镜耦合方式

采用中继透镜也可将微光管的输出图像耦合到 CCD 输入面上，其优点是调焦容易、成像清晰，对正面照明和背面照明的 CCD 均可适用; 缺点是光能利用率低(≤10%)，仪器尺寸稍大，系统杂光干扰问题需特殊考虑和处理.

3. 电子轰击式 CCD

以上前两种耦合方式的共同缺点是微光摄像的总体光量子探测效率及亮度增益损失较大，加之荧光屏发光过程中的附加噪声，使系统的信噪比特性不甚理想. 为此，人们发明了电子轰击式 CCD(EBCCD)，即把 CCD 做在微光管中，代替原有的荧光屏，在额定工作电压下，来自光阴极的(光)电子直接轰击 CCD. 实验表明，每 3.5eV 的电子即可在 CCD 势阱中产生一个电子-空穴对; 10kV 工作电压下，增益达 2857 倍. 如果采用缩小倍率电子光学倒像管(如倍率 m=0.33)，则可进一步获得 10 倍的附加增益，即 EBCCD 的光子-电荷增益可达 10^4 以上. 而且，精心设计、加工、装调的电子光学系统，可以获得较前两种耦合方式更高的 MTF 和分辨率特性，无荧光屏附加噪声. 因此，如果选用噪声较低的 DFGA-CCD 并入 m=0.33 的缩小倍率倒像管中，可望实现景物照度 $\leq 2\times10^{-7}$lx 光量子噪声受限条件下的微光电视摄像.

光电科学家

数码相机 CCD 之父——博伊尔和史密斯

CCD 是数码相机的电子眼，为摄影带来革命性影响. 假如没有 CCD，数码相机的发展会缓慢得多，人类也无法看到由哈勃太空望远镜拍摄到的壮丽太空或火星的影像.

CCD 是于 1969 年由美国贝尔实验室的威拉德·博伊尔(Willard Boyle)和乔治·史密斯(George E. Smith)所发明的(图 5.35). 光电效应是物理学家爱因斯坦发现的，即光照射到某些物质上，能够引起物质的电性质发生变化. 博伊尔和史密斯两人面临的最大挑战是如何在很短时间内，采集并辨别因为光照而产生变化的大量电子信号.

当时贝尔实验室正在发展影像电话和半导体气泡式内存. 将这两种新技术结合起来后，博伊尔和史密斯研究出一种装置，他们命名为“电荷‘气泡’元件”(charge “bubble” devices). 这种装置的特性就是它能沿着一片半导体的表面传递电荷，便尝试用它来作为记忆装置，当时只能从暂存器用“注入”电荷的方式输入记忆. 但随即发现光电效应能使此种元件表面产生电荷，从而组成数位影像. 到了 20 世纪 70 年代初，CCD 在摄像机、数码

(a)　　　　　　　　(b)

图 5.35　威拉德·博伊尔(a)和乔治·史密斯(b)

2009 年诺贝尔物理学奖获得者

相机和扫描仪中应用广泛，只不过摄像机中使用的是点阵 CCD，即包括 x、y 两个方向用于摄取平面图像，而扫描仪中使用的是线性 CCD，它只有 x 一个方向，y 方向扫描由扫描仪的机械装置来完成. CCD 技术可清楚显示遥远及极细微的物件，除了数码摄影，还应用在医学上，方便医生诊断和进行微创手术. 我们现在可以拿着数码相机和手机随时随地拍摄，即时欣赏，免去了靠胶卷冲洗的麻烦.

工程与技术案例

嫦娥三号

嫦娥三号巡视器载红外成像光谱仪技术

【背景】

嫦娥三号探测器由着陆器和巡视器组成(如图 5.36). 它们各自携带相应的有效载荷，

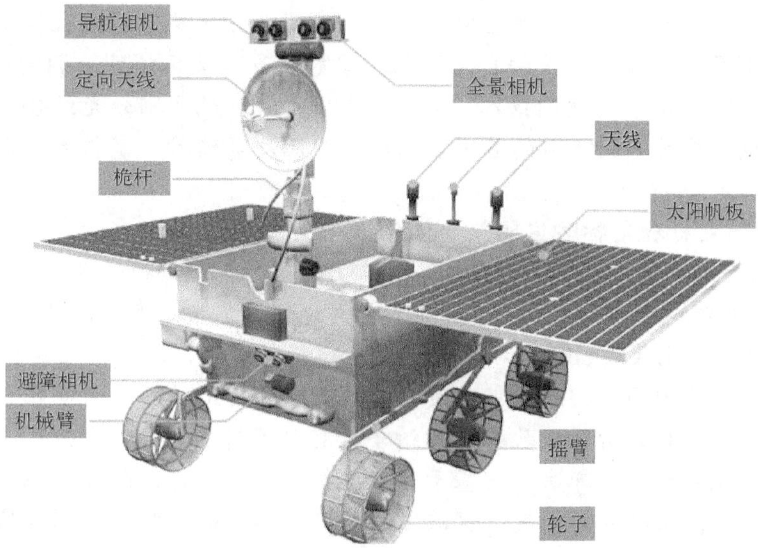

图 5.36　嫦娥三号巡视器示意图

在月球软着陆后，完成月面定位探测和巡视探测的科学任务. 红外成像光谱仪基于巡视器平台，在重量、体积等限制条件下适应热、月尘等恶劣环境，实现对巡视区月面目标就位光谱与图像探测，获取月面目标高分辨率的可见光至短波红外谱段的图像及光谱数据，为月表矿物组成与化学成分综合分析提供科学数据.

嫦娥三号巡视器载红外成像光谱仪技术突破宽谱段图谱，集成高灵敏度就位探测及定标体制、多通道射频驱动声光高效分光机制、月地协同定标方案和定标防尘隔热一体化组件技术、无运动高频调制锁相高灵敏度探测等核心技术，形成红外成像光谱仪产品，完成了对月面宽谱段高分辨率图谱集成同步探测及定标的任务.

【案例分析】

1. 宽谱段图谱集成高灵敏度就位探测及定标体制的探测

适应月面目标光照条件、资源约束及原位科学数据探测需求，提出了面阵凝视光谱成像结合单元光谱探测、月地协同探测及定标的高精度科学数据获取与定量化处理的图谱探测体制.

其原理及特征在于：①凝视面阵成像结合单元光谱的宽谱段图谱合一集成探测技术，实现高空间及高光谱分辨率；②多通道 AOTF 高效分光及无运动高频调制锁相探测技术，实现高灵敏度探测；③同步探测与月地协同定标，实现地外天体的定量化探测. 红外成像光谱仪技术探头以不超过 4.7kg 质量，在−20～55℃宽工作温度条件下，实现光谱范围 450～2400nm，光谱分辨率 2～12nm，以及在 9%反照率 15°太阳高度角低照度条件下的高信噪比探测.

2. 多通道声光高效分光及探测

面向低光照、低反射率、大动态限制工作条件下的高性能图谱集成探测与定标，提出单体多通道 AOTF 设计方法，突破了射频驱动电路及 AOTF 研制的关键技术，解决了宽频段高效分光技术难题.

主要包括以下几方面：①多通道射频驱动声光高效分光及光谱编程探测理论；②宽谱段空间应用 AOTF 高效分光器件的自主研制；③宽频多路及高频可选调制射频驱动电路；④正交偏振及光电组合杂光遏制技术. 成功实施四通道声光调制分光结合双探测器的探测体制，实现了我国声光调制技术的首次空间应用，满足宽谱段、高信噪比探测的同时适应就位探测资源约束.

3. 月地协同定标和定标防尘隔热一体化组件技术

基于月面原位矿物成分分析应用需求，结合月面原位探测载荷资源及环境条件，提出月面原位太阳漫反射板结合实验室模拟光谱定标的月地协同定标方案，设计新型超声驱动的定标、防尘、隔热一体化集成组件，在实现高精度定标的同时，满足月面防尘、隔热的要求.

主要包括以下几方面：①基于朗伯漫射定理，建立月地协同的月面目标高光谱定量化探测定标理论；②仿真分析及试验验证相结合，实现宽谱段、大动态范围、多视角的光谱定标并形成其环境影响校正算法；③基于超声电机驱动的定标、防尘、隔热一体化轻小型集成定标组件研制；④建立高精度、宽波段、多溯源参考的实验室光谱和辐射定标系统.

4. 低照度目标、宽温度范围下的无运动高频调制锁相高灵敏度探测技术

红外成像光谱仪采用无运动高频调制锁相高灵敏度探测技术实现低照度目标、宽温度范围下的光谱高性能探测.

具体措施为：①基于 AOTF 分光组件快速射频驱动特性，通过信号光 500Hz 的高频调制实现无运动部件的高灵敏度红外锁相探测；②采用射频可编程光谱采样、积分时间可调工程方法实现高灵敏度、大动态范围的高光谱成像数据获取.

【应用延伸】

红外光谱成像技术还可以应用到检测纺织品的质量、火山活动探测、森林火灾监测、城市化影响分析、地球表面研究及军事伪装识别等方面.

CCD 尺寸自动检测

【工程问题】 在荧光灯的玻璃管生产过程中，总是需要不断测量玻璃管的外圆直径及壁厚，并根据监测结果对生产过程进行调节，以便提高产品质量. 设玻璃管的平均外径 12mm，壁厚 1.2mm，要求测量精度为外径±0.1mm，壁厚为±0.05mm.

【技术方案】 我们可以利用 CCD 配合适当的光学系统，对玻璃管相关尺寸进行实时监测，其测量原理图如图 5.37(a)所示. 用平行光照射待测玻璃管，经成像物镜将其像投射在 CCD 光敏像元阵列面上. 由于玻璃管的透过率分布的不同，玻璃管的图像将如图 5.37(b)所示的那样，在边缘处形成两条暗带，中间部分的透射光相对较强形成亮带.

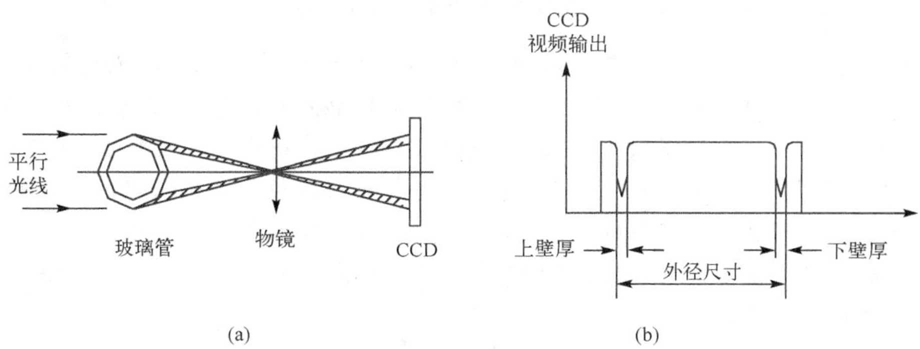

图 5.37 CCD 视频信号

玻璃管像的两条暗带最外的边界距离为玻璃管外径成像的大小，中间亮带反映了玻璃管内径像的大小，而暗带则是玻璃管的壁厚像. 将该视频信号中的外径尺寸部分和壁厚部分进行二值化后，由计算机采集这两个尺寸所对应的时间间隔(如脉冲计数值)，经一定的运算便可得到待测玻璃管的尺寸及偏差.

设成像物镜的放大倍率为 β，CCD 的像元尺寸为 t，上壁厚、下壁厚、外径尺寸的脉冲数(即像元个数)分别为 n_1、n_2 和 N，则上壁厚 d_1、下壁厚 d_2、外径尺寸 D 分别为

$$d_1=\frac{n_1 t}{\beta},\quad d_2=\frac{n_2 t}{\beta},\quad D=\frac{Nt}{\beta} \tag{5.34}$$

CCD 位移的测量

【工程问题】 对于汽车显示仪表来说，仪表的抗震能力是一个十分重要的性能指标，

为了克服动圈式指示仪表抗震性能的不足，出现了如图 5.38 所示的π形双金属片，用它作为推动指针偏转的动力元件. 当电流 I 通过电热丝 2 加热π形双金属片 3 时，双金属片 3 将产生弹性变形带动顶端的顶杆 1 产生近似的直线运动，顶杆的运动量 x 称为电致动程(简称电动程). 电动程 x 与电流 I 之间的变化关系是否满足设计要求是衡量仪表显示精度的重要因素，生产上需要对顶杆电动程进行实时测量. π形双金属片最大电动程为 3mm，最小微位移约为±0.004mm. 假设设定测量仪器的测量范围为 0～3.5mm，灵敏度在±0.003mm 之间，测量误差确定为±0.1%，要求：非接触在线测量.

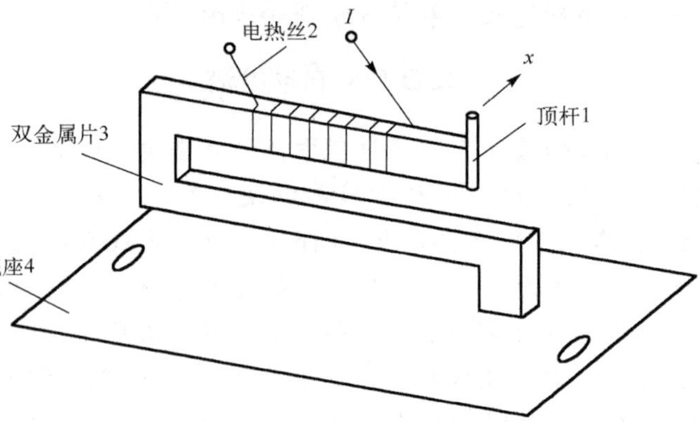

图 5.38　π形双金属片

【技术方案】 电动程测量装置原理图如图 5.39 所示. 其中，电动程测量装置的光路如图 5.39(a)所示. 光源发出的光线经聚光镜成为平行光入射在顶杆上，由于顶杆材质非透明体(一般为铜质材料)，物镜将顶杆所在平面成像在 CCD 光敏面上，顶杆在 CCD 光敏面的像形成了如图 5.39(b)所示的光强分布. 光强在顶杆对应的位置有一凹陷，凹陷的中点 M_1 表示对称中心线的位置，当顶杆随π形双金属片受热变形而移动时，顶杆在 CCD 光敏面上像的凹陷也随之移动，至 M_2 点. 设物镜横向放大系数为 β，CCD 光敏面上光强凹陷移动了 L，则顶杆的电动程 x 为

$$x=\frac{L}{\beta} \tag{5.35}$$

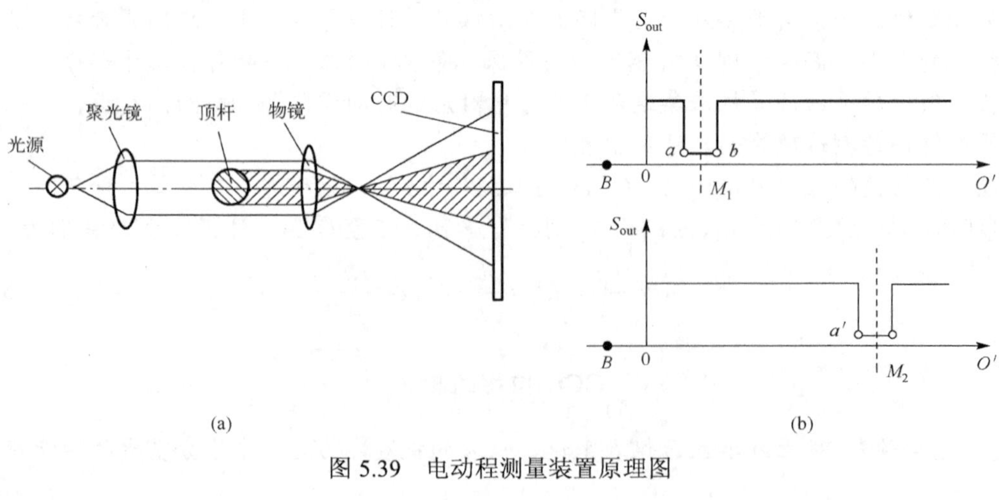

图 5.39　电动程测量装置原理图

又设 CCD 像元之间的中心距

$$L=Nt \tag{5.36}$$

式中，N 为 M_1 和 M_2 之间的像元数量.

只要测出 CCD 光敏面上光强凹陷中点移动所对应的 CCD 像元数 N，即可测量出π形双金属片的电动程.

练 习 题

一、选择题

1．下列谱段中光电成像系统中常用的大气窗口有(　　)μm.

A．3～5　　B．1～3　　C．0.38～0.76　　D．8～14

2．下列微光摄像器件中，属于纯固体器件的是(　　).

A．高灵敏度 CCD　　B．增强型 CCD(ICCD)

C．电子轰击型 CCD(EBCCD)　　D．电子倍增 CCD(EMCCD)

3．固体半导体摄像元件 CCD 是一种(　　).

A．PN 结光电二极管电路　　B．PNP 型晶体管集成电路

C．MOS 型晶体管开关集成电路　　D．NPN 型晶体管

4．目前监控系统使用的摄像机大多为(　　)摄像机.

A．CCD　　B．CID　　C．CMOS　　D．MOS

5．CCD 摄像器件的基本工作原理是（　　).

A．势阱的形成　　B．少数载流子的捕获

C．少数载流子的转移　　D．电荷探测

6．成像转换过程需要研究的有(　　).

A．能量　　B．成像特性　　C．噪声　　D．信息传递速率

7．2009 年 10 月 6 日博伊尔和史密斯获得诺贝尔物理学奖，CCD 摄像器件的电荷存储是(　　).

A．在瞬态和深度耗尽状态下进行的

B．在势阱形成后才实现

C．在电子定向移动下进行

D．在 MOS 电容器中出现

二、是非题

8．第一代像增强器是以纤维光学面板作为输入、出窗三级联耦合的像增强器.

9．红外成像光学系统在各种红外光传输情况下均满足物像共轭关系.

10．MRTD 是景物空间频率的函数，表征系统受信噪比限制的温度分辨率的量度.

三、填空题

11．电荷耦合器必须工作在________和_______，才能存储电荷.

12．红外成像系统总的传递函数为各分系统传递函数的________.

13．红外光成像系统中光在理想光具组中遵循的公式是________.

14．CCD 的基本功能为________.

15．固体摄像器件主要有三大类，它们是________.

16．微光光电成像系统的核心部分是________.

四、简答题

17．何谓帧时、帧速？二者之间有什么关系？

18．红外成像系统 A 的 $NETD_A$ 小于红外成像系统 B 的 $NETD_B$，能否认为红外成像系统 A 对各种景物的温度分辨能力高于红外成像系统 B？试简述理由.

19．MCP 像增强器与级联式像增强器相比，具有哪些特点？为什么说 MCP 像增强器具有自动防强光的优点？

五、计算题

20．如图 5.40 所示为某像管在某空间频率时的入射和出射的光强度的分布图，该图显示的空间频率是多少？在该空间频率的调制传递函数值是多少？在该空间频率的相位传递函数值是多少？

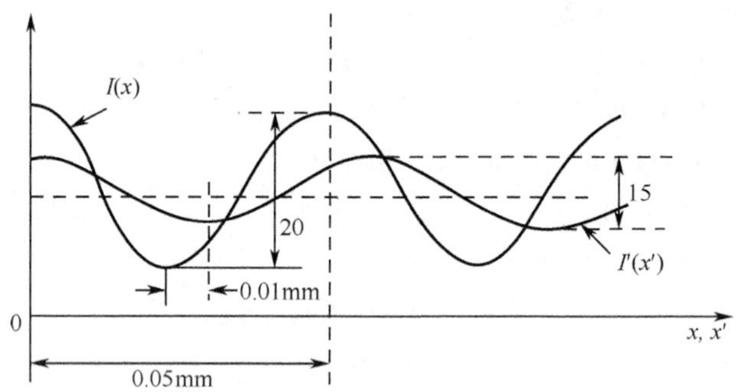

图 5.40　某像管的入射和出射的光强度的分布示意图

六、复杂工程与技术题

21．CMOS 元件在低感光度下的表现比 CCD 差，特别是在小尺寸成像元件上，由于像素面积小，这个缺陷就更为明显. 目前，多数需要在极暗条件下拍摄的专业性场合，比如天文望远镜和电子显微镜等领域，CCD 感光元件的地位依然不可动摇. 为进一步提高器件光电转换效率，请设计一种尺寸小、效率高、性能优良的图像传感器.

第 6 章　显示技术及器件

显示作为信息技术的重要组成和信息链的终端人机界面，应用领域遍及工业、交通、通信、教育、航空航天、卫星遥感、娱乐、医疗等各方面，是信息产业的重要支柱. 放眼全球，新一轮科技和产业革命加速兴起，显示技术与 5G、大数据、人工智能等新一代信息技术不断发展和融合，呈现出超高清、泛在、融合、智能和绿色的新型发展态势. 当前显示产业发展到了“更新换代大洗牌”阶段，多种技术与产业竞相发展，例如，液晶显示(LCD)、有机发光显示(OLED)、量子点(QD)显示、发光二极管(LED)显示、电子纸(E-paper)显示、三维(3D)显示、激光显示(LD)等. 本章按照显示技术的发展历程，主要介绍阴极射线管、LCD、等离子体显示、OLED 和 LD 等几种平板显示器件.

6.1　阴极射线管

自 1953 年阴极射线管实用化后，玻璃外壳由圆形发展为圆角矩形管，尺寸由 21in (1in=2.54cm)发展到 25in，偏转角由 70°增大到 90°，荧光粉由发光效率较低的磷酸盐型发展为硫化物蓝绿荧光粉和稀土类红色荧光粉. 20 世纪 70 年代以后，彩色显像管进行了一系列改进，显示屏由平面直角前进到超平、纯平，尺寸发展到 29in 以上，偏转角由 90°增大到 110°，并研制成功了超薄、纯平彩电. 下面介绍一下黑白显像管和彩色显像管.

6.1.1　黑白显像管

通常黑白显像管由电子枪、偏转系统、荧光屏和玻璃外壳四个主要部分组成，见图 6.1. 下面将根据其结构详细介绍各部分结构原理及作用.

1. 电子枪

电子枪是显像管中极为重要的组成部分. 电子枪实现电子束的发射、控制和聚焦等作用. 显示管用电子枪属于弱电流电子枪，由圆筒、圆帽和圆片等旋转对称的金属电极同轴排列、装配和固定而成. 可分为双电位电子枪(BPF)和单电位电子枪(UPF). BPF 中电子束在主聚焦透镜出入口处电势不同，UPF 则在主透镜出入口处电势相同. UPF 比 BPF 多一个高压阳极，大幅度增加了聚焦能力，使显像管具备了自聚

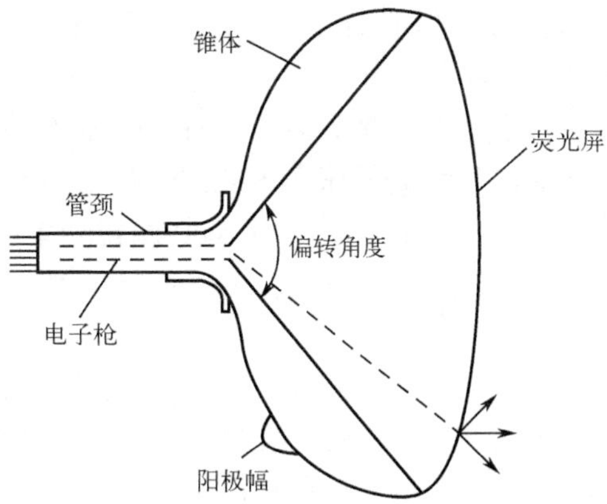

图 6.1　黑白显像管结构示意图

焦能力，保证了显像管聚焦的稳定性. 我们分析一下 UPF 电子枪的结构和工作原理.

UPF 电子枪的结构如图 6.2 所示，包括灯丝 H_1、阴极 K、控制极 G_1、加速极 G_2、第二阳极(聚焦极)G_3 和高压阳极 G_4.

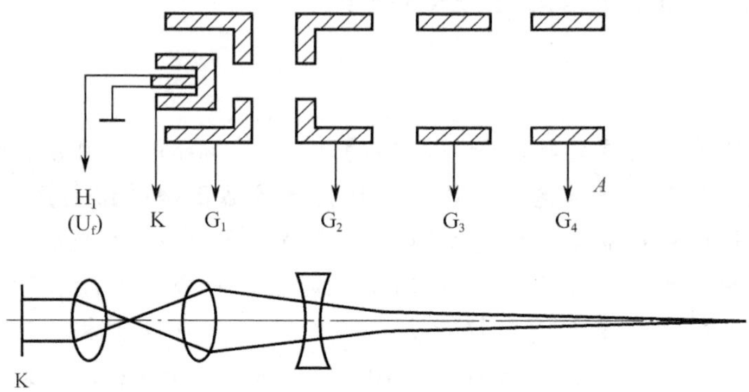

图 6.2　UPF 电子枪的结构

电子枪的第一个作用是发射并加速电子. 显像管一般采用氧化物阴极，在基体金属上涂敷一层以氧化钡为主体的氧化物，当灯丝加热使阴极表面温度达到 800℃左右时开始发射电子. 电子枪的电子发射系统主要由阴极、控制极、加速极组成，加速极电压一般为 700V 左右，当阴极控制极电压低于截止电压时，阴极表面中心部位出现电子加速场，达到一定温度的阴极就能发射电子束，电子束经 G_2 加速形成高速电子束流.

电子枪的第二个作用是用视频信号调制电子束流，电子束流由阴极和控制极的电势控制. 目前的显像管一般采用阴极调制的方式，控制极接地. 这种调制方式对电子束控制较强，调制灵敏度较高.

电子枪的第三个作用是利用电子透镜会聚电子束，并在荧光面上将电子束聚焦成小点.

2. 偏转系统

为了实现显像管中高阳极电压下的大角度偏转，一般采用磁偏转系统. 在广播电视系统中都采用单向匀速直线扫描，并且规定电子束扫描从上到下，从左到右形成矩形光栅. 我国采用 PAL(phase alteration line)电视制式，每帧 625 行，每秒 25 帧；隔行扫描，每秒 50 场. 每行水平扫描正程为 52μs，逆程为 12μs. 场正程时间≥18.4ms，场逆程时间≤1.6ms，垂直方向实际显示 575 行. 行频为 15625Hz，场频为 50Hz.

为了缩短显像管管长，采用大偏转角. 所谓偏转角，是指在偏转磁场作用下，电子束在屏幕对角线处的张角 θ. 当偏转角从 90° 增大到 110° 时，管长可以缩短 1/3，偏转功率则增加为 90° 的 123%. 为了抑制偏转功率上升可将管颈缩小.

3. 荧光屏

荧光屏是实现显像管光电转换的关键部件之一，荧光屏一般由玻璃基板、荧光粉层和铝层构成. 人眼的最大视角，水平方向约为 17°，垂直方向约为 13°，所以电视画面的宽度与高度之比为 4∶3 或 5∶4，我国取 4∶3，因此采用矩形玻璃基板作为屏面. 为了减小环境光的影响，提高图像对比度，玻璃屏采用具有中性吸光性能的烟灰玻璃，此外还要满足光洁度、均匀性、耐压力、耐张力和防爆性等方面的要求.

荧光粉层完成显像管内的光电转换功能，黑白显像管要求在电子轰击下荧光粉发白光，一般采用颜色互补的两种荧光粉混合起来发白光. 例如，常用的P4荧光粉，是将发黄光的ZnS、CdS[Ag]与发蓝光的ZnS[Ag]按45∶55的比例混合起来，发出白光.

余辉时间指荧光粉在电子轰击停止后，其亮度减小到电子轰击时稳定亮度的1/10所经历的时间. 按其时间长度可分为长余辉发光，余辉时间长于0.1s；中余辉发光，余辉时间介于0.1～0.001s；短余辉发光，余辉时间短于0.001s. 而一般电视用荧光粉要求具有中余辉发光即可.

6.1.2 彩色显像管

彩色显像管是彩色电视机中利用三基色混色原理来实现彩色图像显示的电子束管. 荫罩式彩色显像管是目前占主导地位的彩色显像管. 荫罩式彩色显像管最初由德国人弗莱西(Fleshsig)于1938年提出，主要分为三大类：三枪三束彩色显像管，于1950年由美国无线电公司研制；单枪三束彩色显像管，于1968年由日本索尼公司研制成功；自会聚彩色显像管，于1972年由美国无线电公司研制. 自会聚彩色显像管克服了三枪三束和单枪三束彩色显像管的不足，是目前主要生产的彩色显像管.

1. 三枪三束彩色显像管

三枪三束彩色显像管，又叫荫罩管. 它由荧光屏、荫罩、电子枪及玻璃外壳四部分组成，如图6.3所示.

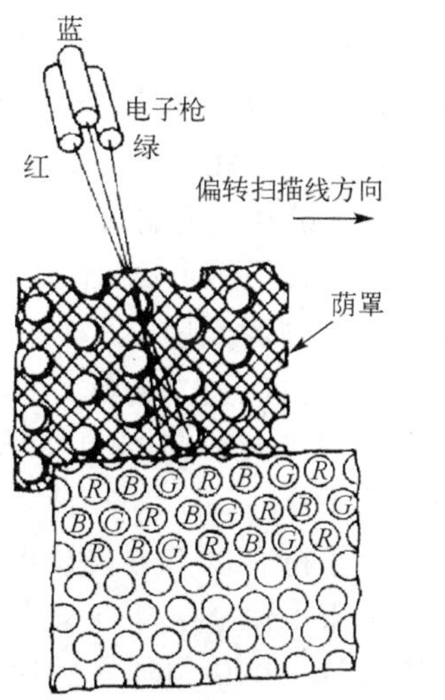

图6.3 三枪三束彩色显像管结构

1) 荧光屏

荧光屏的作用是重显三基色彩色图像. 它与黑白显像管有所不同. 黑白显像管的荧光屏上只涂有一种白色荧光粉. 而彩色显像管的荧光屏的内壁上涂有红、绿、蓝三种荧光粉小圆点，这三种荧光粉相互交错地排列成品字形，每三个(红、绿、蓝)小圆点组成一个像素，密集地布满整个屏面，每个荧光粉小圆点的直径约0.3mm. 由于荧光粉小圆点很小，排列很紧密，加上人眼的分辨能力有限，这样人们所感觉到的不是每个荧光粉小圆点的个别颜色，而是红、绿、蓝三种荧光粉相加混合成的彩色. 通常要清晰地反映一幅彩色图像，需要40万～50万个像素. 假如屏幕上需要有40万个像素的话，就要有120万个荧光粉小圆点才行. 荧光粉点越多，图像看上去越清晰. 但是粉点增加过多，效果并不明显，反而给制造工艺上带来很多困难.

2) 荫罩

荫罩又叫分色板. 它安置在距离荧光屏内表面10mm左右的地方. 荫罩由厚度为0.15mm的薄钢板制成，上面有规律地排列着数十万个小圆孔. 荫罩上每个小圆孔对应于荧光屏上红、绿、蓝三个荧光点，故荫罩上小圆孔的数目为荧光屏上荧光粉点数目的三分之一. 荫罩板的存在，可使红、绿、蓝三电子束从不同角度同时在荫罩孔处相交并通过，然后分别打在相应的荧光粉点上. 所以，荫罩板起到了分色作用.

荫罩有两项重要技术指标.

分辨率——即图像的清晰度. 它与荫罩板上小圆孔数目的平方根成正比. 孔数越多,组成图像的彩色小单元(即像素)越多，图像越清晰. 但是，随着荫罩孔数目的增加，给制造荫罩和涂敷荧光粉带来很多困难. 所以设计时要综合考虑.

透过率——即电子穿过荫罩板小孔打在荧光屏上的百分率，为单位面积上荫罩孔所占面积与单位面积之比. 透过率越高，电子的利用率也越高，图像亮度就越高. 提高透过率有两个途径，一是增加荫罩孔的数目，这是有限度的，因为随着荫罩孔增多，孔与孔之间的节距也越小，目前 47cm 彩色显像管孔与孔之间的节距只能做到 0.56mm. 二是增大荫罩孔的孔径. 但是孔径太大时容易产生混色现象. 一般要求孔径应小于荧光粉小圆点的直径. 47cm 彩色显像管的孔径约为 0.25mm. 设计时应将亮度和色纯度综合起来考虑.

由于电子束在荧光屏中间的打中率较高，在边缘部分的打中率较低，也就是说图像中心部分不容易引起混色，所以，荫罩板中心部分的孔径允许大些. 从中心到四角处孔径逐渐变小. 中心部分的孔径加大后，可以提高透过率，从而使亮度提高. 一般中心部分的透过率为 17%左右，四角处的透过率为 10%左右. 因此四角处的亮度为中心处亮度的 80%左右.

3) 电子枪

三枪三束彩色显像管有红、绿、蓝三支独立的电子枪，它的任务是提供三束直径很细的电子流，故有三枪三束之称. 三支电子枪围绕着管轴排列成正三角形(相隔 120°)，其构造和尺寸完全相同. 三支电子枪的灯丝并联在一起，灯丝电压一般为 6.3V，电流为 0.7～0.9A. 每支电子枪的工作原理、各电极所起的作用与黑白显像管相同，所不同的是阳极高压比黑白显像管要高. 由于有荫罩小孔间隔的遮挡，彩色显像管只有 20%左右的电子通过荫罩孔打到荧光屏上，80%的电子能量被荫罩吸收使荫罩发热. 另外，彩色荧光粉的发光效率也比白色荧光粉低. 因此，同样尺寸的彩色显像管的阳极电压是黑白显像管阳极电压的 1.3～1.7 倍，屏幕尺寸越大，要求阳极电压也越高. 通常用提高阳极电压的办法来弥补亮度的不足.

电子枪有以下主要技术指标.

单束电流——即一支电子枪阴极所发射的电流，一般为 200mA 左右. 对于同型号的显像管来说，单束电流大的比较好，可以提高屏幕的亮度.

束截面——即打在荧光屏上电子束的尺寸. 此值与所选管型有关，非黑底管的束截面直径应小于荧光粉点的直径，黑底管的束截面应大于荧光粉点而小于黑色包围圈.

截止电压——即加速极在正常工作电压(200～900V)下，当阴极电流为零时，阴极与调制极之间电势差的绝对值，一般在 80～120V. 必须正确地选定截止电压，以保证电子枪有合适的工作点，更重要的是三支枪的截止电压应一致，否则会引起图像颜色失真.

调制量——即阴极从截止状态变化到正常工作状态时，阴极电压的变化量，通常为 20V 左右. 此值小一些较好，这样可用较小的信号就能触发显像管正常工作. 要求三个电子枪的调制特性要一致，否则也会使图像颜色失真.

4) 玻璃外壳

玻璃外壳包括管颈、锥体和屏面三部分. 其作用与黑白显像管相同. 近年来，荧光屏四角的造型更趋于直角化，球面屏的曲率半径也越来越大(趋于平面). 但是这种玻璃外壳抗大气压的能力差，要采取防爆措施. 显像管屏面的尺寸越大，越要注意防爆.

2. 单枪三束彩色显像管

单枪三束彩色显像管的基本原理与三枪三束管相似，但结构上有重大改进，是由一个电子枪同时发射三条电子束，所以叫单枪三束彩色显像管(trinitron)，如图 6.4 所示. 光学系统是由三束公用的大口径的主透镜和一对会聚板组成. 会聚板的功能是使两条边束实现会聚，因而图像清晰度高. 分色板是条孔结构，电子透过率比三枪三束圆孔荫罩高得多，所以图像亮度也高.

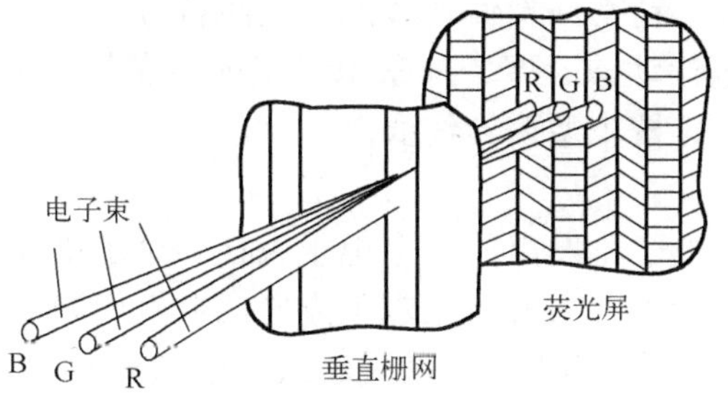

图 6.4　单枪三束彩色显像管结构

3. 自会聚彩色显像管

自会聚彩色显像管是在三枪三束彩色显像管和单枪三束彩色显像管的基础上产生的，是深入研究电子光学像差理论的结果. 自会聚彩色显像管采用精密直列式电子枪，配置了精密环形偏转线圈，如图 6.5 所示. 直线排列的电子束通过以特定形式分布的偏转场后能会聚于整个荧光屏，因而无须进行会聚调整，使彩色显像管的安装、调整工作与黑白显像管一样简便.

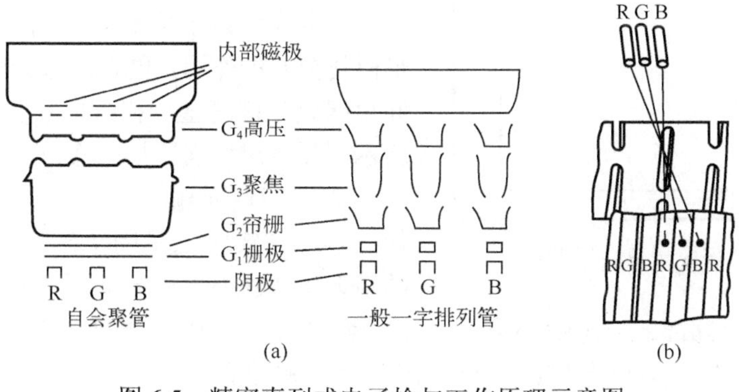

图 6.5　精密直列式电子枪与工作原理示意图

1) 自会聚彩色显像管的结构特点

(a) 精密直列式电子枪

自会聚彩色显像管的三个电子枪排列在一水平线上，彼此间距很小，因而会聚误差也很小. 除阴极外，其他电极都采用整体式结构，电子枪之间的距离精度只取决于制作电极模具的精度，与组装工艺无关. 电子枪除三个独立的阴极引线用于输入三基色信号和进行白场平衡调节，其他电极均采用公共引线.

(b) 开槽荫罩和条状荧光屏

自会聚管采用开槽荫罩，是综合考虑三枪三束管的荫罩和单枪三束管的条状栅网的利弊而采取的折中方案，这种荫罩的槽孔是断续的，即有错开的横向结，克服了栅网式荫罩板怕振动的缺点，增强了机械强度，降低了垂直方向的会聚精度要求，提高了图像的稳定性. 但荧光屏的垂直分解力受到横向结的影响，不如单枪三束管高. 与开槽荫罩相对应，荧光屏做成条状结构，对这种结构的荧光屏也可采用黑底管技术，提高图像对比度.

(c) 精密环形偏转线圈

自会聚彩色显像管采用精密环形偏转线圈，其匝数分布恰好给出实现电子束会聚所需的磁场分布，从而无须进行动态会聚，三条电子束就能在整个荫罩上良好会聚. 因此，把这种偏转线圈称为动会聚自校正型偏转线圈.

2) 自会聚原理

由于从直线形排列的电子枪发出的三个电子束在一个水平面内，因而消除了产生垂直方向会聚误差的主要因素，下面主要讨论水平方向的会聚问题.

用来进行静态会聚调整的三对环形永久磁铁安装在彩色显像管的颈部靠近电子枪一侧，一对为二磁极式，一对为四磁极式，一对为六磁极式. 二极磁铁也叫色钝磁铁，其作用是使三条电子束一起同方向移动. 四极和六极磁铁称为静态会聚磁铁，四极磁铁可以使红、蓝两边束产生等量反方向的移动，六极磁铁可使红、蓝两边束产生等量同方向的移动. 四极和六极磁铁在管颈轴线处的合成磁场为零，因此对中束无影响. 二极、四极、六极磁铁的调整方法是：当两片磁铁做反方向相对转动时，可改变磁场的强弱，即改变移动量的大小；两片一起做同方向转动，可改变磁场方向，即改变移动方向. 反复调整磁铁，就可以达到静态会聚的目的.

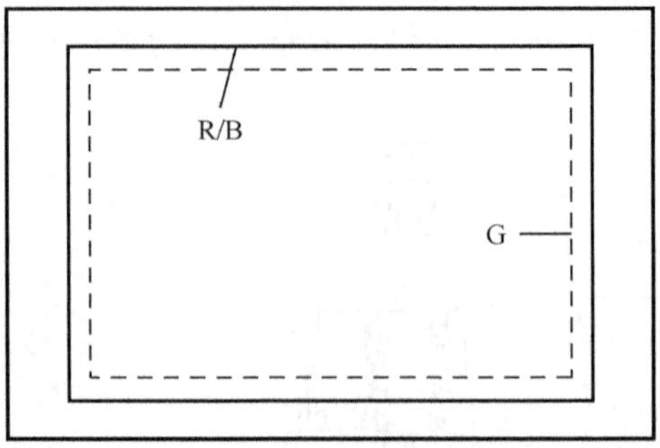

图 6.6　RGB 三电子束会聚图形

动态会聚校正采用两组非均匀分布磁场来解决，一组是桶形磁场分布解决垂直偏转，一组是枕形磁场分布解决水平偏转. 综合水平枕形和垂直桶形磁场分布的作用，能使三束会聚得到校正，但中间束绿束光栅的垂直和水平幅度都稍小，如图 6.6 所示，需用磁增强器加以修正.

为使三色光栅重合，在电子枪顶部设置了附加磁极，它实际上是四个磁环，与两条边束同心的磁环形成磁场分路使两个边束的光栅尺寸有所减小，故称磁分路器. 装在中心束上、下的两个磁环是磁增强器，使中心束光栅尺寸有所增加. 因此它们的总效果是使红、绿、蓝三个光栅重合.

【例 6.1】

说明电视系统光电转换、电光转换的特性.

解　电视系统的摄像显示过程：摄像管(光→电)→信道(处理、放大)→显示屏(电→光). 在光电转换过程中，摄像管的转换特性为

$$i_s = K_1 E^{\gamma_1}$$

荧光屏的转换特性为

$$L = K \cdot E^{\gamma}$$

整个电视系统

$$L = K \cdot E^{\gamma}$$

当 $\gamma>1$ 时，L 与 E 呈超线性关系：亮处对比拉大，暗处对比压缩.

当 $\gamma<1$ 时，L 与 E 呈亚线性关系：亮处对比压缩，暗处对比拉大.

6.2 液晶显示

液晶显示(liquid crystal display，LCD)是利用液态晶体的光学各向异性特性，在外电场的作用下对背景光进行调制而实现显示. 1968 年出现了第一个液晶显示装置.

6.2.1 液晶及其光电特性

1. 液晶

1888 年奥地利植物学家莱尼采尔(Reinitzer)，1889 年德国物理学家莱曼(Lehmann)分别观察到了液晶，图 6.7 为固体、液晶、液体分子排列示意图. 其在机械上具有液体的流动性，在光学上具有晶体性质的物质形态被命名为流动晶体，因此也被称作液晶(liquid crystal). 液晶分为两大类:溶致液晶和热致液晶，而本节中作为显示技术应用的液晶都是热致液晶.

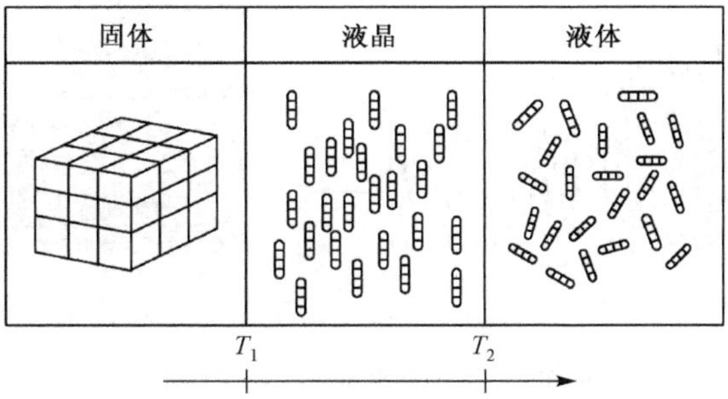

图 6.7 固体、液晶、液体分子排列示意图

低于温度 T_1，就变成固体(晶体)，称 T_1 为液晶的熔点，高于温度 T_2 就变成清澈透明各向同性的液态，称 T_2 为液晶的清亮点. LCD 能工作的极限温度范围基本上由 T_1 和 T_2 确定. 液晶分子的形状呈棒状，似“雪茄烟”，宽约十分之几纳米，长约数纳米，长度约为宽度的 4～8 倍.

2. 热致液晶

热致液晶可分为近晶相、向列相和胆甾相三种类型，如图 6.8 所示. 近晶相液晶分子呈二维有序性，分子排列成层，层内分子长轴相互平行，排列整齐，重心位于同一平面内，其方向可以垂直层面，或与层面成倾斜排列，层的厚度等于分子的长度，各层之间的距离可以变动，分子只能在层内做前后、左右滑动，但不能在上下层之间移动. 近晶相液晶的黏度与表面张力都比较大，对外界电、磁、温度等的变化不敏感.

向列相液晶分子只有一维有序，分子长轴互相平行，但不排列成层，它能上下、左右、前后滑动，只在分子长轴方向上保持相互平行或近于平行，分子间短程相互作用微弱，向列相液晶分子的排列和运动比较自由，对外界电、磁场、温度、应力都比较敏感，目前是显示器件的主要材料.

胆甾相液晶是由胆甾醇衍生出来的液晶，分子排列成层，层内分子相互平行，分子长轴平行于层平面，不同层分子的分子长轴方向稍有变化，相邻两层分子，其长轴彼此有一轻微的扭角(约为 15′)，多层扭转成螺旋形，旋转 360° 的层间距离称螺距，螺距大致与可见光波长相当. 胆甾相实际上是向列相的一种畸变状态，因为胆甾相层内的分子长轴也是彼此平行取向，仅仅是从这一层到另一层时均一择优取向旋转一个固定角度，层层叠起来，就形成螺旋排列的结构，所以在胆甾相中加消旋向列相液晶或将适当比例的左旋、右旋胆甾相混合，可将胆甾相转变为向列相. 一定强度的电场、磁场也可使胆甾相液晶转变为向列相液晶. 胆甾相易受外力的影响，特别对温度敏感，温度能引起螺距改变，而它的反射光波长与螺距有关，因此，胆甾相液晶随冷热而改变颜色. 三种热致液晶的分子排列如图 6.8 所示.

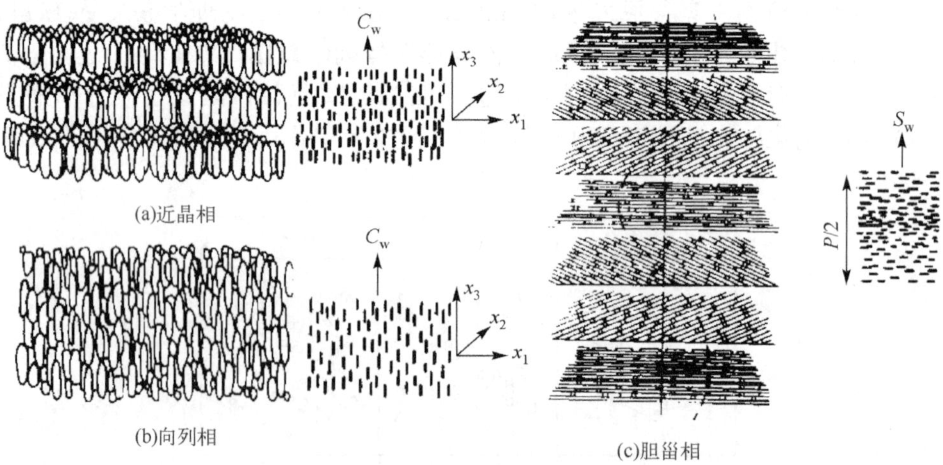

图 6.8　三种热致液晶的分子排列

3. 液晶的光电特性

利用传统的晶体光学理论可以描述光在液晶中的传播.

1) 电场中液晶分子的取向

液晶分子长轴排列平均取向的单位矢量 $\boldsymbol{n}$ 称为指向矢量，设 $\varepsilon_{//}$ 和 $\varepsilon_{\perp}$ 分别为当电场与指向矢平行和垂直时测得的液晶介电常量.

定义介电各向异性$\Delta\varepsilon$

$$\Delta\varepsilon = \varepsilon_{//} - \varepsilon_{\perp} \tag{6.1}$$

$\Delta\varepsilon>0$ 的液晶称为 P 型液晶，$\Delta\varepsilon<0$ 的液晶称为 N 型液晶. 在外电场作用下，P 型液晶分子长轴方向平行于外电场方向，N 型液晶分子长轴方向垂直于外电场方向. 目前的液晶显示器件主要使用 P 型液晶.

2) 线偏振光在向列相液晶中的传播(图 6.9)

折射率的各向异性Δn 为

$$\Delta n = n_{//} - n_{\perp} = n_e - n_o$$

$$E_x = E_o \cos\theta \cos(\omega t - k_{//} z) = a\cos(\omega t - k_{//} z) \tag{6.2}$$

$$E_y = E_o \sin\theta \cos(\omega t - k_{\perp} z) = b\cos(\omega t - k_{\perp} z) \tag{6.3}$$

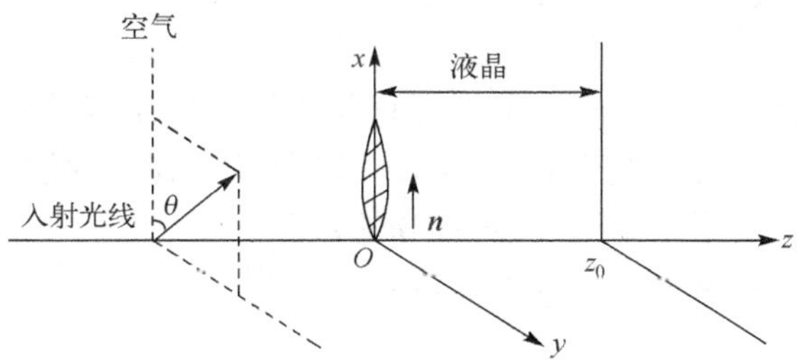

图 6.9 线偏振光在向列相液晶中的传播

两光场相位差记为 δ

$$\delta - \frac{\omega z}{c}(n_{\perp} - n_{//}) \tag{6.4}$$

合成光场矢端方程为

$$\left(\frac{E_x}{a}\right)^2 + \left(\frac{E_y}{a}\right)^2 - 2E_x E_y \frac{\cos\delta}{ab} = \sin^2\delta \tag{6.5}$$

当 $\theta=0$(或 $\frac{\pi}{2}$)时，$E_y=0$(或 $E_x=0$)，即偏振光的振动方向和状态没有改变，仍以线偏振光和原方向前进.

当 $\theta = \frac{\pi}{4}$ 时

$$E_x^2 + E_y^2 - 2E_x E_y \cos\delta = \frac{E_0^2}{2}\sin\delta \tag{6.6}$$

随着光线沿着 z 方向前进，偏振光相继成为椭圆、圆和线偏振光，同时改变了线偏振方向. 最后，这束光将以相位差 δ 所决定的偏振状态进入空气中.

3) 线偏振光在扭曲向列相液晶中的传播

把液晶盒的两个内表面作沿面排列处理并使盒表面上的向列相液晶分子方向互相垂直，液晶分子在两片玻璃之间呈 90° 扭曲，即构成扭曲向列相液晶，光波波长 $\lambda \ll P$(螺距).

当线偏振光垂直入射时，若偏振方向与上表面分子取向相同，则线偏振光偏振方向将随着分子轴旋转，并以平行于出口处分子轴的偏振方向射出；若入射偏振光的偏振方向与上表面分子取向垂直，则以垂直于出口处分子轴的偏振方向射出，当以其他方向的线偏振光入射时，则根据平行分量和垂直分量的相位差δ的值，以椭圆、圆或直线等某种偏振光形式射出.

液晶显示主要有以下特点.

(1)液晶显示器件是厚度仅数毫米的薄形器件，非常适合于便携式电子装置的显示.

(2)工作电压低，仅数伏，用 CMOS 电路直接驱动，电子线路小型化.

(3)功耗低，显示板本身每平方厘米功耗仅数十微瓦，采用背光源也仅 $10mW/cm^2$ 左右，可用电池长时间供电.

(4)采用彩色滤色器，LCD 易于实现彩色显示.

(5)现在液晶显示器显示质量已经可以赶上，有些方面甚至超过 CRT 的显示质量.

同时也存在着如下缺点.

(1)高质量液晶显示器成本较高，但是目前呈现明显的下降趋势.

(2)显示视角小，对比度受视角影响较大，现在已找到多种解决方法，视角接近阴极射线显像管(CRT)的水平，但仅限于档次较高的彩色 LCD 显示.

(3)液晶的响应受环境影响，低温时响应速度较慢.

6.2.2 扭曲向列型液晶显示

1. 扭曲向列型液晶显示(TN-LCD)的结构

一般扭曲(TN)型液晶显示器结构如图 6.10 所示.

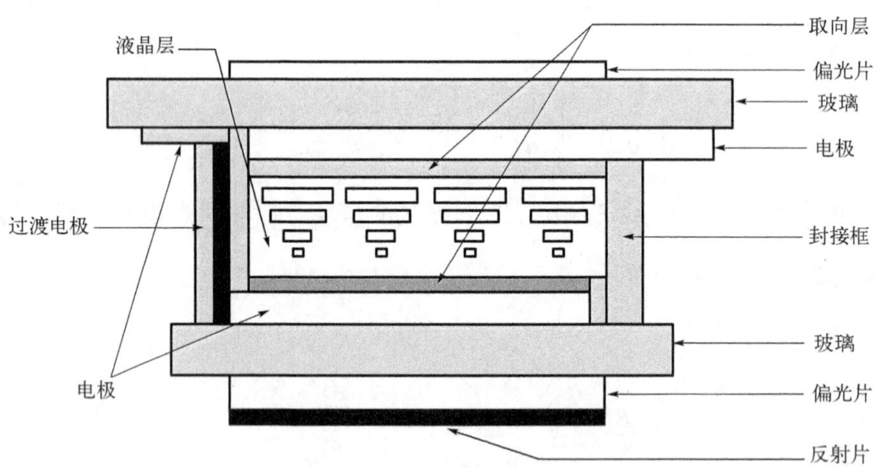

图 6.10 TN 型液晶显示器结构

从图中可以看出，液晶显示器是一个由上下两片导电玻璃制成的液晶盒，盒内充有正性液晶，四周用密封材料(一般为环氧树脂)密封，盒的两个外侧贴有偏光片. 液晶盒中上下玻璃片之间的间隔，即通常所说的盒厚，一般为几个微米(人的头发直径为几十微米). 上下玻璃片内侧，对应显示图形部分，镀有透明的氧化铟锡导电薄膜，即显示电极. 电极的作用主要是使外部电信号通过其加到液晶上去.

液晶盒中玻璃片内侧的整个显示区覆盖着一层有机物聚酰亚胺取向薄层，这个取向层经用无绒斜纹棉布定向摩擦，在薄层上会形成数纳米宽的细沟槽，从而会使长棒型的液晶分子沿沟槽平躺下，因为只有这样才是较低能量状态. 在组装液晶盒时，上基片的摩擦方向与下基片的摩擦方向垂直，这样就能使两个玻璃片内表面处的液晶分子的取向互相垂直. 在两个玻璃片之间，液晶分子的取向(指向失)逐渐扭曲.

从上玻璃片到下玻璃片扭曲了 90°，这就是扭曲向列型液晶显示器名称的由来. 实际上，靠近玻璃表面的液晶分子并不完全平行于玻璃表面，而是与其成一定的角度，这个角度称为预倾角，一般为 2°～3°. 这个预倾角限制联轴器上施加电压后液晶分子的倾斜方向. 一般还要加入很少量的手征性材料(如胆甾醇壬酸酯)，来控制液晶分子只沿一个方向扭曲，如果不做适当的预倾斜的预扭曲处理，显示图像就会出现花斑，因为不同区域的液晶分子会沿相反的方向取向而产生不同的小畴区，从而引起反射光线因位置不同而异. 只有事先创造一个具有预倾斜和预扭曲的各向异性环境，才能使液晶盒内的分子沿既定方向扭曲，加电场后沿需要的方向倾斜.

液晶盒中玻璃片的两个外侧贴有偏光片，这两个偏光片的偏光轴互相平行(黑底白字的黑型)或互相正交(白底黑字的白型)，且与液晶盒表面定向方向互相平行或垂直. 偏光片一般是将高分子塑料薄膜在一定的工艺条件下进行加工而得到的.

2. 扭曲向列型液晶显示的工作原理

在涂布了透明电极的两块玻璃基片之间，夹入厚约几个微米的具有正介电各向异性的向列型液晶(简称 N_p 液晶)，做成使液晶分子长轴在上下两块基片之间连续扭曲 90° 的 TN 排列盒. 由于这种 TN 排列盒的扭矩远大于可见光波长，所以垂直地入射到玻璃基片上的线偏振光在通过盒过程中，其偏振方向将沿着液晶分子扭曲方向刚好旋转了 90°. 因此，这种 TN 盒具有如下功能：即它在两块平行偏光片之间时，光线不能通过；而放在两块垂直的偏光片之间时，光线就可以通过.

偏光片有一个固定的偏光轴. 偏光片的作用是只允许振动方向与其偏光轴方向相同的光通过，而振动方向与偏光轴垂直的光将被其吸收. 这样，当自然光通过液晶盒的入射偏光片(称为起偏器)后，只剩下振动方向与起偏光轴相同的光，即变成线性偏振光. 偏振光经过液晶盒再经过偏光片(称为检偏器)射出. 这样，光是否通过检偏器，通过量的多少，取决于线性偏振光经过液晶盒后的偏振状态，从而控制最后透过检偏器的光状态来实现显示.

3. TN-LCD 的驱动

TN-LCD 液晶显示的电极分为段型电极、固定图形电极和矩阵型电极. 段型电极用于显示数字和拼音字母；固定图形电极用于显示固定的符号、图形；矩阵型电极用于显示数字、曲线、图形及视频图像.

TN-LCD 的驱动有如下一些特点.

(1) 为防止施加直流电压使液晶材料发生电化学反应从而造成性能不可逆的劣化，缩短使用寿命，必须用交流驱动，同时应减小交流驱动波形不对称产生的直流成分.

(2) 驱动电源频率低于数千赫兹时，在很宽的频率范围内 LCD 的透光率只与驱动电压有效值有关而与电压波形无关.

(3) 驱动时 LCD 像素是一个无极性的容性负载.

TN-LCD 液晶显示的驱动方式有：静态驱动和矩阵寻址驱动. 矩阵寻址驱动可实现大信息容量的显示.

6.2.3 液晶显示器的技术参数

1. 可视面积

液晶显示器所标示的尺寸就是实际可以使用的屏幕范围. 例如，一个 15.1in 的液晶显示器约等于 17in CRT 屏幕的可视范围.

2. 点距

我们常问到液晶显示器的点距是多大，但是多数人并不知道这个数值是如何得到的，现在让我们来了解一下它究竟是如何得到的. 举例来说，一般 14in LCD 的可视面积为 285.7mm×214.3mm，它的最大分辨率为 1024×768，那么点距就等于可视宽度/水平像素(或者可视高度/垂直像素)，即 285.7mm/1024=0.279mm(或者 214.3mm/768=0.279mm).

3. 色彩度

LCD 重要的当然是色彩表现度. 我们知道自然界的任何一种色彩都是由红、绿、蓝三种基本色组成的. LCD 面板上是由 1024×768 个像素点组成显像的，每个独立的像素色彩是由红、绿、蓝三种基本色来控制. 大部分厂商生产出来的液晶显示器，每个基本色(R、G、B)达到 6 位，即 64 种表现度，那么每个独立的像素就有 64×64×64=262144 种色彩. 也有不少厂商使用了所谓的 FRC(frame rate control)技术以仿真的方式来表现出全彩的画面，也就是每个基本色能达到 8 位，即 256 种表现度，那么每个独立的像素就有高达 256×256×256=16777216 种色彩了.

4. 对比度(对比值)

对比值是定义最大亮度值(全白)除以最小亮度值(全黑)的比值. LCD 制造时选用的控制 IC、滤光片和定向膜等配件，与面板的对比度有关，对一般用户而言，对比度能够达到 350∶1 就足够了，但在专业领域这样的对比度不能满足用户的需求.

5. 亮度

液晶显示器的最大亮度，通常由冷阴极射线管(背光源)来决定，亮度值一般都在 200～250cd/m^2. 技术上可以达到高亮度，但是这并不代表亮度值越高越好，因为太高亮度的显示器有可能使观看者眼睛受伤. LCD 是一种介于固态与液态之间的物质，本身是不能发光的，需要借助额外的光源才行. 因此，灯管数目关系着液晶显示器亮度. 最早的液晶显示器只有上下两个灯管，发展到现在，普及型的最低也是四灯，高端的是六灯. 四灯管设计分为三种摆放形式：一种是四个边各有一个灯管，但缺点是中间会出现黑影，解决的方法就是由上到下四个灯管平行排列的方式，最后一种是“U”型的摆放形式，其实是两灯变相产生的两根灯管. 六灯管设计实际使用的是三根灯管，厂商将三根灯管都弯成“U”形，然后平行放置，以达到六根灯管的效果.

6. 信号响应时间

响应时间指的是液晶显示器对于输入信号的反应速度，也就是液晶由暗转亮或由亮转暗的反应时间，通常是以毫秒(ms)为单位. 此值当然是越小越好. 如果响应时间太长，就有可能使液晶显示器在显示动态图像时，有尾影拖曳的感觉. 一般的液晶显示器的响应时间在 2～5ms. 要说清这一点，我们还要从人眼对动态图像的感知谈起. 人眼存在“视觉残留”的现象，高速运动的画面在人脑中会形成短暂的印象. 动画片、电影等一直到现在最新的游戏正是应用了视觉残留的原理，让一系列渐变的图像在人眼前快速连续显示，便形成动态的影像. 人能够接受的画面显示速度一般为每秒 24 张，这也是电影每秒 24 帧播放速度的由来，如果显示速度低于这一标准，人就会明显感到画面的停顿和不适. 按照这一指标计算，每张画面显示的时间需要小于 40ms. 这样，对于液晶显示器来说，响应时间 40ms 就成了一道坎，低于 40ms 的显示器便会出现明显的画面闪烁现象，让人感觉眼花. 要是想让图像画面达到不闪的程度，则最好要达到每秒 60 帧的速度.

7. 可视角度

液晶显示器的可视角度左右对称，而上下则不一定对称. 举个例子，当背光源的入射光通过偏光板、液晶及取向膜后，输出光便具备了特定的方向特性，也就是说，大多数从屏幕射出的光具备了垂直方向. 假如从一个非常斜的角度观看一个全白的画面，我们可能会看到黑色或是色彩失真. 一般来说，上下角度要小于或等于左右角度. 如果可视角度为左右 80°，表示在始于屏幕法线 80° 的位置时可以清晰地看见屏幕图像. 但是，由于人的视力范围不同，如果没有站在最佳的可视角度内，所看到的颜色和亮度将会有误差. 现在有些厂商就开发出各种广视角技术，试图改善液晶显示器的视角特性，例如，IPS(in plane switching)、MVA(multidomain vertical alignment)和 TN+FILM(补偿膜). 这些技术都能把液晶显示器的可视角度增加到 160°，甚至更多.

6.3 等离子体显示

等离子体显示板(plasma display panel，PDP)是利用气体放电产生发光现象的平板显示的统称，按 PDP 所施驱动电压的不同可分为：交流等离子体显示板(AC-PDP)、直流等离子体显示板(DC-PDP)和自扫描等离子体显示板. AC-PDP 因其光电和环境性能优异，是 PDP 技术的主流.

等离子体显示的特点：等离子体显示为自发光型显示，有较好的发光效率与亮度；适于大屏幕、高分辨率显示；等离子体显示单元具有很强的非线性、存储特性；PDP 结构上可以采用不透明但电阻低的金属电极；PDP 有合适的阻抗特性、响应快. PDP 响应时间为数毫秒，显示电视图像时更新像素信号不成问题；刚性结构、耐振动、机械强度高、寿命长.

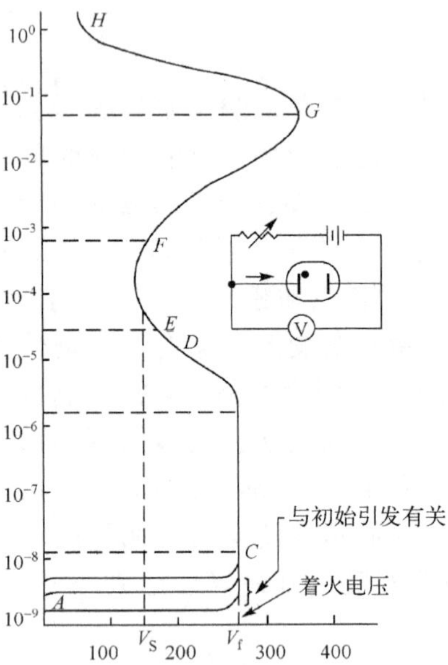

图 6.11 气体放电曲线

6.3.1 发光原理

图 6.11 的电路中，接有一个平板电极的充气二极管，电极所在空间充有氖气(Ne)或氖(Ne)+0.1%氩(Ar)混合气体，采用一系列同类型结构尺寸不同的充气放电管，改变电源电压 V 和电阻 R，实验测得二极管发电的伏安特性曲线，如图 6.11 所示.

图 6.11 中，曲线 AC 段属于非自持放电，在非自持放电时，参加导电的电子主要是由外界催离作用(如宇宙射线、放射线、光、热)造成的，当电压增加时，电流也随之增加并趋于饱和，C 点之前称为暗放电区，放电气体不发光. 随着电压增加，到达 C 点后，放电变为自持放电，气体被击穿，电压迅速下降，变成稳定地自持放电(图中 EF 段)，EF 段被称为正常辉光放电区，放电在 C 点开始发光，不稳定的 CD 段是欠正常的辉光放电区，C 点电压 V_f 称为击穿电压或着火电压、起辉电压，EF 段对应的电压 V_S 称为放电维持电压. 阴极电流密度为常数，是正常辉光放电的特点. 当放电电流更大时进入异常辉光放电 FG 段，这时放电单元阻抗变大. 当电流进一步增大，放电进入弧光放电后，在 H 点曲线变得平坦，压降小、电流大是弧光放电的特点. 显然，实际的显示器件必须应用在正常或异常辉光放电区，这个区域放电稳定、功耗小. 充气二极管的伏安特性有极强的非线性(开关特性)，图 6.11 中的静态伏安特性分三个状态：熄火态、过渡态和着火态.

氖气产生的可见光波长范围在 380～760nm，其中峰值波长为 582nm 的光辐射占整个光强的 35%～40%，因此氖气发橙红色光.

6.3.2 单色等离子体显示技术

1. 基本结构

Ne-Ar 混合气体在一定电压下产生气体放电，发射出 582nm 橙色光，利用这一原理可制作出平板显示器件，其结构单元如图 6.12 所示.

2. 工作原理

当放电单元的电极加上比着火电压 V_f 低的维持电压 V_S 时，单元中气体不会着火，如在维持电压间隙加上幅度高于 V_f 的书写电压 V_{wr}，单元将放电发光，放电形成的电子、离子在电场作用下分别向该瞬时加有正电压和负电压的电极移动，由于电极表面是介质，电子、离子不能直接进入电极而在介质表面累积起来，形成壁电荷，在外电路中，壁电荷形成与外加电压极性相反的壁电压，这时，放电空腔上的电压为外加电压和壁电压之和. 它将小于维持电压，使放电空间电场减弱，致使放电单元在 2～6μs 内逐渐停止放电，因介质电阻很高，壁电荷会不衰减地保持下来，当反向的下一个维持电压脉冲到来时，上一次放

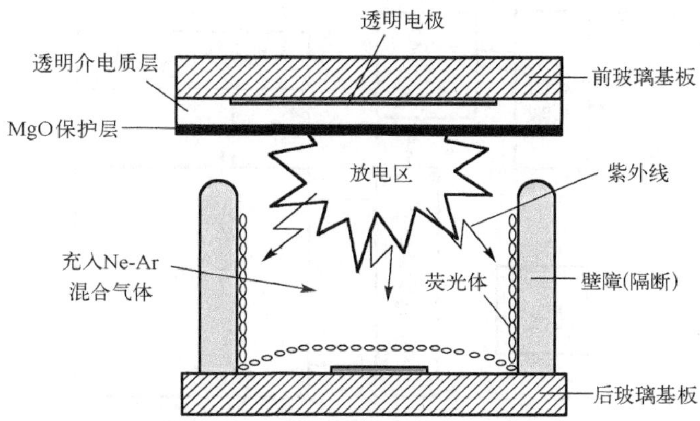

图 6.12　等离子体显示基本单元

电形成的壁电压与此时的外加电压同极性，叠加电压峰值大于 V_f，单元再次着火发光并在放电腔的两壁形成与前半周期极性相反的壁电荷，并再次使放电熄灭直到下一个相反极性脉冲的到来……因此，单元一旦由书写脉冲电压引燃，只需要维持电压脉冲就可维持脉冲放电，这个特性称为 AC-PDP 单元的存储特性.

要使已放电的单元熄灭，只要在下一个维持电压脉冲到来前给单元加一窄幅(脉宽约 1μs)的放电脉冲，使单元产生一次微弱放电，将储留的壁电荷中和，又不形成新的反向壁电荷，单元将中止放电发光. PDP 单元虽是脉冲放电，但在一个周期内发光两次，维持电压脉冲宽度通常 5～10μs，幅度 90～100V，主要工作频率范围 30～50kHz，因此光脉冲重复频率在数万次以上，人眼不会感到闪烁. 以上工作方式为 AC-PDP 的存储模式.

3. 等离子体显示驱动电路

PDP 驱动方式分为 PDP 直流型(DC)和交流型(AC)两种类型. 其中交流驱动方式又分为存储效应型和刷新型，直流驱动方式又分为刷新型和自扫描型. 驱动电路包括信号存储控制和高压驱动两部分. 信号存储控制是将接口送来的数字信号进行子场分离，实现辉度控制. PDP 是利用行列驱动电路来实现辉度和多色控显示. 由于驱动器受到电压、电流、速度和功耗等的限制，PDP 驱动器需要对信号进行处理，以降低运动轮廓线和子场派生现象，通常采用双电平驱动器. 驱动方法研究的目的是采用不同的方法，充分发挥显示屏的潜力，实现高画质视频显示，并降低电路成本. 一个好的驱动方法不仅要考虑电路的实现，还要考虑屏的工作状态，电路复杂，牵涉的方面很多. 单色 AC-PDP 驱动电路原理框图如图 6.13 所示.

驱动电路的主要作用是将从接口电路过来的有效数据处理成 PDP 屏体需要的格式，并根据接口电路的同步信号产生 PDP 屏发光所需要的各种高压. 驱动电路可以分成高压驱动和辉度显示两部分. 前者是为了产生 PDP 屏体内的惰性气体放电发光所需的高压(300～350V)，也正是这些高压的存在，使得 PDP 的功耗成为 PDP 驱动技术的一个主要问题，在显示器的背板上一般都装有风扇以用于散热；辉度显示的性能则直接决定了 PDP 图像色彩的亮度和对比度. 因此，PDP 驱动电路的主要技术指标就是亮度、对比度和功耗. 从 20 世纪 90 年代以来，一些企业投入大量人力、物力进行研发，产生了许多性能优越的驱动技术，使得这些指标得到了一定程度的改善.

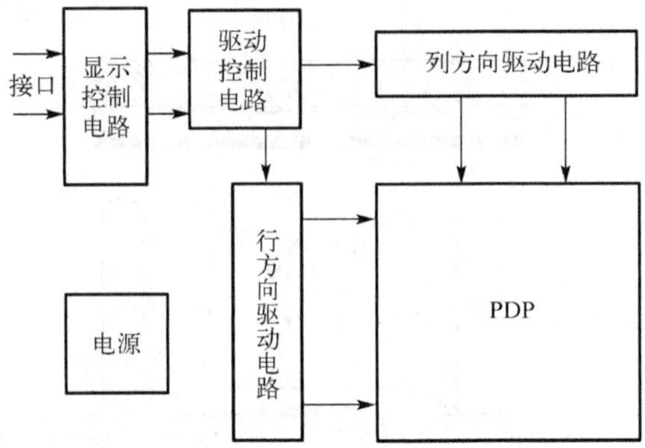

图 6.13　单色 AC-PDP 驱动电路原理框图

6.3.3　彩色显示技术

单色 PDP 利用氖气放电，只能产生橙色单色光. 在彩色 PDP 中，利用气体放电产生的电子激发低压荧光粉或利用光致发光，来实现彩色图像显示. 目前，彩色 PDP 主要采用紫外光激发发光方式. 对向放电式 AC-PDP 与单色结构相同，如图 6.14 所示，两个电极分别在相对位置的底板上，在 MgO 层上涂敷荧光粉，当等离子体放电时，荧光粉受离子轰击会使发光性能变差，因此难以实用化. 表面放电式 AC-PDP 避免了上述缺点，显示电极位于同一侧的底板上，放电也在同侧电极间进行. 现有的大多数产品都是采用的表面放电结构，这种结构是工业上的主流结构.

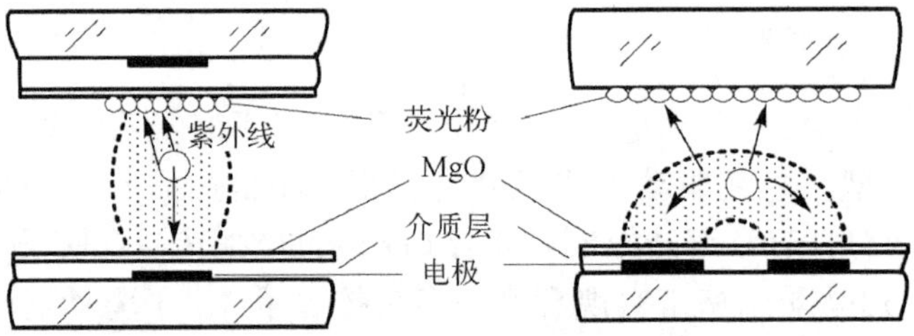

图 6.14　彩色 PDP 单元原理结构示意图

6.4　有机发光二极管

有机发光二极管(organic light-emitting diode，OLED)属于一种电流型的有机发光器件，是通过载流子的注入和复合而致发光的现象，发光强度与注入的电流成正比. OLED 在电场的作用下，阳极产生的空穴和阴极产生的电子就会发生移动，分别向空穴传输层和电子传输层注入，迁移到发光层. 当二者在发光层相遇时，产生能量激子，从而激发发光分子最终产生可见光. 一般而言，OLED 可按发光材料分为两种：小分子 OLED 和高分子 OLED(也可称为 PLED). OLED 是一种利用多层有机薄膜结构产生电致发光的器件，它很容易制作，而且只需要低的驱动电压，这些主要的特征使得 OLED 在满足平面显示器的应用上显得非常突出. OLED 显示屏比 LCD 更轻薄、亮度高、功耗低、响应快、清晰度高、柔性好、发光效率高，能满足消费者对显示技术的新需求. 全球越来越多的显示器厂家纷纷投入研发，大大地推动了 OLED 的产业化进程.

6.4.1 结构及发光原理

1. 基本结构

OLED 的基本结构是在铟锡氧化物(ITO)玻璃上制作一层几十纳米厚的有机发光材料作为发光层，发光层上方有一层低功函数的金属电极，构成如三明治的结构. OLED 的基本结构如图 6.15 所示，主要包括如下.

基板(透明塑料、玻璃、金属箔)——基层用来支撑整个 OLED.

阳极(透明)——阳极在电流流过设备时消除电子(增加电子"空穴").

空穴传输层——该层由有机材料分子构成，这些分子传输由阳极而来的"空穴".

有机发光层——该层由有机材料分子(不同于导电层)构成，发光过程在这一层进行.

电子传输层——该层由有机材料分子构成，这些分子传输由阴极而来的"电子".

阴极(可以是透明的，也可以不透明，视 OLED 类型而定)——当设备内有电流流通时，阴极会将电子注入电路.

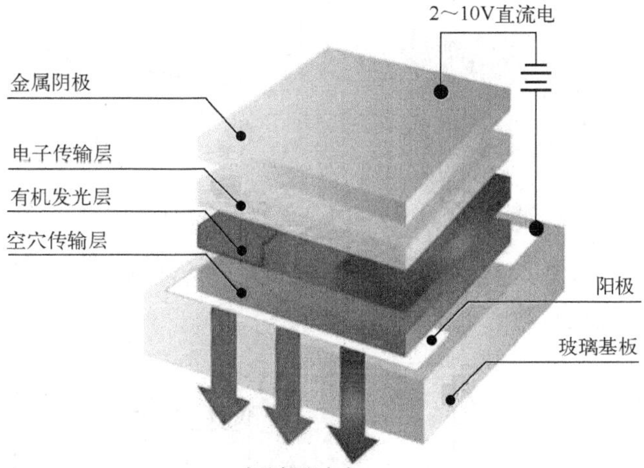

图 6.15 OLED 的基本结构

OLED 是双注入型发光器件，在外界电压的驱动下，由电极注入的电子和空穴在发光层中复合形成处于束缚能级的电子空穴对即激子，激子辐射退激发发出光子，产生可见光. 为增强电子和空穴的注入和传输能力，通常在 ITO 与发光层之间增加一层空穴传输层，在发光层与金属电极之间增加一层电子传输层，从而提高发光性能. 其中，空穴由阳极注入，电子由阴极注入. 空穴在有机材料的最高占据分子轨道(HOMO)上跳跃传输，电子在有机材料的最低未占据分子轨道(LUMO)上跳跃传输.

2. 发光原理

OLED 发光过程分为以下四个步骤，包括载流子注入、激子的形成、激子的输运和激子辐射复合发光等过程.

1)载流子注入

处于阴极中的电子和阳极中的空穴在外加驱动电压的驱动下会向器件的发光层移动，如图 6.16 所示，在向器件发光层移动的过程中，若器件包含电子注入层和空穴注入层，则电子和空穴首先需要克服阴极与电子注入层及阳极与空穴注入层之间的能级势垒，然后经由电子注入层和空穴注入层向器件的电子传输层和空穴传输层移动；电子注入层和空穴注入层可增大器件的效率和寿命. 关于 OLED 器件电子注入的机制还在不断地研究当中，目前最常被使用的机制是穿隧效应和界面偶极机制. 一般阳极、空穴传输层的 HOMO 能级不匹配，阴极、电子传输层的 LUMO 能级也不匹配，存在着比较大的势垒. 为了实现更好的注入，引入空穴注入层、电子注入层来修饰功函数匹配，这样，电子、空穴能有效平衡地注入.

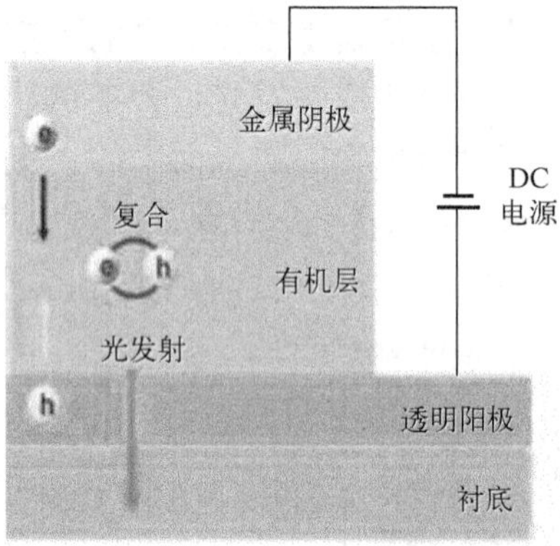

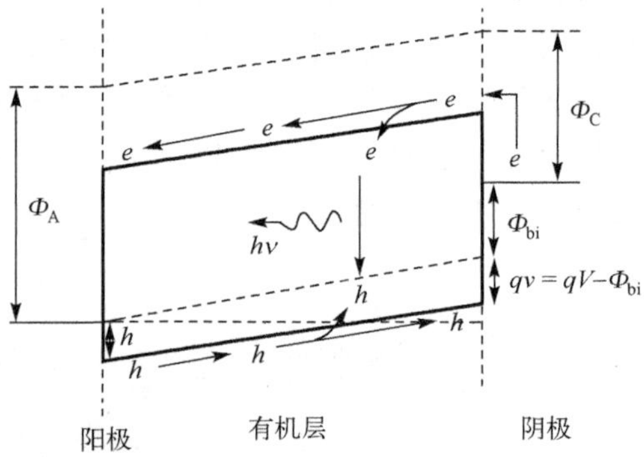

图 6.16　单层 OLED 工作原理示意图

理想条件下，电子和空穴能够以 1∶1 的比例平衡注入，实现电子空穴的高效利用. 图 6.17 为多层 OLED 发光过程.

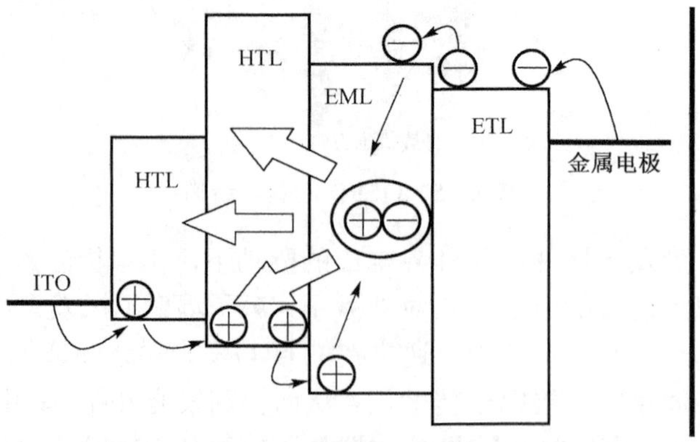

图 6.17　多层 OLED 发光过程

2)载流子传输

在外加驱动电压的驱动下，来自阴极的电子和阳极的空穴会分别移动到器件的电子传输层和空穴传输层，电子传输层和空穴传输层会分别将电子和空穴移动到器件发光层的界面处；与此同时，电子传输层和空穴传输层分别会将来自阳极的空穴和来自阴极的电子阻挡在器件发光层的界面处，使得器件发光层界面处的电子和空穴得以累积. 在电场力作用下，电子、空穴分别在电子传输层、空穴传输层上传输，向发光层靠近. 电子、空穴的迁移速度和传输层的迁移率相关，所以，采用高迁移率的有机材料作为传输层，可以有效地降低驱动电压，提高器件效率. 传输层对优化器件结构的设计十分重要，处于电极、发光层之间.

3) 激子的产生

当器件发光层界面处的电子和空穴达到一定数目时，电子和空穴会进行再结合并在发光层产生激子. 电子和空穴在发光界面处相遇，在库仑力的作用下形成空穴-电子对，即激子，这使得有机分子处于激发态. 在有机半导体中，激子束缚能大约为 1eV，通常为 Frenkel 激子. 在 OLED 中，电注入同时形成单线态、三线态激子.

4) 激子扩散及辐射发光

在发光层处产生的激子会使得器件发光层中的有机分子被活化，进而使得有机分子最外层的电子从基态跃迁到激发态，由于处于激发态的电子极其不稳定，其会向基态跃迁，在跃迁的过程中会有能量以光的形式被释放出来，进而实现了器件的发光. 激子产生后，会由产生区域向两侧扩散. 激子一般不稳定，寿命在皮秒～纳秒量级. 激子复合产生辐射发光，单线态激子辐射跃迁产生荧光，三线态激子辐射跃迁产生磷光. 激子的衰变一般可分为两类：辐射衰变：激子通过辐射将能量转换成光子，光子能量(发光颜色)由捕获激子的发光材料的激发态、基态能级差决定. 非辐射衰变：激发态的分子通过内转化等方式，将能量以热能等形式耗散掉，不产生光子. 这两个过程是相互竞争、同步存在的，所以要提高器件的发光效率，必须提高激子的辐射衰变的比例.

OLED 发光的颜色取决于发光层有机分子的类型，在同一片 OLED 上放置几种有机薄膜，就构成彩色显示器. 光的亮度或强度取决于发光材料的性能以及施加电流的大小，对同一 OLED，电流越大，光的亮度就越高.

6.4.2 制造原理

OLED 组件系由 N 型有机材料、P 型有机材料、阴极金属及阳极金属所构成. 电子(空穴)由阴极(阳极)注入，经过 N 型(P 型)有机材料传导至发光层(一般为 N 型材料)，经由再结合而放光. 一般而言，OLED 元件制作的玻璃基板上先溅镀 ITO 作为阳极，再以真空热蒸镀之方式，依序镀上 P 型和 N 型有机材料，及低功函数之金属阴极. 由于有机材料易与水汽或氧气作用，产生暗点(dark spot)而使元件不发亮. 因此此元件于真空镀膜完毕后，必须于无水汽及氧气之环境下进行封装工艺.

在阴极金属与阳极 ITO 之间，目前广为应用的元件结构一般而言可分为 5 层. 如图 6.18 所示，从靠近 ITO 侧依序为：空穴注入层(HIL)、空穴传输层(HTL)、有机发光层(EML)、电子传输层(ETL)、电子注入层(EIL).

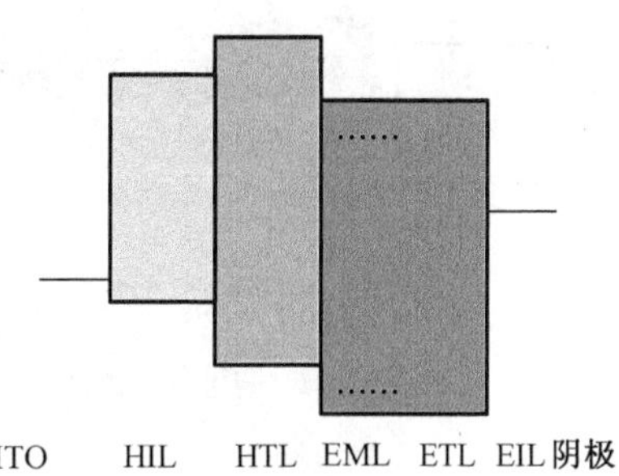

图 6.18 OLED 组件

至于电子传输层，系为 N 型有机材料，其特性为具有较高之电子迁移率，当电子由电子传输层转移至空穴电子传输层界面时，由于电子传输层的最低非占据分子轨域较空穴传输层的 LUMO 高出甚多，电子不易跨越此能障进入空穴传输层，遂被阻挡于此界面. 此时空穴由空穴传输层传至界面附近与电子再结合而产生激子(exciton)，而激子会以放光及非放光的形式进行能量释放. 以一般荧光材料系统而言，由选择率计算仅得 25%的电子-空穴对系以放光的形式做再结合，其余75%的能量则以放热的形式散逸. 近年来，正积极开发的磷光材料成为新一代的OLED材料，此类材料可打破选择率的限制，以提高内部量子效率接近 100%.

在两层元件中，N 型有机材料，即电子传输层亦同时被当作发光层，其发光波长系由 HOMO 及 LUMO 的能量差所决定. 然而，好的电子传输层，即电子迁移率高的材料，并不一定为放光效率佳的材料，因此目前一般的做法，系将高荧光度的有机材料，掺杂(doped)在电子传输层中靠近空穴传输层的部分，又称为发光层，其体积比约为 1%至 3%. 掺杂技术开发是用于增强原材料的荧光量子吸收率的重点技术，一般所选择的材料为荧光量子吸收率高的染料.

阴极的金属材料，传统上是使用低功函数的金属材料(或合金)，如镁合金，以利于电子由阴极注入至电子传输层. 此外，一种普遍的做法，是导入一层电子注入层，其构成为一极薄的低功函数金属卤化物或氧化物，如 LiF 或 Li_2O，此可大幅降低阴极与电子传输层的能障，降低驱动电压.

由于空穴传输层材料的 HOMO 值与 ITO 仍有差距，此外 ITO 阳极在长时间操作后，有可能释放出氧气，并破坏有机层产生暗点. 故在 ITO 及空穴传输层之间，插入一空穴注入层，其 HOMO 值恰介于 ITO 及空穴传输层之间，有利于空穴注入 OLED 元件，且其薄膜的特性可阻隔 ITO 中的氧气进入 OLED 元件，以延长元件寿命.

6.4.3 制备工艺

OLED 因其构造简单，所以生产流程不像 LCD 制造程序那样繁复，图 6.19 为 OLED 制备流程. 但由于现今 OLED 制程设备还处在不断改良阶段，并没有统一标准的量产技术，

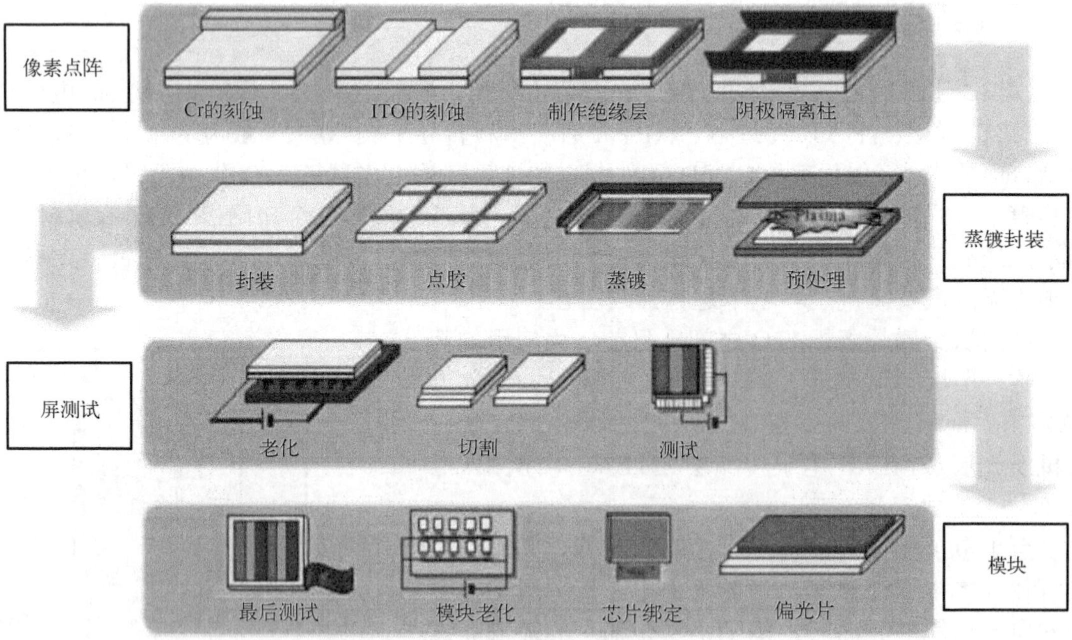

图 6.19 OLED 制备流程

而主动与被动驱动以及全彩化方法的不同都会影响 OLED 的制程和机组的设计. 但是，整个生产过程需要洁净的环境和配套的工艺和设备. 改善器件的性能不仅要从构成器件的基础，即材料的化学结构入手，提高材料的性能和丰富材料的种类；还要深入了解器件的物理过程和内部的物理机制，有针对性地改进器件的结构以提高器件的性能. 两者相辅相成，不断推进 OLED 技术的发展.

1. ITO 基板预处理工艺

首先需要准备导电性能好和透过率高的导电玻璃，通常使用 ITO 玻璃. 高性能的 ITO 玻璃加工工艺比较复杂，市面上可以直接买到. ITO 作为电极，需要特定的形状、尺寸和图案来满足器件设计的要求，可委托厂家按要求进行切割和通过光刻形成图案，也可在实验室自己进行 ITO 玻璃的刻蚀，得到所需的基片和电极图形. 基片表面的平整度、清洁度都会影响有机薄膜材料的生长情况和 OLED 性能，必须对 ITO 表面进行严格清洗.

常用的 ITO 薄膜表面预处理方法为：化学方法(酸碱处理)和物理方法(等离子体处理、惰性气体溅射).

1)酸碱处理

固体表面的结构和组成都与内部不同，处于表面的原子或离子表现为配位上的不饱和性，这是由形成固体表面时被切断的化学键造成的.

正是这一原因，固体表面极易吸附外来原子，使表面产生污染. 因环境空气中存在大量水分，所以水是固体表面最常见的污染物.

由于金属氧化物表面被切断的化学键为离子键或强极性键，易与极性很强的水分子结合，因此，绝大多数金属氧化物的清洁表面，都是被水吸附污染了的.

在多数情况下，水在金属氧化物表面最终解离吸附生成 OH^- 及 H^+，其吸附中心分别为表面金属离子以及氧离子.

根据酸碱理论，M^+是酸中心，O^-是碱中心，此时水解离吸附是在一对酸碱中心进行的.

在对 ITO 表面的水进行解离之后，再使用酸碱处理 ITO 金属氧化物表面时，酸中的 H^+、碱中的 OH^-分别被碱中心和酸中心吸附，形成一层偶极层，因而改变了 ITO 表面的功函数.

2)等离子体处理

等离子体的作用通常是改变表面粗糙度和提高功函数. 研究发现，等离子作用对表面粗糙度的影响不大，只能使 ITO 的均方根粗糙度从 1.8nm 降到 1.6nm，但对功函数的影响却较大. 用等离子体处理提高功函数的方法也不尽相同.

氧等离子处理是通过补充 ITO 表面的氧空位来提高表面氧含量的.

操作方法为：将 ITO 基片依次在清洗液、去离子水、乙醇和丙酮的混合液、去离子水中超声清洗以除去基片表面物理吸附和化学吸附的污染物，然后将清洗干净的基片放到洁净工作台内，烘烤或者用高速喷出的氮气吹干 ITO 表面，最后对 ITO 表面进行氧等离子体轰击或者紫外臭氧处理. ITO 玻璃的预处理有利于除去 ITO 表面可能的污染物，提高 ITO 表面的功函数，减小 ITO 电极到有机功能材料的空穴注入势垒.

2. 成膜技术

制备 OLED 材料包括有机小分子、高分子聚合物、金属及合金等. 大部分有机小分子薄膜通过真空热蒸镀来制备，可溶性有机小分子和聚合物薄膜可通过更为简单、快速和低成本的溶液法制备，先后开发出了旋涂法、喷涂法、丝网印刷、激光转印等技术. 金属及合金薄膜通常采用真空热蒸镀来制备，为了实现全溶液法制备 OLED，也开发了基于液态金属如导电银浆刷涂的溶液制备方法.

1) 真空热蒸镀

传统热蒸镀的真空度大致在 10^{-4}Pa 以上，真空度越高，形成薄膜的缺陷越少，膜中材料纯度越高(图 6.20). NPD 为空穴输送材料，为芳香多胺类化合物；Alq_3 是电子输运材料，为八羟基喹啉铝. 有机材料在真空下加热，依材料特性不同，有些材料会先液化再汽化，有些则直接升华，然后以一定的初始速度脱离材料表面向外飞散，运动到 ITO 表面，冷却沉积下来形成一层薄膜. 如果真空度低于 10^{-4}Pa，真空腔内充斥着水分子、氧分子和其他杂质气体在蒸发过程中与有机小分子材料相互碰撞，将严重降低成膜质量，甚至使器件性能降低乃至失效. 在 OLED 研究初期，一般使用机械泵、分子泵联动的两级抽真空系统保证高真空度. 近年来，在分子泵之后用溅射离子泵可抽到超高真空来制备高性能 OLED. 检测腔体真空度的设备有两种：用于测量 0.1Pa 以下低真空的热传导真空规，即热偶规和电阻规；用于测量 0.1Pa 以上高真空的电离规. 功能层的厚度用振荡晶片检测，有机材料的蒸镀速率一般为 0.5～2Å/s；金属的蒸镀速率一般为 2～5Å/s，厚度为 80～100nm.

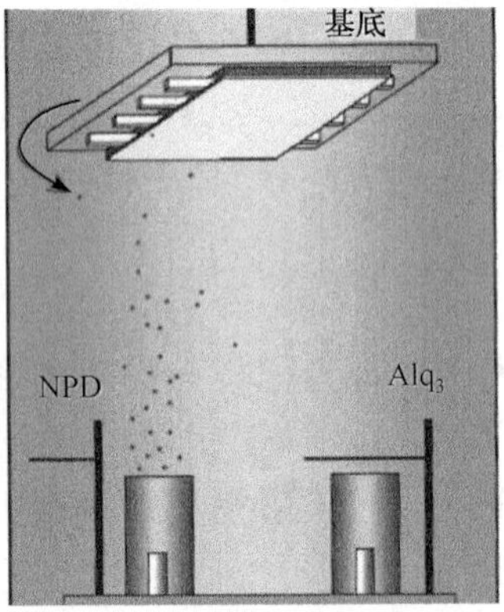

图 6.20　真空热蒸镀

2) 旋转涂覆

制备有机小分子 OLED，蒸镀小分子和金属需要采用真空热蒸镀技术，设备的成本高、维护复杂. 有机聚合物的分子量较大且加热时容易分解，因而须采用溶液法制备聚合物薄膜，成本相对较低，且成膜过程简单、快速、薄膜均匀、致密. 旋转涂覆法是预先将基片吸附在旋涂仪的旋转台上，然后将预先配制好的溶液滴在基片中央局部或覆盖整个基片，通过基片高速旋转产生的离心力将大部分溶液甩出基片，由于溶液与基片的摩擦力以及溶液本身的黏度，在基片上留下一层薄膜. 旋转成膜的厚度主要取决于溶液的浓度、黏度，溶剂的挥发速度，以及旋转速度、旋转时间. 溶剂的性质，如沸点、极性等，对聚合物薄膜的形貌有很大影响. 旋涂法具备溶液法成膜的优势，但大量的溶液在旋涂的过程中被甩出基片外浪费了，不太适合大面积器件，无法实现全彩显示，因而该技术在大规模量产中并不适用.

3) 喷墨打印

与旋涂相比，喷墨打印技术大大减少了材料的浪费，并能实现图案化、全彩打印，适用于制备大面积器件. 例如，卷对卷(roll-to-roll，R2R)喷墨印刷设备可以不受基片尺寸的限制，实现大面积器件的制备. 喷墨打印是一种非接触、无压力、无印版的印刷技术，预先将各种不同的功能材料制成墨水灌装到墨盒，通过计算机将图文信息转化为数字脉冲信号，然后控制喷嘴移动和墨滴形成，并利用外力将墨滴挤出，墨滴喷射沉积到相应位置形成所需图案，实现精确、定量、定位沉积，完成最终的印制品. 喷墨打印技术的关键：墨水的研制、打印头与打印系统的设计、溶剂挥发控制等. 其中，高分子聚合物墨水的研制最为重要，因为喷出液滴的均匀性主要取决于墨水的物理特性，如适当的黏性和表面张力. 通过喷墨打印技术，可将 PLED 平板显示器带入大尺寸领域.

4) 激光热转印

激光热转印是一种全彩色有源矩阵有机发光二极管(AMOLED)像素图形制备技术，具有精度高、分辨率高、可靠性好、转印的薄膜厚度均匀、可实现多层薄膜转移、适用于大尺寸基板的优势，是制备高分辨率、大尺寸、全彩色 AMOLED 的理想方法. 激光热转印技术制备 AMOLED，是通过一套供体胶片、一组高精度激光成像系统和一副衬底完成. 具体过程包括：首先将热转印的供体压在衬底上，供体与衬底受体表面必须紧密接触；然后用激光对供体的成像模板曝光，使成像图案从供体与受体接触的表面向受体传输层释放，最终附着在受体的表面传输层上；最后将供体剥离，完成曝光区域内的高分辨率条纹的印制. 大环境下进行的激光热转印技术制备的 OLED 的效率和色纯度可与真空热蒸镀的小分子 OLED 相媲美.

5) 阴极工艺

传统的阴极制备方法是将固体块状、条状或丝状银、镁、铝等金属通过真空热蒸镀搭配金属掩膜板得到所需薄膜图形. 近年来，由于制备工艺简单、设备成本低，快速发展的湿法制备技术正不断向产业化方向的大规模生产迈进. 要实现全湿法制备 OLED，阴极的湿法制备工艺需要紧跟有机功能层湿法制备的发展步伐. 经过配制墨水、成膜和后处理得到的阴极导电率止逐步逼近真空蒸镀阴极的水平. 其中，银纳米颗粒是湿法制备电极的研究热点.

3. 封装技术

提高 OLED 的寿命达到商业化水平是实现 OLED 产业化发展的关键问题之一，而水氧和灰尘接触电极甚至有机层会导致 OLED 的电极出现气泡，工作状态下发光区域出现黑斑，加速器件老化，降低 OLED 的稳定性. 通过器件封装隔绝水氧和灰尘是提高 OLED 寿命的有效途径. 目前常用的封装技术(图 6.21)有玻璃或金属盖板封装、薄膜封装、铟封接、熔块熔接密封等. 传统的盖板封装是在充满惰性气体的手套箱内，用环氧树脂紫外固化胶将玻璃基板和玻璃或金属盖板黏接，从而将夹在盖板、基板间的有机层和电极密封，隔绝外界大气中的氧气、水汽和灰尘. 为了防止密封环境中仍残留少量水氧，可提前加入干燥剂. 薄膜封装是采用一定的薄膜沉积技术制备保护层来替代盖板加密封胶的组合. 目前薄膜封装包括无机薄膜封装、有机薄膜封装以及有机/无机交替的复合薄膜封装等. 铟封接是电真空器件工业中常用的一种软金属真空封接方法，主要用于连接玻璃、陶瓷等材料来完成对器件的密封. 铟具有熔点低、塑性好等特点，使铟封接具有许多优势，如封接温度低、兼容性好、封接应力小、精度高等. 目前铟封接应用于 OLED 的封接还处于探索阶段. 熔块熔接密封在 OLED 的封接中得到越来越广泛的应用，是在底层基板上制作 OLED 像素阵列，在顶层基板上制作面积相当的不透明的熔块层，随后将顶层基板和底层基板面对面放置，中间留有空隙，最后用激光或红外射线通过掩膜板定点照射熔块密封部件，使其熔融连接熔块层和底层基板，同时环状包围电致发光阵列. 熔块密封部件再固化后与熔块层以及底层基板形成密封区域，保护其中的发光阵列.

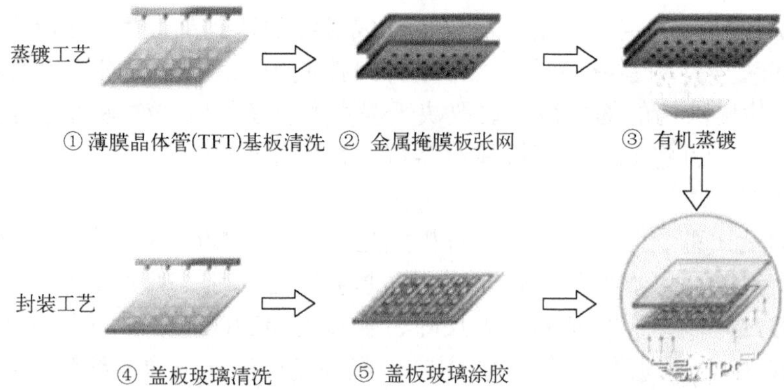

图 6.21　封装技术

4. OLED 的彩色化技术

显示器全彩色是检验显示器是否在市场上具有竞争力的重要标志，因此许多全彩色化技术也应用到了 OLED 显示器上. 按面板的类型分类通常有三种：RGB 像素独立发光、光色转换(color conversion)和彩色滤光膜(color filter).

1) RGB 像素独立发光

利用发光材料独立发光是目前采用最多的彩色模式(图 6.22). 它是利用精密的金属荫罩与 CCD 像素对位技术，首先制备红、绿、蓝三基色发光中心，然后调节三种颜色组合的混色比，产生真彩色，使三色 OLED 元件独立发光构成一个像素. 该项技术的关键在于提高发光材料的色纯度和发光效率，同时金属荫罩刻蚀技术也至关重要.

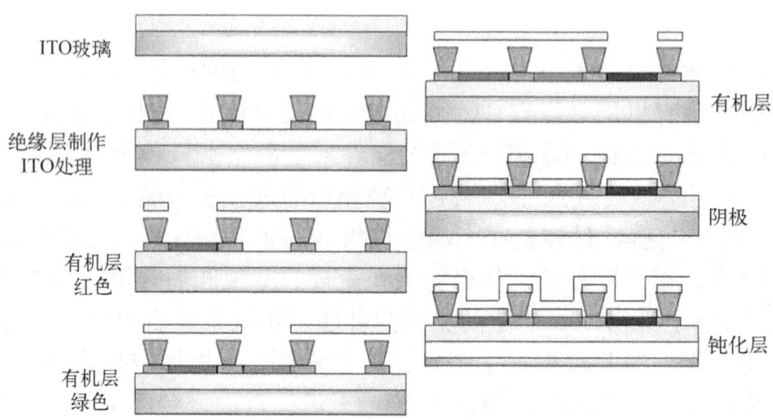

图 6.22　像素独立发光

目前，有机小分子发光材料 Alq_3 是很好的绿光发光小分子材料，它的绿光色纯度、发光效率和稳定性都很好. 但 OLED 最好的红光发光小分子材料的发光效率只有 31m/W，寿命为 1 万小时，蓝色发光小分子材料的发展也是很慢和很困难的. 有机小分子发光材料面临的最大瓶颈在于红色和蓝色材料的纯度、效率与寿命. 但人们通过给主体发光材料掺杂，已得到了色纯度、发光效率和稳定性都比较好的蓝光和红光.

高分子发光材料的优点是可以通过化学修饰调节其发光波长，现已得到了从蓝到绿到红的覆盖整个可见光范围的各种颜色，但其寿命只有小分子发光材料的十分之一，所以对高分子聚合物，发光材料的发光效率和寿命都有待提高. 不断地开发出性能优良的发光材料应该是材料开发工作者的一项艰巨而长期的课题.

随着 OLED 显示器的彩色化、高分辨率和大面积化，金属荫罩刻蚀技术直接影响着显示板画面的质量，所以对金属荫罩图形尺寸精度及定位精度提出了更加苛刻的要求.

2) 光色转换

光色转换(图 6.23)是以蓝光 OLED 结合光色转换膜阵列，首先制备发蓝光 OLED 的器件，然后利用其蓝光激发光色转换材料得到红光和绿光，从而获得全彩色. 该项技术的关键在于提高光色转换材料的色纯度及效率. 这种技术不需要金属荫罩对位技术，只需蒸镀蓝光 OLED 元件，是未来大尺寸全彩色 OLED 显示器极具潜力的全彩色化技术之一. 但它的缺点是光色转换材料容易吸收环境中的蓝光，造成图像对比度下降，同时光导也会造成画面质量降低的问题.

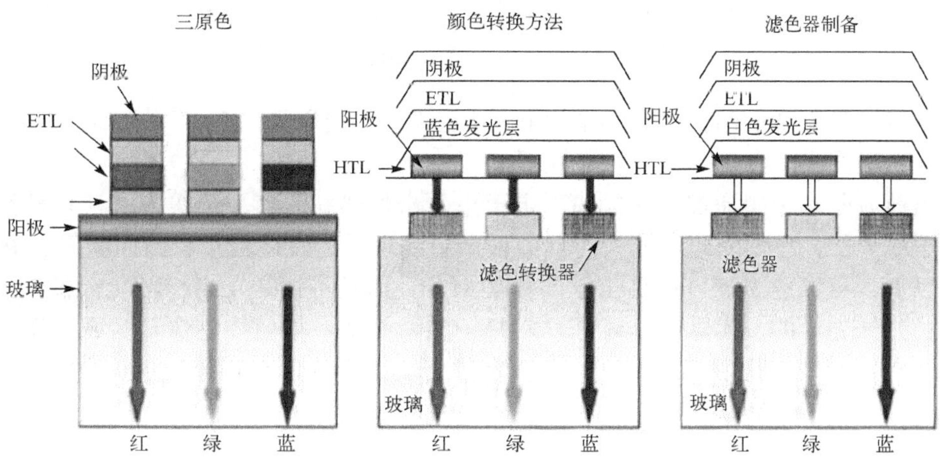

图 6.23 光色转换

3) 彩色滤光膜

此种技术是利用白光 OLED 结合彩色滤光膜，首先制备发白光 OLED 的器件，然后通过彩色滤光膜得到三基色，再组合三基色实现彩色显示. 该项技术的关键在于获得高效率和高纯度的白光. 它的制作过程不需要金属荫罩对位技术，可采用成熟的液晶显示器 LCD 的彩色滤光膜制作技术. 所以是未来大尺寸全彩色 OLED 显示器具有潜力的全彩色化技术之一，但采用此技术使透过彩色滤光膜所造成的光损失高达三分之二.

RGB 像素独立发光、光色转换和彩色滤光膜(图 6.24)三种制造 OLED 显示器全彩色化技术，各有优缺点，可根据工艺结构及有机材料决定.

图 6.24 彩色滤光膜

5. OLED 蒸镀技术

究竟什么是蒸镀？这得从 OLED 的结构讲起. 典型结构是在 ITO 玻璃上制作一层几十

纳米厚的发光材料——也就是通常所说 OLED 屏幕像素自发光材料，发光层上方有一层金属电极，电极加电压，发光层产生光辐射；从阴阳两极分别注入电子和空穴，被注入的电子和空穴在有机层传输，并在发光层复合，激发发光层分子产生单态激子，单态激子辐射衰减发光.

具体到整块面板，结构也就复杂很多，包括次像素间需要隔离柱、绝缘层之类，如图 6.25 所示. AMOLED 则还有薄膜晶体管(TFT)背板技术控制每个像素开关元件.

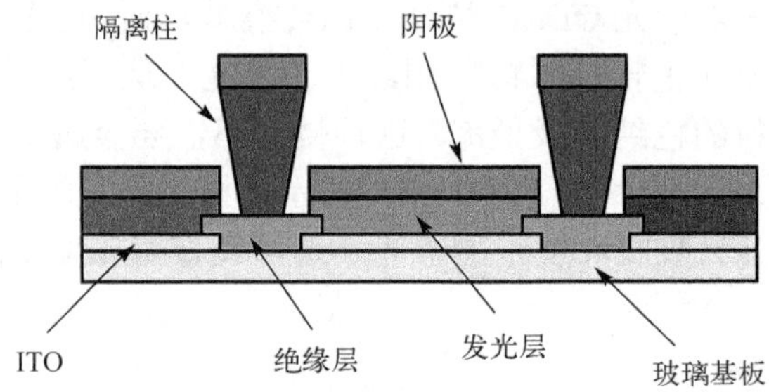

图 6.25　像素结构

如果将这种复杂的结构付诸实现，就是制造工艺的问题了. OLED 的制造需要光刻在基板上形成电极图案、ITO 图案、隔离柱图案等.

而蒸镀就是真空中通过电流加热，电子束轰击加热和激光加热等方法，使被蒸材料蒸发成原子或分子，它们随即以较大的自由程做直线运动，碰撞基片表面而凝结，形成薄膜.

可以说，蒸镀是 OLED 制造工艺的精华部分，而且不仅是发光材料，金属电极等也是采用这种方法完成的，实际操作还是非常复杂的，例如，如何控制像素区域，像素要怎么对齐，还有控制蒸上去的薄膜厚度，蒸镀室的真空度等. 除了蒸镀之外，随后还有点胶、封装、老化、切割、测试等过程.

6. OLED 驱动技术

除了在制程工艺、设备、原材料及器件结构设计上进行优化改进以外，最重要的措施是需要在驱动方式及驱动电路设计上进行改善.

7. 无源矩阵有机发光二极管(PMOLED)驱动技术

无源驱动矩阵的像素由阴极和阳极单纯基板构成，阳极和阴极的交叉部分可以发光，驱动用 IC 需要由 TCP 或 COG 等连接方式进行外装. 显示基板上的显示区域仅仅是发光像素(电极、各功能层)，所有的驱动和控制功能由集成 IC 完成(IC 可以置于基板外或者基板上非显示区域)，PMOLED 面板电路如图 6.26 所示. 无源驱动分为静态驱动电路和动态驱动电路.

1)静态驱动

各有机电致发光像素的相同电极(比如阴极)是连在一起引出的，各像素的另一电极(比如阳极)是分立引出的；分立电极上施加的电压决定对应像素是否发光. 在一幅图像的显示周期中，像素发光与否的状态是不变的. 若要一个像素发光只要让恒流源的电压与阴极的电压之差大于像素发光值，像素将在恒流源的驱动下发光，若要一个像素不发光就将

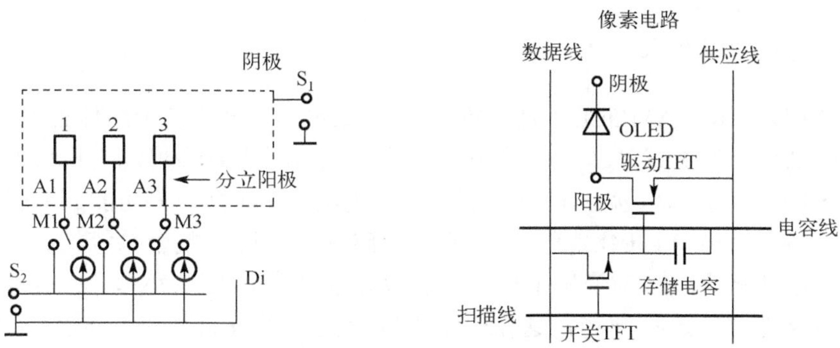

图 6.26 PMOLED 驱动模式

它的阳极接在一个负电压上，就可将它反向截止. 但是在图像变化比较多时可能出现交叉效应，为了避免这一现象，必须采用交流驱动的形式. 静态驱动电路一般用于段式显示屏的驱动上.

2) 动态驱动

显示屏上像素的两个电极做成了矩阵型结构，即水平一组显示像素的相同性质的电极是共用的，纵向一组显示像素的相同性质的另一电极是共用的. 如果像素可分为 N 行和 M 列，就可有 N 个行电极和 M 个列电极，我们分别把它们称为行电极和列电极. 为了点亮整屏像素，将采取逐行点亮或者逐列点亮、点亮整屏像素时间小于人眼视觉暂留极限 20ms 的方法，该方法对应的驱动方式就叫做动态驱动法. 在实际电路驱动的过程中，要逐行点亮或者要逐列点亮像素，通常采用逐行扫描的方式，行扫描，列电极为数据电极. 实现方式是：循环地给每行电极施加脉冲，同时所有列电极给出该行像素的驱动电流脉冲，从而实现一行所有像素的显示. 该行不再同一行或同一列的像素就加上反向电压使其不显示，以避免“交叉效应”，这种扫描是逐行顺序进行的，扫描所有行所需时间叫做帧周期.

在一帧中每一行的选择时间是均等的. 假设一帧的扫描行数为 N，扫描一帧的时间为 1，那么一行所占有的选择时间为一帧时间的 $1/N$，该值被称为占空比系数. 在同等电流下，扫描行数增多将使占空比下降，从而引起有机电致发光像素上的电流注入在一帧中的有效下降，降低了显示质量. 因此随着显示像素的增多，为了保证显示质量，就需要适度地提高驱动电流或采用双屏电极机构以提高占空比系数.

除了由于电极的共用形成交叉效应外，OLED 显示屏中像素发光的机理是正负电荷载流子复合形成发光，只要组成它们结构的任何一种功能膜是直接连接在一起的，那两个发光像素之间就可能有相互串扰的现象，即一个像素发光，另一个像素也可能发出微弱的光. 这种现象主要是有机功能薄膜厚度均匀性差，薄膜的横向绝缘性差造成的. 从驱动的角度，为了减缓这种不利的串扰，采取反向截止法也是一行之有效的方法.

带辉度控制的显示：显示器的辉度等级是指黑白图像由黑色到白色之间的亮度层次. 辉度等级越多，图像从黑到白的层次就越丰富，细节也就越清晰. 辉度对于图像显示和彩色化都是一个非常重要的指标. 一般用于有辉度显示的屏多为点阵显示屏，其驱动也多为动态驱动，实现辉度控制的几种方法有：控制法、空间辉度调制、时间辉度调制.

8. AMOLED 驱动技术

与 PMOLED 不同，AMOLED 是在每一个像素单元布置了 2 个晶体管及 1 个电容(即 2T1C)，这是 AMOLED 最基本的像素驱动电路方式，考虑到亮度均匀性等性能补偿，也可以设计更多的晶体管和电容. 有源驱动的每个像素配备具有开关功能的薄膜晶体管，而且每个像素配备一个电荷存储电容，外围驱动电路和显示阵列整个系统集成在同一玻璃基板上. 有源矩阵的驱动电路藏于显示屏内，更易于实现集成度和小型化. 另外，由于解决了外围驱动电路与屏的连接问题，这在一定程度上提高了成品率和可靠性. 有源驱动突出的特点是恒流驱动电路集成在显示屏上，而且每一个发光像素对应其矩阵寻址用薄膜晶体管，驱动发光包含薄膜晶体管、电荷存储电容等.

有源驱动属于静态驱动方式，具有存储效应，可进行 100%负载驱动，这种驱动不受扫描电极数的限制，可以对各像素独立进行选择性调节，无占空比问题，易于实现高亮度和高分辨率. 有源驱动由于可以对低亮度的红色和蓝色像素独立进行辉度调节驱动，这更有利于 OLED 彩色化实现. OLED 显示器件具有二极管特性，因此原则上为单向直流驱动. 但是，由于有机发光薄膜的厚度在纳米量级，发光尺寸一般大于 100μm，器件具有很明显的电容特性，为了提高显示器件的刷新频率，对不发光的像素对应的电容进行快速放电. 目前很多驱动电路采用正向恒流、反向恒压的驱动模式.

在实际产品中，各种影响 AMOLED 图像质量的因素更复杂，有的是某一种因素起主导作用，有的可能是多种因素共同作用的结果，针对导致 AMOLED 图像质量劣化的因素，业界研究了各种驱动补偿技术及相应的补偿电路，可大致分为电压补偿法、电流补偿法、数字驱动补偿法、外部补偿法等. 相对于工艺技术和设备技术改进 AMOLED 图像质量劣化，采用电路改进的手段更为快捷. 驱动补偿技术是 AMOLED 驱动的关键和难点，也是 AMOLED 驱动相比 TFT LCD 驱动的特别之处.

6.4.4 OLED 与 LED\LCD

1. OLED 特点

1) 功耗低

与 LCD 相比，OLED 不需要背光源，而背光源在 LCD 中是比较耗能的一部分，所以 OLED 是比较节能的. 例如，24in 的 AMOLED 模块功耗仅为 440mW，而 24in 的多晶硅 LCD 模块达到了 605mW.

2) 响应速度快

OLED 技术与其他技术相比，其响应速度快，响应时间可以达到微秒级别. 较高的响应速度更好地实现了运动的图像. 根据有关的数据分析，其响应速度达到了液晶显示器响应速度的 1000 倍左右.

3) 较宽的视角

与其他显示相比，由于 OLED 是主动发光的，所以在很大视角范围内画面是不会显示失真的. 其上下、左右的视角宽度超过 170°.

4) 能实现高分辨率显示

大多高分辨率的 OLED 显示采用的是有源矩阵也就是 AMOLED，它的发光层可以是吸纳 26 万真彩色的高分辨率，并且随着科学技术的发展，其分辨率在以后会得到更高的提升.

5) 宽温度特性

与 LCD 相比，OLED 可以在很大的温度范围内进行工作，根据有关的技术分析，温度在–40℃到 80℃都是可以正常运行的. 这样就可以降低地域限制，在极寒地带也可以正常使用.

6) OLED 能够实现软屏

OLED 可以在塑料、树脂等不同的柔性衬底材料上进行生产，将有机层蒸镀或涂布在塑料基衬上，就可以实现软屏.

7) OLED 成品的质量比较轻

与其他产品相比，OLED 的质量比较小，厚度与 LCD 相比是比较小的，其抗震系数较高，能够适应较大的加速度、振动等比较恶劣的环境.

2. OLED 与 LED\LCD 对比

(1) 相较于 LED 或 LCD 的晶体层，OLED 的有机塑料层更薄、更轻而且更富于柔韧性.

(2) OLED 的发光层比较轻，因此它的基层可使用富于柔韧性的材料，而不会使用刚性材料. OLED 基层为塑料材质，而 LED 和 LCD 则使用玻璃基层.

(3) OLED 比 LED 更亮，OLED 有机层要比 LED 中与之对应的无机晶体层薄很多，因而 OLED 的导电层和发射层可以采用多层结构. 此外，LED 和 LCD 需要用玻璃作为支撑物，而玻璃会吸收一部分光线. OLED 则无须使用玻璃.

(4) OLED 并不需要采用 LCD 中的逆光系统. LCD 工作时会选择性地阻挡某些逆光区域，从而让图像显现出来，而 OLED 则是靠自身发光. 因为 OLED 不需逆光系统，所以它们的耗电量小于 LCD (LCD 所耗电量中的大部分用于逆光系统). 这一点对于靠电池供电的设备(如移动电话)来说尤其重要.

(5) OLED 制造起来更加容易，还可制成较大的尺寸. OLED 为塑胶材质，因此可以将其制作成大面积薄片状. 而想要使用如此之多的晶体并把它们铺平，则要困难得多.

(6) OLED 的视野范围很广，可达 170° 左右. 而 LCD 工作时要阻挡光线，因而在某些角度上存在天然的观测障碍. OLED 自身能够发光，所以视域范围也要宽很多.

6.5 激光显示

激光显示(laser display，LD)，也称激光投影或者激光投影显示，图 6.27 是激光显示产业发展路线. 它是以红、绿、蓝三基色激光为光源的显示技术. 从色度学角度来看，激光显示的色域覆盖率可以达到人眼所能识别色彩空间的 90%以上，是传统显示色域覆盖率的两倍以上，彻底突破前三代显示技术色域空间的不足. 与传统直射式的显示技术相比，激光显示技术采取的反射成像原理可使人眼接收到的光线柔和，同时像素之间无边缘效应.

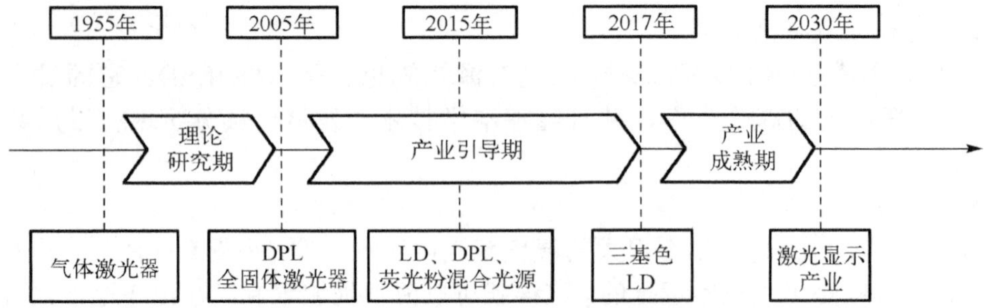

图 6.27　激光显示产业发展路线

激光投影使用具有较高功率(瓦级)的红、绿、蓝(三基色)单色激光器作为光源，混合成全彩色，利用多种方法实现行和场的扫描，当扫描速度高于所成像的临界闪烁频率时，就可以满足人眼“视觉残留”的要求，人眼就可清晰观察. 临界闪烁频率应不低于50Hz. 人眼所能看到的色域中，液晶只能再现 27%，等离子为 32%，而激光的理论值超过 90%.

如图 6.28 所示，激光显示主要由红、绿、蓝三色激光器，空间光调制器和视频信号处理系统等几部分组成. 大多数激光显示器采用红、绿、蓝三色全固态激光器系统. 经过光学元件调整，光强在符合白平衡(白平衡，字面上的理解是白色的平衡. 白平衡是描述显示器中红、绿、蓝三基色混合生成后白色精确度的一项指标.)条件下，输出光束通过一系列高反射率镜进入光束扫描系统，每两面相邻的镜子依次有一定的倾斜角度，用单镜实现二维扫描. 扫描后的光面经光学组件进入空间光调制系统，空间光调制器通过寻址电路对视频信号加以识别，对像素进行选通控制. 同步控制红、绿、蓝三路信号，同时控制光阈透光量，进而获得红、绿、蓝三幅单色图像，再经过光学系统合成为一幅图像，投影到屏幕上. 在整个系统中，由于所用固体激光器的功率限制和合成标准白场等，反射镜和投射镜要尽可能得少，从而不但可以减少光能损失，还减小了对匹配好的白平衡的影响.

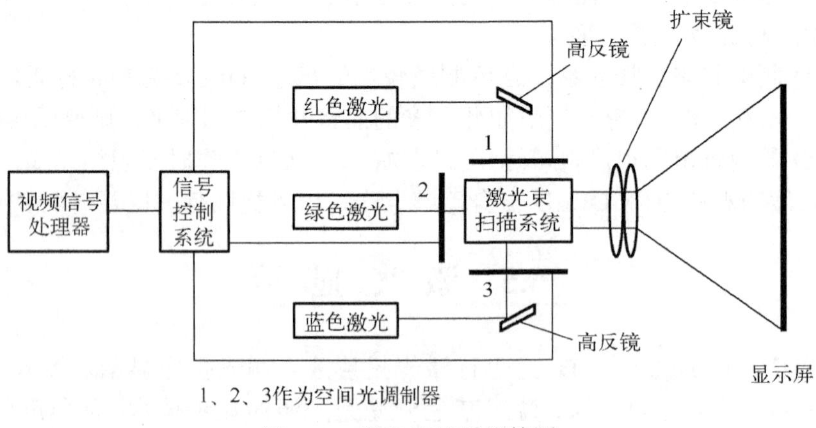

图 6.28　激光显示系统简图

激光显示技术目前所需要解决的四大关键技术有：红、绿、蓝三基色光源，超高清视频图像技术，配套关键材料与器件，总体设计与集成(图 6.29).

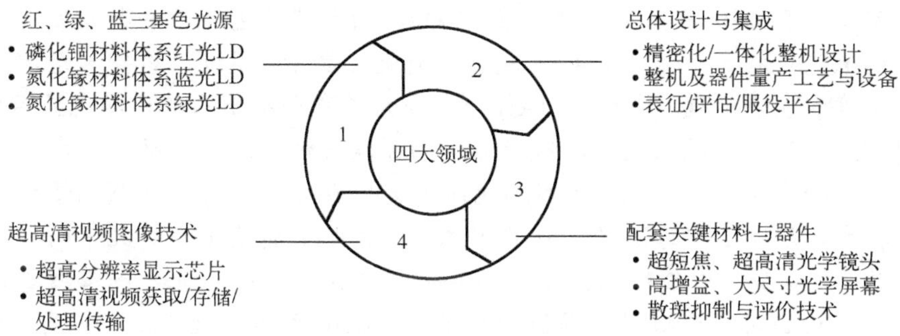

图 6.29 激光显示关键技术

激光显示作为新一代显示技术，在继承了数字显示技术所有优点的基础上，还具有以下本征优势，可真正实现高保真图像再现.

1. 几何/颜色双高清

几何高清即线分辨率. 人眼极限分辨力约为 1′，人眼清晰视场为横向 35°、纵向 20°，余光视场为横向 120°、纵向 60°，因此人眼可观察到超高分辨率图像以及丰富和精细的色彩. 激光的方向性好，其发散角小，易实现 4K、8K 甚至更高的(全屏)显示分辨率.

颜色高清即颜色数，指的就是屏幕中最多的显示颜色总数. 激光显示最突出的特点就是激光光谱很窄，称为线状光谱，谱宽小于 5nm，而其他显示光源基本为带状光谱，谱宽为 30～40nm. 由于谱宽太宽，三基色光谱在颜色混合时很多精细的颜色重叠，人眼已经分辨不出，无法在终端很好地展现出来. 而采用小于 5nm 光谱宽度的三基色激光作为光源时，颜色的色纯度很高，可以完全实现 12bit 颜色数编码不重叠，实现传统显示的 500 倍以上的大颜色数显示，更能反映自然界的真实色彩.

2. 大色域

现有的彩色显示设备，其红、绿、蓝三基色光源为带谱，在色度图中，其色域只覆盖了人眼所能识别颜色的一小部分，因而不能再现饱和度很高的颜色. 激光的单色性好，其光谱为线谱，可在色度图上形成超大色域，颜色更加鲜艳，颜色表现能力是传统显示器的 2～3 倍，拥有很好的颜色再现能力.

3. 高观赏舒适度

激光显示采用反射式成像，与自然万物反射光成像进入人眼原理相同，光线经屏幕反射至人眼，光线柔和不刺眼；同时激光显示工作原理决定了其像素与发光面积相同，且像素与像素之间无边缘效应，过渡平缓，因此观看舒适度高.

光电科学家

中国激光显示产业科学家——许祖彦

激光显示是继黑白、彩色、数字之后的“第四代显示技术”. 许祖彦院士领衔的研发团队介绍，“真激光”以三基色激光为光源，经过先进的架构工艺，实现了图像高保真再现，可全面实现 BT.2020 超高清电视标准. 据知，由于三基色光源的激光显示技术门槛过高，市场上的激光电视大多采用的技术是激光荧光粉显示. 不过，该技术光学滤波的过程中无法兼顾亮度和色彩纯度. 许祖彦、毕勇等中国科学家则提出三基色激光显示的概念. 他们在大量科学技术研究基础上进行了激光显示的原理验证，达到国际领先水平，随后又开展了大量工程化研究工作，接连攻克散斑消除、光纤耦合、动态平衡颜色管理、高效能热管理等关键技术，解决了"真激光"产品体积大、高热流密度工作情况下的有效热管理及激光散斑等难题. 在提出以红绿蓝三基色半导体激光为核心的产业发展路线图之后，科学家们成立了产业化公司中科极光，围绕"真激光"核心元器件进行技术布局，搭建激光光源、热学管理、电子学研发、可靠性试验、整机开发等技术平台，实现激光显示的多元化应用场景. "真激光"在光的传输过程中，采用了光纤耦合技术，激光束就像"小怪兽"被收进了"宝瓶"，具有传输效率高、可靠性高的优势，不受冲击、振动、温度等外界环境变化的影响. 许祖彦在受访时说："显示产业的发展历程是从标清走向高清，目前正在从高清走向超高清，因此，激光显示技术一定能成为下一代显示产业的主流技术."

工程与技术案例

VR 显示应用——虚拟驾驶技术

【背景】

虚拟现实(VR)技术是二十世纪发展起来的一项全新的实用技术，它集成了传感技术、大数据可视化、图像处理、人机交互等关键技术，被广泛运用于医疗健康、文化娱乐、教育培训等众多领域. 通过虚拟现实技术，人们将不受时间、空间的限制，打破虚拟场景与真实场景的界限，实现沉浸式的场景体验. 目前，VR 技术应用正在不断向超高清、3D、沉浸式实时交互的方向推进，将助力各行各业的数字化转型.

【案例分析】

虚拟驾驶(也被称为汽车仿真驾驶，或汽车模拟驾驶)是基于 VR 技术的一个新的研究热点(如图 6.30). 它是利用数字化手段，搭建一个虚拟三维空间，并结合模拟驾驶器等硬件设备，让体验者通过视觉、听觉、触觉等感官的模拟，如同身临其境般感受到接近真实效果的汽车驾驶体验，主要使用到投影设备、显示大屏、模拟驾驶器、互动展示等.

图 6.30　虚拟驾驶

1. 虚拟现实眼镜的成像原理

目前，VR 眼镜一般都是采用“屏幕+透镜”的成像方式，利用透镜的原因是人眼有一个观看范围，对于正常视力的人来说，能够看清的距离比较远；而对于近视眼来说，这个范围则被拉近并且减小了. 例如，对于 500 度近视的人来说，他能看清的范围大约在 8～20cm，我们把这两个点分别称为近点和远点，过近或过远都无法看清(如图 6.31).

图 6.31 人眼观看范围的近点和远点

因此在使用 VR 眼镜时，也需要把屏幕放在这个有效的观看范围内才能正常观看. 而佩戴一般的 VR 眼镜时，屏幕距离我们眼睛的距离只有 3~4cm，远小于正常的近点距离，所以需要通过一片凸透镜折射光线，让屏幕上的图像形成一个更大、更远的虚像(如图 6.32)，而这个虚像在我们可以有效观看的范围之内.

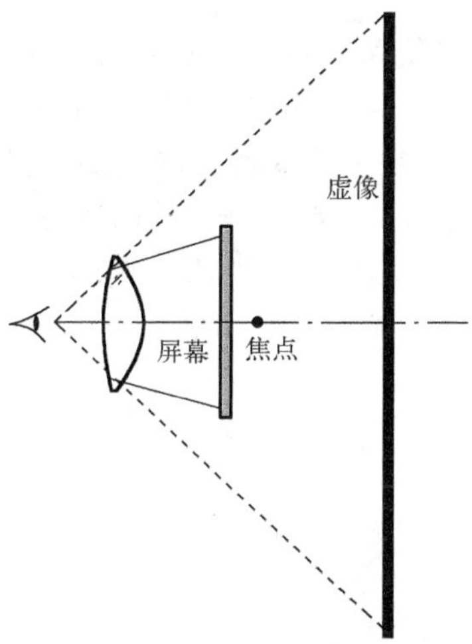

图 6.32 VR 光学原理图

透镜的另一个作用就是将原本 5～6 英寸的手机屏幕放大几百、上千倍，形成一个巨幅的画面. 当我们戴上 VR 眼镜之后，外界的画面被隔绝了，只剩下一个巨幅的模拟世界的影像在我们眼前，自然会让人产生一种在另一个世界的错觉.

2. 放大镜成像原理

当物体 AB 置于透镜焦距 f 以外时，得到倒立的放大实像 $A'B'$(图 6.33(a))，它的位置在 2 倍焦距以外. 若将物体 AB 放在透镜焦距内，就可看到一个放大正立的虚像 $A'B'$(图 6.33(b)). 映像的长度与物体长度之比($A'B'/AB$)就是放大镜的放大倍数(放大率). 若放大镜到物体之间的距离 a 近似等于透镜的焦距($a≈f$)，而放大镜到像间的距离 b 近似相当于人眼明视距离(250mm)，则放大镜的放大倍数为 $N=b/a$.

由上式知，透镜的焦距越短，放大镜的放大倍数越大. 一般采用的放大镜焦距在 10～

100mm 范围内，因而放大倍数在 2.5～25 倍. 进一步提高放大倍数，将会由于透镜焦距缩短和表面曲率过分增大而使形成的映像变得模糊不清. 为了得到更高的放大倍数，就要采用显微镜，显微镜可以使放大倍数达到 1500～2000 倍.

放大镜成像中，物距 a、像距 b、焦距 f 符合以下关系 $1/b+1/a=1/f$，由于像为虚像，所以 b 在这里是负数.

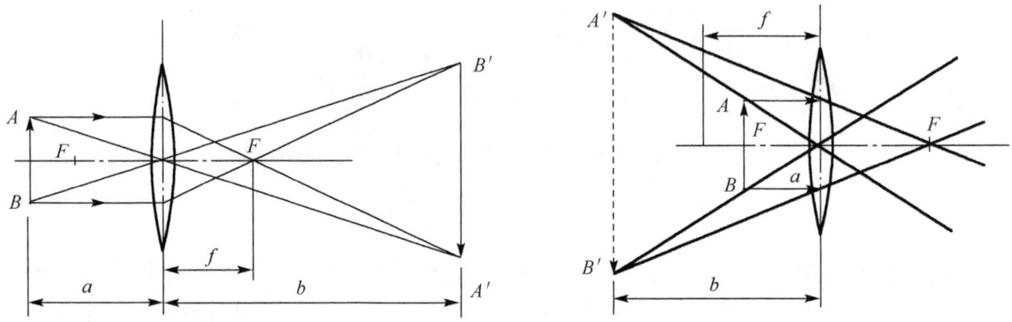

(a) 实像放大　　　　(b) 虚像放大

图 6.33　放大镜光学原理图

焦距需要比物距大，而一般眼镜物距在 5～7cm，我们设透镜焦距 f 为 70mm，设屏幕物距 a 为 55mm，根据计算公式得到 $b=-1/(1/f-1/a)=256.6\text{mm}$，正好是明视距离左右. 而由于现有的眼镜一般都不可调整屏幕距离，故 a 基本固定，可换透镜来调整 f 实现虚像距离的变换. 对于近视，像距需要变短，f 需要增大，一般选择较薄的透镜；对于远视则选择较厚的透镜. 另外，在几个参数的调整中，基本都是几毫米的微调，需要权衡虚像距离过大(放大倍数大)而带来的像素颗粒感问题和虚像距离过近而带来的不够明视距离、视野较小等问题.

练　习　题

一、选择题

1. 显像管内部结构中，发射电子束的是(　　).

   A. 灯丝　　B. 阴极　　C. 阳极　　D. 栅极

2. 显像管的阴极电压越低，对应的图像(　　).

   A. 越亮　　B. 越暗　　C. 对比度越大　　D. 对比度越小

3. 目前，彩色电视机广泛采用的显像管是(　　).

   A. 单枪三束管　　B. 三枪三束管　　C. 自会聚管　　D. 以上都不对

4. CRT 基本组成部分有(　　).

   A. 电子枪、荧光粉　　B. 电子枪、荧光屏、偏转系统

   C. 阴极、阳极、调制极　　D. 荧光屏灯丝、阴极、阳极、调制极、荧光屏

5. 电子枪的功用是(　　).

   A. 产生辉亮信号显示　　B. 产生电子束

   C. 产生辉亮彩色显示　　D. 产生管轴方向的高速可控电束

6．CRT 电子枪中，调制极的特点是(　　)．

A．调制极电势低于阴极电势且是可调的负电势

B．调制极电势是可调的正电势，永远比阴极电势高

C．调制极电势是比阴极电势高的常值

D．调制极电势是比阴极电势低的常值

7．关于液晶显示器优点，不正确的说法是(　　)．

A．功耗小、寿命长　　B．屏幕薄、质量轻

C．产生损害人体健康的 X 射线　　D．可以在室外阳光下观看

8．根据分子的排列方式，不属于液晶分类的是(　　)．

A．层列相　　B．向列相　　C．阵列相　　D．胆甾相

9．关于液晶的分类，下列说法正确的是(　　)．

A．向列相液晶中分子分层排列，逐层叠合；相邻两层间分子长轴逐层有微小的转角

B．胆甾相液晶中分子分层排列，逐层叠合；相邻两层间分子长轴逐层有微小的转角

C．胆甾相液晶分子呈棒状，分子长轴互相平行，不分层；液晶材料富于流动性，黏度较小

D．向列相液晶分子呈棒状，并分层排列；液晶材料富于流动性，黏度较小

10．电子枪是显像管中极为重要的组成部分．电子束的(　　)均由电子枪来完成．

A．发射　　B．调制　　C．加速　　D．聚集

11．LCD 显示器，可以分为(　　)．

A．TN 型　　B．STN 型　　C．TFT 型　　D．DSTN 型

12．PDP 单元虽是脉冲放电，但在一个周期内它发光(　　)次，维持电压脉冲宽度通常 5～10μs，幅度 90～100V，工作频率范围 30～50kHz，因此光脉冲重复频率在数万次以上，人眼不会感到闪烁．

A．2　　B．3　　C．4　　D．5

13．光电子技术发展的首要标志是(　　)的出现．

A．液晶电视　　B．光纤通信　　C．摄像机　　D．激光器

14．CRT 中电子枪的主要功能是(　　)．

A．电信号转换成光信号

B．光信号转换成电信号

C．光信号先转换成电信号，再转换成光图像

D．电子束的发射、调制、加速、聚集

二、是非题

15．彩色电视机与黑白电视机的主要区别在于增加了解码器和采用彩色显像管．

16．彩色光就是指人们所说的“红、橙、黄、绿、青、蓝、紫”这七种光．

17．只有阴极射线管采用逐行、隔行扫描技术，对于液晶显示面板，采用的都是控制点发光技术，所以液晶电视采用了逐行扫描技术．

18．等离子体显示器的缺点是每一个像素都是一个独立的发光管．

19．等离子体显示主要是通过电流激发气体，使其发出肉眼看不见的紫外线碰击后面的玻璃上的红、绿、蓝三色荧光体，它们再发出我们在显示器上所看到的可见光．

20．阴极射线管的电子枪的作用是产生辉亮信号和彩色显示．

21．等离子体显示主要是通过电流激发气体，使其发出肉眼看不见的紫外线碰击后面的玻璃上的红、绿、蓝三色荧光体，它们再发出我们在显示器上所看到的可见光.

22．作为显示技术应用的液晶都是热致液晶.

23．注入电致发光显示器就是在半导体PN结上加反偏压产生少数载流子注入，与多数载流子复合发光.

三、填空题

24．在显像管中电子束的扫描是通过______来实现的.

25．_____液晶由长径比很大的棒状分子组成，保持与轴向平行的排列状态.

26．第二代液晶显示器件是______.

27．等离子体显示中，一般采用______气体作为放电发光材料.

28．在PDP中，在电极上覆盖一层透明的、防止离子撞击的______保护层.

四、简答题

29．简述等离子体显示板工作的基本原理.

30．试比较TN-LCD和STN-LCD的特点.

五、复杂工程题

31．工业上使用的计算机又叫作工控机，按结构形式可以分为机箱和一体两种. 通常说的一体化工控机就是把显示器和主机一起放在一个机箱里面，这样可以提高可靠性、减小体积，薄膜晶体管(TFT)平板显示器可用于这样的一体工控机上，其结构见图6.34. 请分析该工控机的结构原理、特点和应用.

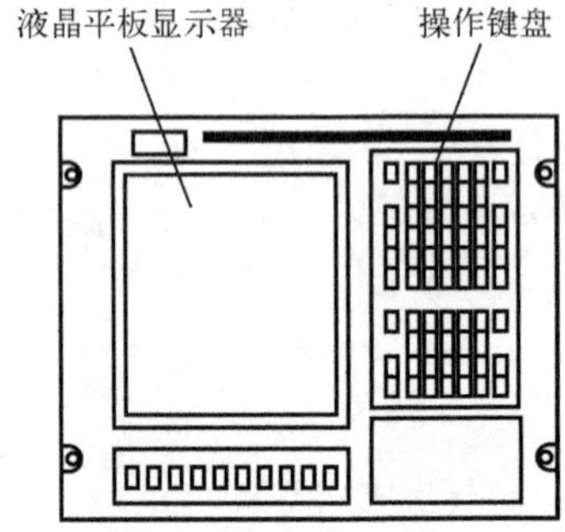

图6.34　带液晶平板显示器的一体式工控机

自我检测题及答案　各章练习题参考答案

自我检测题及答案

自我检测题　　　　自我检测题答案

各章练习题参考答案

第 1 章练习题参考答案

一、选择题

1．ABCD　2．ABC　3．ABC　4．D　5．B　6．C　7．B　8．B　9．A　10．A　11．C

二、填空题

12．500，200

13．无线电波，红外线，可见光和紫外线，X 射线，γ 射线

14．0.77～1000μm，近红外，中红外，远红外

15．泵浦源，谐振腔，激活介质

16．频率、相位、振幅及传播方向

17．受激辐射，实现粒子数反转，谐振腔；单色性好，相干性好，方向性好，亮度高

18．935μm

19．9

20．$1.3\times10^{-25}\text{kg}\cdot\text{m}\cdot\text{s}$

21．$u(\lambda,T)=\dfrac{8\pi hc^2}{\lambda^5}\cdot\dfrac{1}{\mathrm{e}^{\frac{hc}{\lambda KT}}-1}$

三、计算题

22．解：(1)根据距离平方反比定律 $E_e=I_e/R^2$，太阳的辐射强度为

$$I_e=E_eR^2=3.028\times10^{25}\,\text{W/sr}$$

得到太阳辐射的总功率为

$$\varPhi_e=4\pi I_e=3.8\times10^{26}\,\text{W}$$

(2)太阳的辐射亮度为

$$L_e = \frac{I}{A} = 1.989 \times 10^7 \ \mathrm{W/(cm^2 \cdot sr)}$$

太阳的辐射出射度为

$$M_e = L_e \pi = 6.25 \times 10^7 \ \mathrm{W/m^2}$$

太阳表面的温度为

$$T = \sqrt[4]{\frac{M_e}{\sigma}} = 5761\mathrm{K}$$

23．解：$r^2 = r'^2 = z^2$，$\cos\theta = \cos\theta' = \dfrac{z}{\sqrt{r'^2 + z^2}}$，$\mathrm{d}S = r'\Delta\varphi \mathrm{d}r'$．

由 $\mathrm{d}E = \dfrac{\mathrm{d}\Phi'}{\mathrm{d}S'} = \dfrac{B\mathrm{d}S\cos\theta\cos\theta'}{r^2}$ 有

$$E = 2\pi\int_0^R \frac{B\cos^2\theta}{r^2} r'\mathrm{d}r' = 2\pi B\int_0^R \frac{z^2 r'\mathrm{d}r'}{(r'^2 + z^2)^2} = \frac{\pi RB}{R^2 + z^2}$$

24．解：设相干时间为 τ，则相干长度为光束与相干时间的乘积，即

$$L_c = \tau \cdot c$$

根据相干时间和谱线宽度的关系 $\Delta\nu = \dfrac{1}{\tau} = \dfrac{c}{L_c}$，又因为 $\left|\dfrac{\Delta\lambda}{\lambda_0}\right| = \left|\dfrac{\Delta\nu}{\gamma_0}\right|$，$\nu_0 = \dfrac{c}{\lambda}$，$\lambda_0 = 632.8\mathrm{nm}$，由以上各关系式及数据可以得到如下形式：

$$\text{单色性}=\left|\frac{\Delta\lambda}{\lambda_0}\right| = \left|\frac{\Delta\nu}{\nu_0}\right| = \frac{\lambda_0}{L_c} = \frac{632.8\mathrm{nm}}{10^{12}\mathrm{nm}} = 6.328 \times 10^{-10}$$

25．证明：若 t=0 时刻，单位体积中 E_2 能级的粒子数为 n_{20}，则单位体积中在 $t \to t+\mathrm{d}t$ 时间内因自发辐射而减少的 E_2 能级的粒子数为

$$-\mathrm{d}n_2 = A_{21}n_2\mathrm{d}t = A_{21}n_{20}\mathrm{e}^{-A_{21}t}\mathrm{d}t$$

故这部分粒子的寿命为 t，因此 E_2 能级粒子的平均寿命为

$$\tau_s = \frac{\int_0^\infty tA_{21}n_{20}\mathrm{e}^{-A_{21}t}\mathrm{d}t}{n_{20}} = \frac{1}{A_{21}}$$

26．解：设两腔镜 M_1 和 M_2 的曲率半径分别为 R_1 和 R_2，$R_1 = -1\mathrm{m}$，$R_2 = 2\mathrm{m}$，工作物质长 $l = 0.5\mathrm{m}$，折射率 $\eta = 1.52$．根据稳定条件判据

$$0 < \left(1 - \frac{L'}{2}\right)\left(1 + \frac{L'}{1}\right) < 1 \tag{1}$$

其中

$$L' = (L - l) + \frac{l}{\eta} \tag{2}$$

由式(1)解出

$$2\mathrm{m} > L' > 1\mathrm{m}$$

由式(2)得

$$L = L' + 0.5 \times \left(1 - \frac{1}{1.52}\right) = L' + 0.17$$

所以得到

$$2.17\text{m} > L > 1.17\text{m}$$

四、复杂工程与技术题

27．(开放题)

第 2 章练习题参考答案

一、选择题

1．ABCD　2．D　3．ABCD　4．AC　5．ABCD　6．A　7．A　8．A　9．A　10．B

二、是非题

11．√　12．×　13．×　14．×　15．√　16．√

三、填空题

17．大气气体分子及气溶胶的吸收和散射；空气折射率不均匀；晶体介质的介电系数与晶体中的电荷分布有关，当晶体被施加电压后，将引起束缚电荷的重新分布，并导致离子晶格的微小形变，从而引起介电系数的变化，并最终导致晶体折射率变化的现象.

18．法拉第旋转

19．2

四、简答题

20．答：从理论上讲，光纤的弱导特性是光纤与微波圆波导之间的重要差别之一. 实际使用的光纤，特别是单模光纤，其掺杂浓度都很小，使纤芯和包层只有很小的折射率差. 所以弱导的基本含义是指很小的折射率差就能构成良好的光纤波导结构，而且为制造提供了很大的方便.

21．答：当光波的两个垂直分量 $E_{x'}$、$E_{y'}$ 的光程差为半个波长(相应的相位差为π)时所需要加的电压，称为半波电压. 纵向半波电压 $V_\pi = \dfrac{\lambda}{2n_o^3\gamma_{63}}$ 主要由光波长 λ、o 光折射率 n_o 和电光系数 γ_{63} 共同决定.

五、计算题

22．解：由 KDP 纵向半波电压的公式 $V_\pi = \dfrac{\lambda}{2n_o^3\gamma_{63}}$，其中

$$n_o = 1.51\text{，}\quad \gamma_{63} = 23.6\times10^{-12}\,\text{m/V}$$

有

$$V_\pi = \frac{\lambda}{2n_o^3\gamma_{63}} = 5825\,\text{V}$$

23．解：由公式$\theta=\alpha L$、$\alpha=VH$和$H=\dfrac{NI}{L}$计算，即可得到光的旋转角度

$$\theta=VNI=3.125\times10^{-3\prime}$$

24．证明：

$$I_0=I_i\cos^2\left(\frac{v}{2}\right)\propto J_0^2(v)$$

$$I_1=I_i\sin^2\left(\frac{v}{2}\right)\propto J_1^2(v)$$

由

$$J_1^2(v)\approx\frac{1}{4}v^2$$

$$I_1\approx I_i\frac{1}{4}v^2, I_0\approx I_i$$

$$\frac{I_1}{I_0}=\frac{1}{4}v^2=\frac{1}{4}\left(\frac{2\pi}{\lambda}\Delta nL\right)^2$$

由

$$\Delta n=-\frac{1}{2}n^3PS$$

得

$$\frac{I_1}{I_0}=\frac{1}{4}\left(\frac{2\pi}{\lambda}\right)^2L^2\left(-\frac{1}{2}n^3PS\right)^2$$

将$S^2=\dfrac{2I_s}{\rho v_s^2}$代入得

$$\frac{I_1}{I_0}=\frac{1}{2}\left(\frac{\pi L}{\lambda_0\cos\theta_1}\right)^2\frac{P^2n^6}{\rho v_s^2}I_s$$

第3章练习题参考答案

一、选择题

1．ABCD　2．ABC　3．CD　4．D　5．B　6．B　7．C　8．ABCD　9．ABCD　10．A

二、是非题

11．√　12．√　13．×　14．√　15．√　16．√　17．√　18．√　19．√　20．×

三、填空题

21．加载信号是在激光振荡过程中进行的，以调制信号改变激光器的振荡参数，从而改变激光器输出特性以实现调制

22．角度

23．0，+1，−1

24．L/d

25．1

四、简答题

26．应用某种物理方法改变光波的振幅、频率、相位、强度、偏振等参数之一，使其按调制信号的规律变化，达到“运载”信息的目的.

五、计算题

27．解：由偏转角度的公式 $\theta=\dfrac{L}{d}n_o^3\gamma_{63}E_z$，代入数据得 $\theta\approx3.5\times10^{-6}\text{rad}$.

28．答：(1)其快、慢轴与晶体的主轴 x 轴成 45°(即快、慢轴分别与 x''、y'' 轴平行). 此时，它所提供的直流偏置相当于在电光晶体上附加了一个 $V_{1/4}$ 的固定偏压($E''_{x''}$、$E''_{y''}$ 的附加相位差为 90°)；使得调制器工作在透过率 T=50%的工作点上.

(2)若旋转 1/4 波片，会导致 $E''_{x''}$、$E''_{y''}$ 的附加相位差不再是 90°；因而它所提供的直流偏置也不再是 $V_{1/4}$. 当然调制器的工作点也偏离了透过率 T=50%的工作点.

第 4 章练习题参考答案

一、选择题

1．D　2．D　3．D　4．ABD　5．ABC　6．B　7．A　8．B　9．A　10．A

二、是非题

11．√　12．×　13．×　14．×　15．√　16．√　17．×　18．√　19．√　20．×

三、填空题

21．0K 或–273℃

22．热量，热流

23．时间常数

24．归一化探测率

25．热晶体

26．光电导探测器，光磁电探测器，光生伏打探测器

27．电压响应率、噪声等效功率、时间常数

28．焊接缺陷的无损监测、疲劳裂纹探测、军事侦察、夜晚视觉功能

29．40

30．红外辐射

四、简答题

31．答：外光电效应：是指物质吸收光子并激发出自由电子的行为. 内光电效应：是光电效应的一种，主要由于光量子作用，引发物质电化学性质变化. 内光电效应又可分为光电导效应和光生伏打效应. 光生伏打效应：是当物体受光照时，物体的内部电荷分布状态发生变化而产生电动势和电流的效应.

32．答：相同点：二者都是由 PN 结组成的半导体器件，都能把光信号转换成电信号.

不同点：光电二极管是在反向电压作用下工作的，而光电池是工作在光照零偏条件下的.

33．答：光敏电阻阻值对光照特别敏感，是一种典型的利用光电导效应制成的光电探测器件. 当光

照射到半导体材料时，材料吸收光子的能量，使非传导态电子变为传导态电子，引起载流子浓度增大，导致材料电导率增大，此时材料电阻值将减小；即电阻值随入射光的强弱而变化，入射光强时电阻减小，入射光弱时电阻增大.

34．答：光电池是一种直接把光能转换成电能的器件，它根据光生伏打效应原理，当 PN 结受光照时激发出光生电子-空穴对而扩散进 PN 结. 之后被内电场分离开而形成开路电压，此即光照零偏 PN 结产生开路电压的效应(即光伏效应).

五、计算题

35．解：

(1)答案见下图：

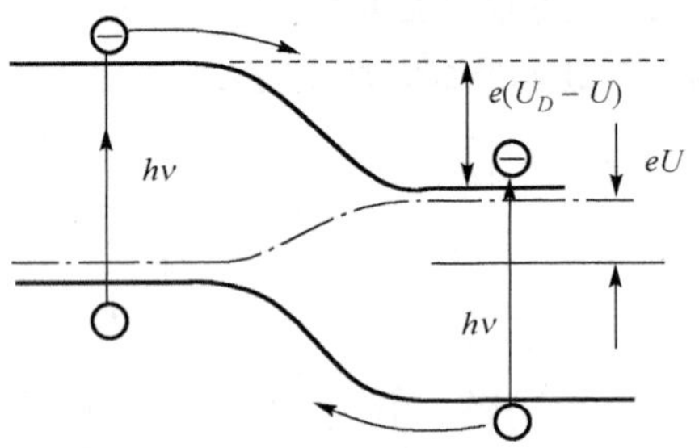

(2) ϕ =3×10^{-3}W，λ=0.83μm=8.3×10^{-5}m，η=1，ρ=15%.

$$R_\lambda = \frac{e\lambda}{hC}\eta(1-\rho) = \frac{1.6\times10^{-19}\times8.3\times10^{-7}}{6.62\times10^{-34}\times3\times10^{8}}\times1\times(1-0.15)=0.57\,(\text{A/W})$$

$$I_P=R_\lambda\cdot P=0.57\times3\times10^{-3}=1.71\times10^{-3}\,(\text{A})$$

所以，光生电流的大小为 1.71×10^{-3}A.

(3) $$I_0=10^{-8}\text{A}$$

$$U_{OC}=\frac{KT}{q}\ln\left(\frac{I_p}{I_0}+1\right)=\frac{1.38\times10^{-23}\times300}{1.6\times10^{-19}}\ln\left(\frac{0.54\times10^{-3}}{10^{-8}}+1\right)=0.026\times11.94=0.31\,(\text{V})$$

所以 T=300K 时的开路电压为 0.31V.

六、复杂工程与技术题

公式：$L=Q\times S\times T$

L——光伏电站年发电量；Q——年总辐射量；S —— 光伏组件的面积；T—— 年有效日照时间，单位换算关系为 1J=2.778×10^{-7}kW·h，可求得该路段年发电量为 161.111kW·h.

第 5 章练习题参考答案

一、选择题

1．ABC 2．BCD 3．C 4．A 5．ABCD 6．ABCD 7．ABD

二、是非题

8. × 9. √ 10. √

三、填空题

11. 瞬态，深度耗尽状态
12. 乘积
13. 牛顿公式，高斯公式
14. 将入射光信号转换为电荷输出
15. CCD，COMS，CID
16. 像光像增强器件

四、简答题

17. 答：完成一帧扫描所需的时间称为帧时 T_f(s)，单位时间完成的帧数称为帧速 $\dot{F}$（帧/s），$T_f=\frac{1}{\dot{F}}$.

18. 答：不能. NETD 反映的是系统对低频景物(均匀大目标)的温度分辨率，不能表征系统用于观测较高空间频率景物时的温度分辨性能.

19. 答：与级联式像增强器相比，像增强器不仅具有可调的亮度增益，而且因为它是一种单级结构，所以可以做得很短，体积小、质量轻，便于与其他光电器件(如光纤面板)配合使用. 像增强器还有自动防强光的优点，这是因为当微通道板工作在饱和状态时，即使在强光照射下，微通道板的输出仍保持不变，因此荧光屏不至于被“灼伤”.

五、计算题

20. 空间频率：f=1/0.05mm=20lp/mm；调制传递函数：MTF(20lp/mm)=15/20=0.75；相位传递函数：P(20lp/mm)=0.01/0.05×2π=0.4π

六、复杂工程与技术题

21.

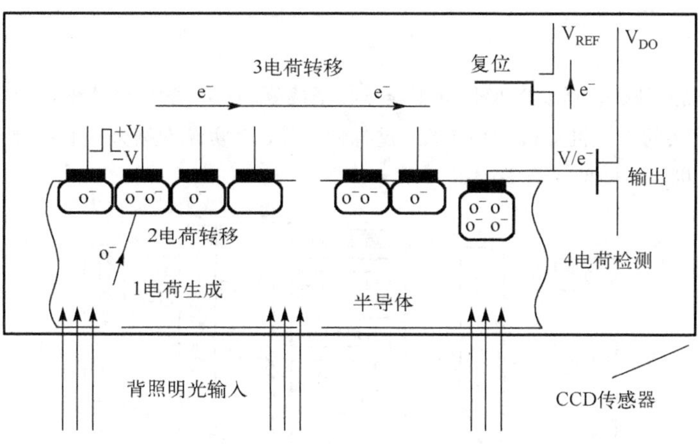

第6章练习题参考答案

一、选择题

1．B　2．A　3．C　4．B　5．B　6．A　7．CD　8．C　9．B　10．ABCD　11．ABCD　12．A　13．D　14．D

二、是非题

15．√　16．×　17．√　18．√　19．√　20．×　21．√　22．×　23．×

三、填空题

24．磁偏转　25．向列型　26．扭曲向列型液晶显示器件　27．惰性　28．MgO

四、简答题

29．答：等离子体是由部分电子被剥夺后的原子及原子被电离后产生的正负电子组成的离子化气体状物质，它是除去固液气态外，物质存在的第四态，等离子体是一种很好的导电体，利用经过巧妙设计的电场和磁场可以捕捉、移动和加速等离子体. 等离子体显示板是利用气体放电产生发光现象的平板显示的统称. 等离子体显示技术的基本原理：显示屏上排列有成千上万个密封的小低压气体室(一般都是氙气和氖气的混合物)，电流激发气体，使其发出肉眼看不见的紫外线，这种紫外线碰击后面玻璃上的红、绿、蓝三色荧光体，它们再发出我们在显示器上所看到的可见光.

30．答：TN-LCD 利用了扭曲向列相液晶的旋光特性，液晶分子的扭曲角为 90°，它的电光特性曲线不够陡峻，由于交叉效应，在采用无源矩阵驱动时，限制了其多路驱动能力. STN-LCD 的扭曲角在 180°～240°内，曲线陡度的提高允许器件工作在较多的扫描行数下，利用了超扭曲和双折射两个效应，是基于光学干涉的显示器件. STN-LCD所用的液晶材料是在特定的TN材料中添加少量手征性液晶以增加它的扭曲程度，盒厚较薄，一般为 5～7μm. STN-LCD 的工艺流程基本上和 TN-LCD 类似，但由于 STN-LCD 是基于光干涉效应的显示器件，对盒厚的不均匀性要求小于 0.05μm (TN-LCD 只要求小于 0.5μm)，否则就会出底色不均匀，预倾角要求达到 3°～8°，电极精细，器件尺寸较大，因此其规模生产难度较 TN-LCD 大许多.

五、复杂工程题

31．工控机通过交换机发送至图形仿真工作站将搭建好的仿真系统整体进行展示，主要包括测试平台以及与测试平台连接的工控机主机. 工控机通过各种卡件，来实现数据采集和控制功能，这些卡件故障率很高. 因此，工控机实现硬件冗余很困难.

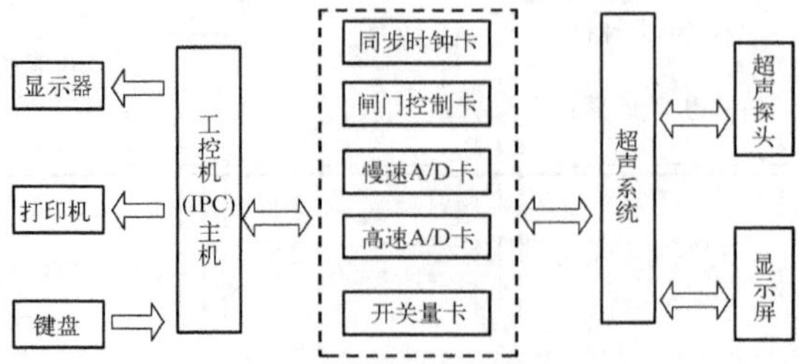

参考文献

安毓英，刘继芳，李庆辉，等. 2011. 光电子技术. 3 版. 北京：电子工业出版社.

安毓英，曾晓东，冯喆珺. 2010. 光电探测与信号处理. 北京：科学出版社.

车念曾，闫达远. 1990. 辐射度学和光度学. 北京：北京理工大学出版社.

邸旭，杨进华. 2012. 微光与红外成像技术. 北京：机械工业出版社.

付小宁，牛建军，陈靖. 2010. 光电探测技术与系统. 北京：电子工业出版社.

顾畹仪. 2011. 光纤通信. 2 版. 北京：人民邮电出版社.

李文峰，顾洁，赵亚辉，等. 2010. 光电显示技术. 北京：清华大学出版社.

孙士祥. 2013. 液晶显示技术. 北京：化学工业出版社.

王以铭. 1987. 电荷耦合器件原理与应用. 北京：科学出版社.

吴健，杨春平，刘建斌. 2005. 大气中的光传输理论. 北京：北京邮电大学出版社.

吴宗凡，柳美琳，张绍举，等. 1998. 红外与微光技术. 北京：国防工业出版社.

向世明. 2013. 现代光电子成像技术概论. 2 版. 北京：北京理工大学出版社.

肖运虹，王志铭. 2018. 显示技术. 2 版. 西安：西安电子科技大学出版社.

杨立，杨桢，等. 2012. 红外热成像测温原理与技术. 北京：科学出版社.

张敬贤，李玉丹，金伟其. 1995. 微光与红外成像技术. 北京：北京理工大学出版社.

赵坚勇. 2012. 有机发光二极管(OLED)显示技术. 北京：国防工业出版社.

周炳琨. 2000. 激光原理. 北京：国防工业出版社.

周自刚，范宗学，冯杰. 2015. 光电子技术基础. 北京：电子工业出版社.

周自刚，胡秀珍. 2017. 光电子技术及应用. 2 版. 北京：电子工业出版社.

朱京平. 2009. 光电子技术基础. 2 版. 北京：科学出版社.

Martin A. Green. 1970. 太阳能电池：工作原理、技术和系统应用. 狄大卫，曹昭阳，李秀文，等译. 上海：上海交通大学出版社.

Yariv A, Poch Y. 2014. 光子学——现代通信光电子学. 6 版. 陈鹤鸣，施伟华，汪静丽，等译. 北京：电子工业出版社.

附录

附录 1 辐射度量与光度量的对应关系

辐射度单位和光度单位是两套不同的体系. 辐射度单位适用于整个电磁波段，光度学只适用于可见光波段. 本实验可以帮助学生理解这两种概念体系的区别和联系. 以电磁波形式或粒子(光子)形成传输的能量，它们可以用光学条件反射、成像或色散，这样的能量传输及其传播过程称为光辐射. 为了对光辐射进行定量描述，存在着辐射单位和光度单位两套不同的体系，表 F1 是常用的辐射度量和光度量之间的对应关系.

表 F1 辐射度量与光度量之间的对应关系

辐射度量物理量				光度量			
物理量名称	符号	定义成定义式	单位	物理量名称	符号	定义成定义式	单位
辐射能	Q_e		J	光量	Q_v	$Q_v=\int Q_v dt$	lm·s
辐射通量	Φ_e	$\Phi_e=d\Phi_e/dt$	W	光通量	Φ_v	$\Phi_v=\int I_v d\Omega$	lm
辐射出射度	M_e	$M_e=d\Phi_e/ds$	W/m^2	光出射度	M_v	$M_v=d\Phi_v/ds$	lm/m^2
辐射强度	I_e	$I_e=d\Phi_e/ds$	W/sr	发光强度	I_v	基本量	cd
辐射亮度	L_e	$L_e=dI_e/(ds\cos\theta)$	$W/(m^2sr)$	(光)亮度	L_v	$I_v=dI_v/ds\cos\theta$	cd/m^2
辐射照度	E_e	$E_e=d\Phi_e/dA$	W/m^2	(光)照度	E_v	$E_v=d\Phi_v/dA$	lx

附录 2 晶体结构点群

表 F2 32 种晶体学点群的记号

序号	晶系	点群		轴向对称要素的方向和数目			劳埃群
		国际符号	申夫利斯符号				
1	三斜晶系	1	C_1				$\bar{1}$
		$\bar{1}$	C_i				
2	单斜晶系	2	C_2				2/*m*
		m	C_3				
		2/*m*	C_{2h}				
3	正交晶系	222	D_2				*mmm*
		*mm*2	D_{2v}				
		mmm	D_{2h}				
				c	*a*	[110]	
4	四方晶系	4	C_4	4			4/*m*
		$\bar{4}$	S_4	$\bar{4}$			
		4/*m*	C_{4h}	$\frac{4}{m}$			
		422	D_4	4	2(2)	2(2)	4/*mmm*
		4*mm*	C_{4v}	4	*m*(2)	*m*(2)	
		$\bar{4}$ 2*m*	D_{2d}	$\bar{4}$	2(2)	*m*(2)	
		4/*mmm*	D_{4h}	$\frac{4}{m}$	$\frac{2}{m}$(2)	$\frac{2}{m}$(2)	

续表

序号	晶系	点群：国际符号	点群：申夫利斯符号	轴向对称要素的方向和数目			劳埃群
				c	a		
5	三方晶系	3	C_3	3			$\bar{3}$
		$\bar{3}$	C_{3i}	$\bar{3}$			
		32	D_3	3	$2(2)$		$\bar{3}\ m$
		$3m$	C_{3v}	3	$m(3)$		
		$\bar{3}\,m$	D_{3d}	$\bar{3}$	$\frac{2}{m}(3)$		
				c	a	$[210]$	
6	六方晶系	6	C_6	6			$6/m$
		$\bar{6}$	C_{3h}	$\bar{6}$			
		$6/m$	C_{6h}	$\frac{6}{m}$			
		622	D_6	6	$2(3)$	$2(3)$	$6/mmm$
		$6mm$	C_{6v}	6	$m(3)$	$m(3)$	
		$\bar{6}\ m2$	D_{3h}	$\bar{6}$	$m(3)$	$2(3)$	
		$6/mmm$	D_{6h}	$\frac{6}{m}$	$\frac{2}{m}(3)$	$\frac{2}{m}(3)$	
				c	$[111]$	$[110]$	
7	立方晶系	23	T	$2(3)$	$3(4)$		$m\bar{3}$
		$m\bar{3}$	T_h	$\frac{2}{m}(3)$	$\bar{3}\ (4)$		
		432	O	$4(3)$	$3(4)$	$2(6)$	$m\bar{3}m$
		$\bar{4}\ 3m$	T_d	$\bar{4}\ 3(3)$	$3(4)$	$m(6)$	
		$m\bar{3}m$	O_h	$\frac{4}{m}(3)$	$\bar{3}\ (4)$	$\frac{2}{m}(6)$	

附录3 张　　量

(Ⅰ)正交变换

一直角坐标系内任一矢量 $\boldsymbol{A}$ 可表示为

$$\boldsymbol{A}=A_1\hat{\boldsymbol{e}}_1+A_2\hat{\boldsymbol{e}}_2+A_3\hat{\boldsymbol{e}}_3=A_j\hat{\boldsymbol{e}}_j\quad(j=1,2,3)$$

沿坐标轴的三个基元矢量是正交规一的

$$\hat{\boldsymbol{e}}_i\cdot\hat{\boldsymbol{e}}_j=\delta_{ij}\quad(i,j=1,2,3)$$

将坐标系绕原点做空间转动或空间反射，产生新坐标系.

矢量 $\boldsymbol{A}$ 表示为

$$\boldsymbol{A}=A_i'\hat{\boldsymbol{e}}_i'$$

老系的一个基元矢量用新系的基元矢量表示

$$\hat{\boldsymbol{e}}_j=(\hat{\boldsymbol{e}}_i'\cdot\hat{\boldsymbol{e}}_j)\,\hat{\boldsymbol{e}}_i'=\alpha_{ij}\,\hat{\boldsymbol{e}}_i'$$

$$\alpha_{ij}=\hat{\boldsymbol{e}}_i'\cdot\hat{\boldsymbol{e}}_j=\cos(\boldsymbol{i}',\boldsymbol{j})$$

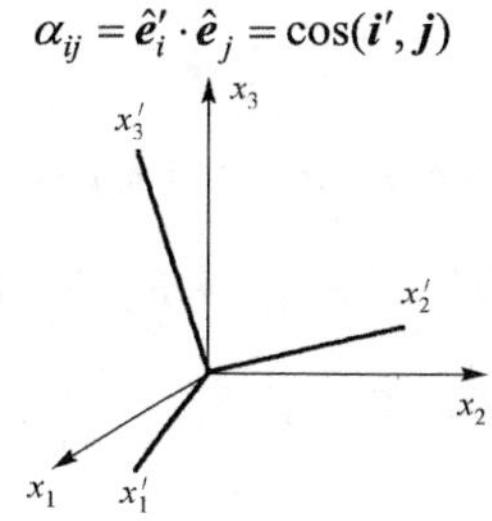

α_{ij} 为变换系数，是 i'、j 之间的方向余弦. 由此可得矢量分量之间的变换关系

$$A_i' = \alpha_{ij}\, A_j \tag{1}$$

若在坐标变换下，矢量的模保持不变，则为正交变换. 正交变换下，变换系数必有

$$\alpha_{ik}\alpha_{il} = \delta_{kl} \quad (\alpha^{-1} = \alpha^{\mathrm{T}})$$

在正交变换下，(1)式也可作为矢量的定义.

(Ⅱ)二阶张量(二并矢，dyadics)

将矢量 $\boldsymbol{A}$、$\boldsymbol{B}$ 并列，称为并矢量. 在一坐标系内

$$\boldsymbol{AB} = A_i\hat{\boldsymbol{e}}_i B_j\hat{\boldsymbol{e}}_j = A_i B_j \hat{\boldsymbol{e}}_i\hat{\boldsymbol{e}}_j$$

$\hat{\boldsymbol{e}}_i\,\hat{\boldsymbol{e}}_j$ 称为基元二并矢. 因此任一并矢 $\boldsymbol{AB}$ 是 9 个基元二并矢的线性组合. 一般地说，若一个量是 9 个基元二并矢的线性组合，则这个量就称为二并矢或二阶张量.

$$\boldsymbol{T} = T_{kl}\,\hat{\boldsymbol{e}}_k\,\hat{\boldsymbol{e}}_l \quad (k,l=1,2,3)$$

在坐标变换下

$$\boldsymbol{T} = T_{ij}'\hat{\boldsymbol{e}}_i\hat{\boldsymbol{e}}_j \quad (i,j=1,2,3)$$

可证明，二阶张量的分量在新老坐标系中的变换关系为

$$T_{ij}' = \alpha_{ik}\alpha_{jl}T_{kl} \tag{2}$$

(2)式也可作为二并矢或二阶张量的定义.

二阶张量的代数运算规则

(i)与标量相乘

$$c\boldsymbol{T} = (cT_{ij})\,\hat{\boldsymbol{e}}_i\hat{\boldsymbol{e}}_j$$

(ii)同阶张量相加减

$$\boldsymbol{T} \pm \boldsymbol{S} = (T_{ij} \pm S_{ij})\,\hat{\boldsymbol{e}}_i\hat{\boldsymbol{e}}_j = K_{ij}\hat{\boldsymbol{e}}_i\hat{\boldsymbol{e}}_j = \boldsymbol{K}$$

(iii)点乘

$$\begin{aligned}\boldsymbol{T}\cdot\boldsymbol{a} &= T_{ij}\hat{\boldsymbol{e}}_i\hat{\boldsymbol{e}}_j\cdot a_k\hat{\boldsymbol{e}}_k = T_{ij}a_k\hat{\boldsymbol{e}}_i(\hat{\boldsymbol{e}}_j\cdot\hat{\boldsymbol{e}}_k)\\ &= T_{ij}a_j\hat{\boldsymbol{e}}_i = b_i\hat{\boldsymbol{e}}_i = \boldsymbol{b}\end{aligned} \qquad \boldsymbol{T}\cdot\boldsymbol{a} \neq \boldsymbol{a}\cdot\boldsymbol{T}$$

$$\boldsymbol{T}:\boldsymbol{ab} = (\boldsymbol{T}\cdot\boldsymbol{a})\cdot\boldsymbol{b} = \boldsymbol{c}\cdot\boldsymbol{b}$$

$$\begin{aligned}\boldsymbol{T}\cdot\boldsymbol{S} &= T_{ij}\hat{\boldsymbol{e}}_i\hat{\boldsymbol{e}}_j\cdot S_{kl}\hat{\boldsymbol{e}}_k\hat{\boldsymbol{e}}_l = T_{ij}S_{kl}\hat{\boldsymbol{e}}_i(\hat{\boldsymbol{e}}_j\cdot\hat{\boldsymbol{e}}_k)\hat{\boldsymbol{e}}_l\\ &= T_{ij}S_{jl}\hat{\boldsymbol{e}}_i\hat{\boldsymbol{e}}_l = K_{il}\hat{\boldsymbol{e}}_i\hat{\boldsymbol{e}}_l = \boldsymbol{K}\end{aligned}$$

$$\begin{aligned}\boldsymbol{T}:\boldsymbol{S} &= T_{ij}\hat{\boldsymbol{e}}_i\hat{\boldsymbol{e}}_j : S_{kl}\hat{\boldsymbol{e}}_k\hat{\boldsymbol{e}}_l = T_{ij}S_{kl}\hat{\boldsymbol{e}}_i(\hat{\boldsymbol{e}}_j\cdot\hat{\boldsymbol{e}}_k)\cdot\hat{\boldsymbol{e}}_l\\ &= T_{ij}S_{kl}(\hat{\boldsymbol{e}}_j\cdot\hat{\boldsymbol{e}}_k)(\hat{\boldsymbol{e}}_i\cdot\hat{\boldsymbol{e}}_l) = T_{ij}S_{ji}\end{aligned}$$

定义单位二阶张量

$$\boldsymbol{I} = \delta_{ij}\hat{\boldsymbol{e}}_i\hat{\boldsymbol{e}}_j$$

$$\boldsymbol{I}\cdot\boldsymbol{a} = \boldsymbol{a}\cdot\boldsymbol{I} = \boldsymbol{a}, \quad \boldsymbol{I}\cdot\boldsymbol{T} = \boldsymbol{T}\cdot\boldsymbol{I} = \boldsymbol{T}$$

对非奇异张量 $\boldsymbol{T}$，即它的行列式不为零，就存在它的逆张量 $\boldsymbol{T}^{-1}$

$$\boldsymbol{T}^{-1}\cdot\boldsymbol{T} = \boldsymbol{I}, \quad T_{ij}^{-1} = \frac{\Delta_{ij}}{|T|}$$

$|T|$是 $\boldsymbol{T}$ 的行列式，$\varDelta_{ij}$ 为 T_{ij} 的代数余子式.

对称张量与反对称张量：

对称张量 $T_{ij}=T_{ji}$，在一般坐标系内有 6 个独立分量，在主坐标系内有 3 个独立分量，即 3 个主值.

反对称张量 $T_{ij}=-T_{ji}$，有 3 个独立分量.

(Ⅲ)三阶张量(三并矢，triadics)

将矢量 $\boldsymbol{A}$、$\boldsymbol{B}$、$\boldsymbol{C}$ 并列，称为三并矢量. 在一坐标系内

$$\boldsymbol{ABC}=A_iB_jC_k\hat{\boldsymbol{e}}_i\hat{\boldsymbol{e}}_j\hat{\boldsymbol{e}}_k$$

$\hat{\boldsymbol{e}}_i\hat{\boldsymbol{e}}_j\hat{\boldsymbol{e}}_k$ 称为基元三并矢. 因此任一三并矢 $\boldsymbol{ABC}$ 是 27 个基元三并矢的线性组合. 一般地说，若一个量是 27 个基元三并矢的线性组合，则这个量就称为三并矢或三阶张量.

$$\boldsymbol{T}^{[3]}=T_{ijk}\hat{\boldsymbol{e}}_i\hat{\boldsymbol{e}}_j\hat{\boldsymbol{e}}_k$$

在新老坐标系中的变换关系为

$$T'_{ijk}=\alpha_{il}\alpha_{jm}\alpha_{kn}T_{lmn}$$

三阶张量的代数运算规则与二阶张量类似

$$\boldsymbol{T}^{[3]}\cdot\boldsymbol{a}=\boldsymbol{S}^{[2]},\quad \boldsymbol{a}\cdot\boldsymbol{T}^{[3]}\neq\boldsymbol{T}^{[3]}\cdot\boldsymbol{a}$$

$$\boldsymbol{T}^{[3]}\cdot\boldsymbol{S}^{[2]}=\boldsymbol{K}^{[3]},\quad \boldsymbol{T}^{[3]}:\boldsymbol{S}^{[2]}=\boldsymbol{a}$$

在三阶张量中有一个特殊张量 $\boldsymbol{\varepsilon}^{[3]}$ 称为单位反对称张量(levi-civita 张量)

$$\varepsilon_{ijk}=\begin{cases}+1\\-1\\0\end{cases}$$

式中，当(ijk)取(123)的偶排列时，它为+1，当它取(123)的奇排列时，它为−1，(ijk)中至少有一对指标相同时，它为 0. 这个张量在正交变换下，对应元素不变. 利用它可将矢量叉乘运算包括进来

$$(\boldsymbol{a}\times\boldsymbol{b})_i=\varepsilon_{ijk}a_jb_k$$
$$\boldsymbol{a}\times\boldsymbol{b}=\boldsymbol{\varepsilon}^{[3]}:\boldsymbol{ba}$$

并矢叉乘：定义

$$(\boldsymbol{ab})\times\boldsymbol{c}=\boldsymbol{a}(\boldsymbol{b}\times\boldsymbol{c})$$

$$\begin{aligned}[\boldsymbol{ab}\times\boldsymbol{c}]_{ij}&=a_i(\boldsymbol{b}\times\boldsymbol{c})_j\\&=a_i\varepsilon_{jkl}b_kc_l=-a_ib_k\varepsilon_{kjl}c_l\\ \boldsymbol{ab}\times\boldsymbol{c}&=-\boldsymbol{ab}\cdot\boldsymbol{\varepsilon}^{[3]}\cdot\boldsymbol{c}\end{aligned}$$

推广

$$\begin{aligned}\boldsymbol{T}^{[2]}\times\boldsymbol{c}&=-\boldsymbol{T}^{[2]}\cdot\boldsymbol{\varepsilon}^{[3]}\cdot\boldsymbol{c}\\ \boldsymbol{c}\times\boldsymbol{T}^{[2]}&=-\boldsymbol{c}\times\boldsymbol{\varepsilon}^{[3]}\cdot\boldsymbol{T}^{[2]}\\ \boldsymbol{T}^{[2]}\times\boldsymbol{S}^{[2]}&=-\boldsymbol{T}^{[2]}\cdot\boldsymbol{\varepsilon}^{[3]}\cdot\boldsymbol{S}^{[2]}\end{aligned}$$

对更高阶张量(并矢)可以类似推广.

(Ⅳ)张量在晶体学中的应用

张量在描述各向异性介质、弹性介质等的物理性质时是不可缺少的. 它可表示各向异性物质的物理

特征，借助它可以将一个矢量与大小和方向不同的另一个或几个矢量建立定量关系，借以描写介质的线性和非线性效应.

在各向异性介质中，任何两个互相作用的矢量之间的线性比例系数都形成二阶张量，二阶张量有介电常量、电导率、热导率等. 如果一个矢量与一个二阶张量存在线性关系，则它们之间的比例系数便形成三阶张量. 如果两个二阶张量存在线性关系，则它们之间的比例系数将形成四阶张量.

一般而言，一个三维空间的张量是 3^m 个数有序集合的总称，m 为该张量的阶数. 张量的阶数与张量分量的下标数相等，如表 F3 所示.

表 F3　张量与物理量对应关系

张量表示及名称	阶数(m)	分量数(3^m)	物理量
标量，零阶张量	0	$3^0=1$	质量、温度、密度、热容
矢量，一阶张量	1	$3^1=3$	电场强度、电极化强度、温度梯度
二阶张量	2	$3^2=9$	介电常量、电极化率、应力、应变
三阶张量	3	$3^3=27$	压电模量、线性电光系数
四阶张量	4	$3^4=81$	弹性系数、二次电光系数

一般情况，晶体的物理性质与晶体的微观结构密切相关，而晶体的对称性必然影响物理性质的对称性.

诺伊曼原理(Neumann's principle)：晶体的任何物理性质所具有的对称要素，必须包含晶体所属点群的全部对称要素，即晶体物理性质的对称性必高于或至少不低于晶体所属点群的对称性. 晶体的物理性质可以用张量表示，所以，讨论晶体本身对称性对物理性质的影响就可简化为晶体对称性对张量的影响.

在 32 种点群中，有对称中心的是 $\bar{1}$，$2/m$，$4/m$，$\bar{3}$，$\bar{3}m$，$6/m$，$m3$，mmm，$4/mmm$，$6/mmm$，$m3m$ 等 11 种，而无对称中心的共 21 种，其中极性的是 1，2，3，4，6，m，$2m$，$3m$，$4mm$，$6mm$ 共 10 种，非极性的是 222，$\bar{4}$，$\bar{6}$，23，432，$\bar{4}3m$，422，$\bar{4}2m$，32，622，$\bar{6}m2$ 共 11 种. 这里将“极性”理解为具有唯一的、不能借助晶体中存在的对称元素而倒反的方向. 从这个角度，从中心对称和极性两个方面，来讨论晶体的对称性与用张量表示的晶体物理性质之间的关系.

如果晶体存在对称中心，则对称变换的坐标矩阵为

$$a_{ij}=\begin{pmatrix}-1 & 0 & 0\\ 0 & -1 & 0\\ 0 & 0 & -1\end{pmatrix}=-1$$

对于一阶张量(矢量)而言，它具有很强的方向性，其描述的所有物理性质都是极性的，因而只有具有极性点群的晶体才具有这些性质. 也就是说，具有中心对称的晶体不存在由一阶张量所描述的物理性质.

对于二阶和四阶张量，都是中心对称的，用张量描述的物理性质也是中心对称的. 即具有对称中心的晶体也存在有二阶张量和四阶张量所描述的物理性质.

对于三阶张量，它的变换定律为 $d'_{ijk}=a_{il}a_{jm}a_{kn}d_{lmn}$，代入 $a_{il}=a_{jm}=a_{kn}=-1$，则 $d'_{ijk}=-d_{ijk}$. 因为是对称变换，故变换前后的对应分量相等，因此，d_{ijk} 的全部分量为零. 也就是说，具有对称中心的晶体不存在由三阶张量所描述的物理性质.

综上所述，凡具有对称中心的晶体，都不存在由奇阶张量所描述的物理性质，但对偶阶张量都不施加额外的影响.

附录 4 贝塞尔函数表

表 F4 贝塞尔函数表

m	J_0	J_1	J_2	J_3	J_4	J_5	J_6	J_7	J_8	J_9	J_{10}
0.2	0.990	0.100	0.005								
0.4	0.960	0.196	0.020	0.001							
0.6	0.912	0.287	0.044	0.004							
0.8	0.846	0.369	0.076	0.010	0.001						
1.0	0.765	0.440	0.115	0.020	0.002						
1.2	0.671	0.498	0.159	0.033	0.005	0.001					
1.4	0.567	0.542	0.207	0.050	0.009	0.001					
1.6	0.455	0.570	0.257	0.073	0.015	0.002					
1.8	0.340	0.582	0.306	0.099	0.023	0.004	0.001				
2.0	0.224	0.577	0.353	0.129	0.034	0.007	0.001				
2.2	0.110	0.556	0.395	0.162	0.048	0.011	0.002				
2.4	0.003	0.520	0.431	0.198	0.064	0.016	0.003	0.001			
2.6	−0.097	0.471	0.459	0.235	0.084	0.023	0.005	0.001			
2.8	−0.185	0.410	0.478	0.273	0.107	0.032	0.008	0.002			
3.0	−0.260	0.339	0.486	0.309	0.132	0.043	0.011	0.003			
3.2	−0.320	0.261	0.484	0.343	0.160	0.056	0.016	0.004	0.001		
3.4	−0.364	0.179	0.470	0.373	0.189	0.072	0.022	0.006	0.001		
3.6	−0.392	0.095	0.445	0.399	0.220	0.090	0.029	0.008	0.002		
3.8	−0.403	0.013	0.409	0.418	0.251	0.110	0.038	0.011	0.003	0.001	
4.0	−0.397	−0.066	0.364	0.430	0.281	0.132	0.049	0.015	0.004	0.001	
4.2	−0.377	−0.139	0.311	0.434	0.310	0.156	0.062	0.020	0.006	0.001	
4.4	−0.342	−0.203	0.250	0.430	0.336	0.182	0.076	0.026	0.008	0.002	
4.6	−0.296	−0.257	0.185	0.417	0.359	0.208	0.093	0.034	0.011	0.003	0.001
4.8	−0.240	−0.298	0.116	0.395	0.378	0.235	0.111	0.043	0.014	0.004	0.001
5.0	−0.178	−0.328	0.047	0.365	0.391	0.261	0.131	0.053	0.018	0.006	0.001
5.2	−0.110	−0.343	−0.022	0.327	0.398	0.287	0.153	0.065	0.024	0.007	0.002
5.4	−0.041	−0.345	−0.087	0.281	0.399	0.310	0.175	0.079	0.030	0.010	0.003
5.6	0.027	−0.334	−0.146	0.230	0.393	0.331	0.199	0.094	0.038	0.013	0.004
5.8	0.092	−0.311	−0.199	0.174	0.379	0.349	0.222	0.111	0.046	0.017	0.005
6.0	0.151	−0.277	−0.243	0.115	0.358	0.362	0.246	0.130	0.057	0.021	0.007
6.2	0.202	−0.233	−0.277	0.054	0.329	0.371	0.269	0.149	0.068	0.027	0.009
6.4	0.243	−0.182	−0.300	−0.006	0.295	0.374	0.290	0.170	0.081	0.033	0.012
6.6	0.274	−0.125	−0.312	−0.064	0.254	0.372	0.309	0.191	0.095	0.040	0.015
6.8	0.293	−0.065	−0.312	−0.118	0.208	0.363	0.326	0.212	0.111	0.049	0.019
7.0	0.300	−0.005	−0.301	−0.168	0.158	0.348	0.339	0.234	0.128	0.059	0.024
7.2	0.295	0.054	−0.280	−0.210	0.105	0.327	0.349	0.254	0.146	0.070	0.029

续表

m	J_0	J_1	J_2	J_3	J_4	J_5	J_6	J_7	J_8	J_9	J_{10}
7.4	0.279	0.110	−0.249	−0.244	0.051	0.299	0.353	0.274	0.165	0.082	0.035
7.6	0.252	0.159	−0.210	−0.270	−0.003	0.266	0.354	0.292	0.184	0.096	0.043
7.8	0.215	0.201	−0.164	−0.285	−0.056	0.228	0.348	0.308	0.204	0.111	0.051
8.0	0.172	0.235	−0.113	−0.291	−0.105	0.186	0.338	0.321	0.223	0.126	0.061
8.2	0.122	0.258	−0.059	−0.287	−0.151	0.140	0.321	0.330	0.243	0.143	0.071
8.4	0.069	0.271	−0.005	−0.273	−0.190	0.092	0.300	0.336	0.261	0.160	0.083
8.6	0.015	0.273	0.049	−0.250	−0.223	0.042	0.273	0.338	0.278	0.178	0.096
8.8	−0.039	0.264	0.099	−0.219	−0.249	−0.007	0.241	0.335	0.292	0.197	0.110
9.0	−0.090	0.245	0.145	−0.181	−0.265	−0.055	0.204	0.327	0.305	0.215	0.125
9.2	−0.137	0.217	0.184	−0.137	−0.274	−0.101	0.164	0.315	0.315	0.233	0.140
9.4	−0.177	0.182	0.215	−0.090	−0.273	−0.142	0.122	0.297	0.321	0.250	0.157
9.6	−0.209	0.140	0.238	−0.040	−0.263	−0.179	0.077	0.275	0.324	0.265	0.173
9.8	−0.232	0.093	0.251	0.010	−0.245	−0.210	0.031	0.248	0.323	0.280	0.190
10.0	−0.246	0.043	0.255	0.058	−0.220	−0.234	−0.014	0.217	0.318	0.292	0.207

贝塞尔函数的几个重要性质：

(1) 对给定的β_{FM}，$J_n(\beta_{FM})$随自变量n单调或振荡衰减，函数值越来越小，最终都趋向于零.

(2) 当n为奇数和偶数时，$J_n(\beta_{FM})$分别关于n奇对称和偶对称，即

$$J_{-n}(\beta_{FM}) = (-1)^n J_n(\beta_{FM})$$

(3) 当自变量$\beta_{FM} \ll 1$时，有

$$J_0(\beta_{FM}) \approx 1, \quad J_1(\beta_{FM}) \approx \beta_{FM}/2, \quad J_n(\beta_{FM}) \approx 0\ (n>1)$$

(4) 当β_{FM}为任意值时，各阶贝塞尔函数值的平方和恒等于1，即

$$\sum_{n=-\infty}^{\infty} J_n^2(\beta_{FM}) = 1$$

光电子技术及器件专业术语

A

absorption coefficient　吸收系数
absorption region in APD　APD 吸收区域
acceptance angle　接收角
acceptors in semiconductors　半导体接收器
acousto-optic modulator　声光调制
active medium　激活介质
active pixel sensor　有源像素传感器
active region　活动区域
Airy disk　艾里斑
Airy ring　艾里环
amorphous silicon photoconversion layer　非晶硅光电转换层
amplifier　放大器
angular radius　角半径
anisotropy　各向异性
antireflection coating　增透膜
argon ion laser　氩离子激光器
attenuation coefficient　衰减系数
automatic gain control　自动增益控制
avalanche　雪崩
avalanche photodiode（APD）雪崩二极管
average irradiance　平均照度

B

band gap　带隙
bandgap diagram　带隙图
bandwidth　带宽
beam　光束
bias　偏压
biaxial crystal　双轴晶体
birefringence　双折射
black body radiation law　黑体辐射定律
Bloch wave in a crystal　晶体中布洛赫波
boundary condition　边界条件
Bragg angle　布拉格角
Bragg diffraction　布拉格衍射
Bragg diffraction condition　布拉格衍射条件
Bragg wavelength　布拉格波长
breakdown voltage　击穿电压
Brewster angle　布儒斯特角
Brewster window　布儒斯特窗

C

carrier confinement　载流子限制
centrosymmetric crystals　中心对称晶体
charge coupled device　电荷耦合器件
charge handling capability　操作电荷量
chirp　啁啾
cladding　包层
cleaved-coupled-cavity　分裂耦合腔
coefficient of index grating　指数光栅系数
color difference signal　色差信号
color temperature　色温
compensation doping　补偿掺杂
complementary color　补色
complementary metal oxide semiconductor　互补金属氧化物半导体
conduction band　导带
conductivity　导电性
confinement layer　限制层
conjugate image　共轭像
conversion efficiency　转换效率
cut-off wavelength　截止波长

D

dark current　暗电流

defect correction 缺陷校正
degenerate semiconductor 简并半导体
density of state 态密度
depletion layer 耗尽层
detectivity 探测率
dielectric mirrors 介质反射镜
diffraction grating 衍射光栅
diffraction grating equation 衍射光栅方程
diffusion current 扩散电流
diffusion flux 扩散通量
diffusion length 扩散长度
direct recombination 直接复合
dispersive medium 色散介质
distributed Bragg reflector 分布布拉格反射器
donors in semiconductors 施主离子
Doppler broadened linewidth 多普勒扩展线宽
Doppler effect 多普勒效应
Doppler shift 多普勒频移
drift current 漂移电流
drift mobility 漂移迁移率
drift velocity 漂移速度
dynamic range 动态范围

E

effective density of states 有效态密度
effective mass 有效质量
effective pixel 有效像素
efficiency 效率
efficiency of the He-Ne 氦氖效率
Einstein's coefficient 爱因斯坦系数
electron affinity 电子亲和势
electron potential energy in a crystal 晶体电子势能
electro-optic effect 电光效应
energy band 能带
energy gap 能隙
energy level 能级
epitaxial growth 外延生长
erbium-doped fiber amplifier 掺铒光纤放大器
excess carrier diffusion 过剩载流子扩散
external photocurrent 外部光电流

F

Fabry-Perot laser amplifier 法布里-珀罗激光放大器
Faraday effect 法拉第效应
Fermi energy level 费米能级
Fermi-Dirac function 费米-狄拉克函数
filling factor 填充因子
floating diffusion amplifier 浮动扩散放大器
floating gate amplifier 浮栅放大器
frame integration 帧积累
frame interline transfer CCD 帧间隔传输 CCD
frame transfer 帧传输
frame transfer CCD 帧传输 CCD
free spectrum range 自由谱范围
frequency mixing 混频
Fresnel's equation 菲涅耳公式

G

GaAs spontaneous infrared source 砷化镓自发红外光源
gain 增益
gain amplifier 增益放大器
gallium arsenide detector 砷化镓探测器
current detection 电流探测
galvanoluminescence 电流发光
GaN LED 氮化镓发光二极体
gas diode phototube 充气光电二极管
gas discharge display 气体放电显示器
gas laser 气体激光器
gas-discharge plasma 气体放电等离子体
Gaussian beam 高斯光束
Gaussian distribution 高斯分布
Gaussian optics 高斯光学
Ge photodiode array camera tube 锗光电二极管阵列摄像管
germanium detector 锗探测器
germanium polarizer 锗偏振器
glass-fiber laser 玻璃纤维激光器

glow discharge　辉光放电
grating coupler　光栅耦合器
gyrostatic crystal　旋光晶体
gyrotropic bi-refringence　旋转变折射

H

half and quarter wave plates　1/2、1/4 波片
harmonic optical beam　谐波光束
helium-neon laser　氦氖激光器
heterodyne detector　外差探测器
heteroepitaxy　异质外延
heterolaser　异质结激光器
highlight laser　强光激光器
high-resolution image sensor　高分辨图像传感器
hole burning　烧孔
homojunction laser　同质结激光器
human eye accommodation system　人眼调节系统

I

image intensifier tube　微光管(规范用词：像增强管)
injection　注射
integrated optical circuit　集成光路
intensity of light　光强
intrinsic concentration　本征浓度
intrinsic semiconductor　本征半导体

L

laser amplifier　激光放大器
laser diode　激光二极管
lasing emission　激光发射
light emitting diode　发光二极管
linewidth　线宽
lithium niobate　铌酸锂
locus　轨迹
long wave　长波
long-distance guided communication　远距离波导通信
long-focus lens 长焦距透镜
longitudinal aberration　纵向像差
longitudinal illumination　纵向照明
longitudinal field modulator　纵场调制器
longitudinal magnification　纵向放大率
longitudinal mode　纵模
longitudinal mode selection　纵模选择
longitudinal modulalor　纵向调制器
longitudinal wave　纵波
long-period gratings　长周期光栅
long-wave infrared region　长波红外波段
Lorentz curve 洛伦兹曲线
loss　损失，损耗
loss of resonator　谐振腔损耗
low frequency　低频
low illumination level　低照度
low laser level　低激光能级
low level　低能级，低电平
low level light signal　微光信号
low noise　低噪声
low optical absorption　微量光吸收
low-energy transition　低能跃辽
low-frequency amplifier　低频放大器
low-light device　微光器件
low-light level image tube　微光摄像管
low-light level night vision device　微光夜视仪
low-light level sensor　微光传感器
low-light level television camera　微光电视摄像机
low-light photo-optical equipment　微光光电装备
low-light-level imaging　微光成像
low-loss fiber　低(损)耗光纤
lumen　流明
luminance　亮度，发光率
luminance coefficient　亮度系数
luminance density　亮度密度
luminance distribution　亮度分布
luminance matching　亮度匹配
luminance meter　亮度计，照度计
lumination　光照
luminescence　发光；(无热的)发光；冷光
luminescence centre　发光中心

luminescence efficiency　发光效率
luminescent crystal　发光晶体
luminescent layer　发光层
luminescent material　发光材料
luminophor　发光体，灯光，照明
luminosity　光度
luminous efficacy of radiant flux　视见函数，光见度
luminous emission　光发射
luminous energy　光能
luminous exitance　光出射度，光束发散度
luminous flux　光通量
luminous flux density　光通量密度
luminous power　发光能力，光功率
luminous ray　可见光线
luminous reflectance　光反射比，光反射系数
luminous reflectivity　光反射系数
luminous spot　光斑
luminous surface　发光面
luminous transmittance　光透射比
luminous-spot voltmeter　光点伏特计
luxmeter　照度计

M

magneto-optic effect　磁光效应
magneto-optic isolator　磁光隔离器
magneto-optic modulation　磁光调制
majority carrier　多数载流子
matrix emitter　矩阵发射器
maximum acceptance angle　最大接收角
Maxwell's equation　麦克斯韦方程
Mach-Zehnder modulator　马赫-曾德尔调制器
minority carrier　少数载流子
mode-locking　锁模
monochromatic wave　单色波
multiplication region　倍增区

N

noise　噪声
non-centrosymmetric crystals　非中心对称晶体
non-linear optic　非线性光学
nonpolarized light　非偏振光
non-thermal equilibrium　非热平衡
normalized frequency　归一化频率
normalized propagation constant　归一化传播常数
normalized thickness　归一化厚度
numerical aperture　数值孔径

O

optic axis　光轴
optical bandwidth　光带宽
optical detector　光探测器
optical divergence　光发散
optical fiber　光纤
optical fiber amplifier　光纤放大器
optical field　光场
optical gain　光增益
optical isolator　光隔离器
optical modulation　光调制
optical modulator　光调制器
optical radiation　光辐射
optical resonator　光学谐振腔
optical rotation　旋光性
optical tunneling　光学隧穿
optoelectronic device　光电子器件

P

phase condition in lasers　激光器相位条件
phase matching　相位匹配
phase matching angle　相位匹配角
phase mismatch　相位失配
phase modulator　相位调制器
phase velocity　相速
photoconductive detector　光电导探测器
photoconductive gain　光电导增益
photocurrent　光电流
photodiode　光电二极管
photoelastic effect　光弹效应
phototransistor　光敏三极管

photovoltaic device　光伏器件
piezoelectric effect　压电效应
polarization　极化
population inversion　粒子数反转
poynting vector　能流密度矢量
propagation constant　传播常数
pumping　泵浦
pyroelectric detector　热释电探测器

Q

quantum effect　量子效应
quantum noise　量子噪声
quantum well　量子阱
quarter-wave plate retarder　四分之一波长延迟器

R

Rayleigh criterion　瑞利判据
Rayleigh scattering limit　瑞利散射极限
recombination　复合
recombination lifetime　复合寿命
reflection　反射
refracted light　折射光
refractive index　折射系数
response time　响应时间
rise time　上升时间

S

saturation drift velocity　饱和漂移速度
scattering　散射
second harmonic generation　二阶谐波发生器
self-phase modulation　自相位调制
shot noise　散粒噪声，肖特基噪声
signal to noise ratio　信噪比
single quantum well　单量子阱
Snell's law　斯涅耳定律
solar cell　太阳能电池
spectral response　光谱响应
spontaneous emission　自发辐射
spontaneous radiation　自发辐射
stimulated emission　受激辐射

T

thermal equilibrium　热平衡
threshold concentration　光强浓度
threshold current　阈值电流
threshold wavelength　阈值波长
total reflection　全反射
transit time　渡越时间
transmission　传输
transmission coefficient　传输系数
transverse electric field　横向电场
transverse magnetic field　横向磁场
traveling-wave laser　行波激光器

U

uniaxial crystal　单轴晶体

V

visual angle　视角，视界角

W

wave equation　波动方程
wave number　波数
wave packet　波包络
wave vector　波矢
wavefront　波前
waveguide　波导